환경유체역학

기초와 응용

최성우

도서출판 동화기술

머리말

유체역학은 다양한 학문 분야에서 사용되며 기체와 액체를 다루는 환경 분야에서도 유체역학의 기본개념이 필요하다. 그러나 일반 유체역학의 경우 그 내용과 범주가 넓어 특정 학문 분야에서 불필요한 부분이 많다. 따라서 본서에서는 환경학, 환경과학, 환경공학 등 물과 공기의 환경계를 이해하기 위해 필요한 기초 유체역학 부분만 발췌하여 정리하였다.

본서는 대학 1, 2학년의 전공 기초강좌에 적합한 교재로 총 7장으로 구성되어 있으며 1장에서는 환경과 유체역학의 관계, 2장에서는 차원과 단위를 포함한 유체의 기초 물리량, 3장은 유체의 물리·화학적 성질 및 밀도, 열, 농도 등 기초과정을 다루었다. 4장과 5장에서는 유체정역학과 유체동역학을 다루었으며 정역학과 동역학이 환경학에 어떻게 활용되는지를 설명하였으며 6장에서는 연속방정식과 물질수지의 관계를, 마지막 7장에서는 기체와 액체를 이동하는데 필요한 송풍기와 펌프의 원리 및 응용에 대해 서술하였다.

본서를 통해 환경학에서 다루는 대기와 수질의 유체적 특성과 힘, 에너지의 응용 원리를 바탕으로 대기오염과 수질오염의 현상 이해, 환경오염 방지기술, 환기시설 설계 및 환경시스템 설계 등에 본서가 도움이 되었으면 한다.

저자 씀

목 차

Chapter

1

환경과 유체역학

1.1 환경의 정의

환경의 사전적 의미는 생물에게 직간접으로 영향을 주는 자연적 조건이나 사회적 상황을 의미하여 일반적으로 우리 주변의 모든 것을 말한다. 환경을 한자로 쓰면 원을 의미하는 고리 환(環)자와 장소를 의미하는 지경 경(境)자로 쓸 수 있다. 또한 영어로는 Environment라 하며 여기에서 En은 within, in의 뜻을 가지며 restrict, encircle, enclose의 의미를 가진다. 또 viron은 veer와 명사형 접미어인 on의 결합어로 circle, ring의 의미를 가진다.

환경의 주체를 지구상의 생물 중심으로 하면 그림 1-1(a)로 나타낼 수 있으며, 주변 환경은 기권, 수권, 토석권으로 구성된다. 토석권은 토양을 포함하며 수권은 육수와 해수를 포함한다. 또한 주체를 인간으로 하면 그림 1-1(b)에서 볼 수 있듯이 주변 환경은 대기, 수질, 토양, 식물, 동물이 환경의 일부가 된다.

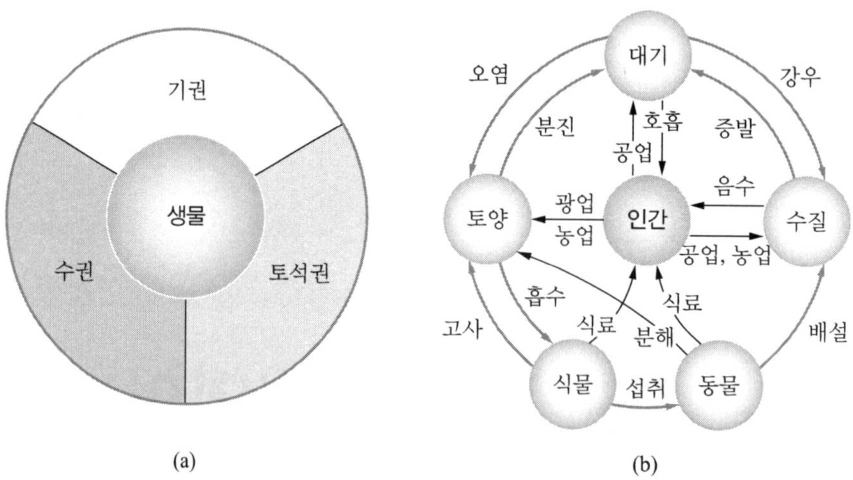

그림 1-1 생물을 주체로 한 환경(a) 인간을 주체로 한 환경(b)

세계보건기구(WHO)에 따르면 환경은 자연환경인 생활환경, 인공환경인 사회환경으로 구분하고 있다(그림 1-2). 또한 유엔환경계획(UNEP)은 대기, 대양, 물, 암권, 육상 생태계 등을 자연환경으로 인간, 주거, 건강, 생물계, 산업, 에너지, 운송, 관광, 환경교육 등을 인간환경으로 구분한다(그림 1-3).

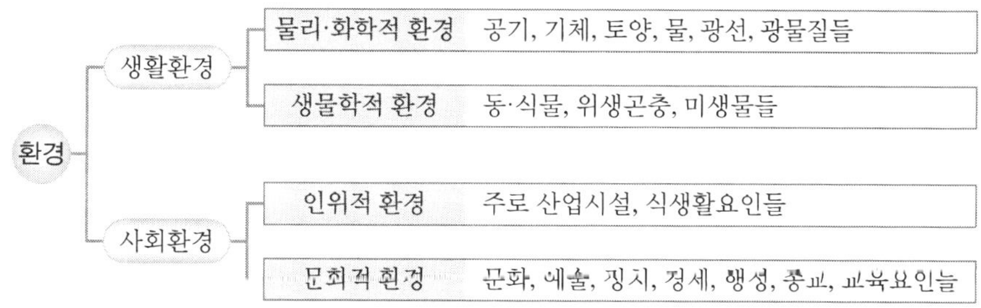

그림 1-2 세계보건기구(WHO)의 환경 분류

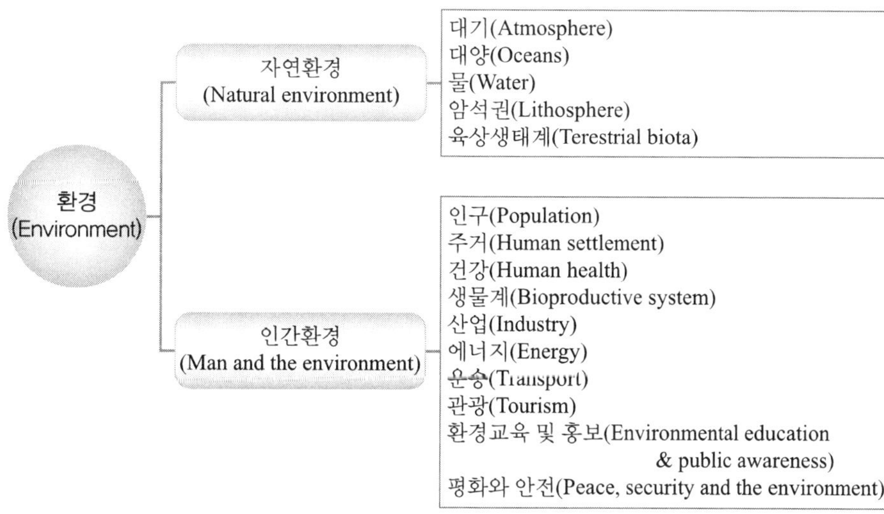

그림 1-3 유엔환경계획(UNEP)의 환경 분류

반면에 우리나라 환경정책기본법 제3조에 따르면 "환경"은 자연환경과 생활환경으로 구분하며

- "**자연환경**"이란 지하, 지표(해양을 포함한다) 및 지상의 모든 생물과 이들을 둘러싸고 있는 비생물적인 것을 포함한 자연의 상태(생태계 및 자연경관을 포함한다)를 말한다.
- "**생활환경**"이란 대기, 물, 토양, 폐기물, 소음·진동, 악취, 일조, 인공조명 등 사람의 일상생활과 관계되는 환경을 말하며 이를 그림 1-4에 나타내었다.

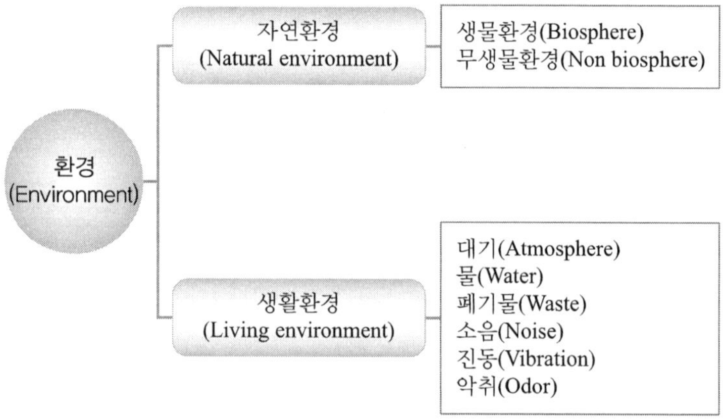

그림 1-4 환경정책기본법에 의한 환경 분류

환경학에서는 다루는 계는 크게 대기, 수질, 토양계로 나눌 수 있으며, 이러한 자연계는 자연정화 능력이 있어 적은 양의 물질이 자연계로 유입되면 자정작용(self purification)에 의해 자연 원래의 상태로 돌아가려는 탄력성을 가지고 있다. 반면에 유입되는 물질량이 너무 많아지면 자정작용만으로는 정화되지 않고 결국 생물이나 인간에 영향을 주게 된다. 이렇게 과량의 물질이 환경계에 유입되어 문제가 발생하는 것을 환경오염이라고 한다. 계내에서 자정능력 또는 환경용량을 초과하는 오염물질이 유입되면 대기오염, 수질오염, 토양오염이 발생하게 된다.

우리나라의 환경정책기본법에서

- "**환경오염**"이란 사업 활동 및 그 밖의 사람의 활동에 의하여 발생하는 대기오염, 수질오염, 토양오염, 해양오염, 방사능오염, 소음·진동, 악취, 일조 방해, 인공조명에 의한 빛공해 등으로서 사람의 건강이나 환경에 피해를 주는 상태를 말한다.

환경오염과 구분하여 알아 두어야 할 용어는 "환경훼손"으로

- "**환경훼손**"이란 야생동식물의 남획 및 그 서식지의 파괴, 생태계질서의 교란, 자연경관의 훼손, 표토의 유실 등으로 자연환경의 본래적 기능에 중대한 손상을 주는 상태를 말한다.

즉 환경오염은 "인간에 의해 직접 혹은 간접적으로 인간건강에 위협을 주고 생물자원과 생태계에 해를 주며, 환경의 적법한 이용과 쾌적함의 감소, 저해를 가져오는 물질이나 에너지를 유입시키는 행위"를 말한다. 여기에서 물질이란 대기오염물질, 수질오염물질, 토양오염물질 및 폐기물 등을 의미한다.

대기환경보전법 및 물환경보전법상의 대기오염물질과 수질오염물질을 표 1-1에 나타내었다.

대기환경보전법 제2조에 따르면

- "**대기오염물질**"이란 대기 중에 존재하는 물질 중 제7조에 따른 심사·평가 결과 대기오염의 원인으로 인정된 가스·입자상물질로서 환경부령으로 정하는 것을 말한다.
- "**유해성대기감시물질**"이란 대기오염물질 중 제7조에 따른 심사·평가 결과 사람의 건강이나 동식물의 생육(生育)에 위해를 끼칠 수 있어 지속적인 측정이나 감시·관찰 등이 필요하다고 인정된 물질로서 환경부령으로 정하는 것을 말한다.

그 외 대기오염과 관련된 물질의 정의는 다음과 같다.

- "**기후·생태계 변화유발물질**"이란 지구 온난화 등으로 생태계의 변화를 가져올 수 있는 기체상물질(氣體狀物質)로서 온실가스와 환경부령으로 정하는 것을 말한다.
- "**온실가스**"란 적외선 복사열을 흡수하거나 다시 방출하여 온실효과를 유발하는 대기 중의 가스 상태 물질로서 이산화탄소, 메탄, 아산화질소, 수소불화탄소, 과불화탄소, 육불화황을 말한다.
- "**가스**"란 물질이 연소·합성·분해될 때에 발생하거나 물리적 성질로 인하여 발생하는 기체상물질을 말한다.
- "**입자상물질(粒子狀物質)**"이란 물질이 파쇄·선별·퇴적·이적(移積)될 때, 그 밖에 기계적으로 처리되거나 연소·합성·분해될 때에 발생하는 고체상(固體狀) 또는 액체상(液體狀)의 미세한 물질을 말한다.
- "**먼지**"란 대기 중에 떠다니거나 흩날려 내려오는 입자상물질을 말한다.
- "**매연**"이란 연소할 때에 생기는 유리(遊離) 탄소가 주가 되는 미세한 입자상물질을 말한다.
- "**검댕**"이란 연소할 때에 생기는 유리(遊離) 탄소가 응결하여 입자의 지름이 1미크론 이상이 되는 입자상물질을 말한다.
- "**특정대기유해물질**"이란 유해성대기감시물질 중 제7조에 따른 심사·평가 결과 저농도에서도 장기적인 섭취나 노출에 의하여 사람의 건강이나 동식물의 생육에 직접 또는 간접으로 위해를 끼칠 수 있어 대기 배출에 대한 관리가 필요하다고 인정된 물질로서 환경부령으로 정하는 것을 말한다.
- "**휘발성유기화합물**"이란 탄화수소류 중 석유화학제품, 유기용제, 그 밖의 물질로서 환경부장관이 관계 중앙행정기관의 장과 협의하여 고시하는 것을 말한다.

또한 물환경보전법 제2조에서

- "**수질오염물질**"이란 수질오염의 요인이 되는 물질로서 환경부령으로 정하는 것을 말하며
- "**특정수질유해물질**"이란 사람의 건강, 재산이나 동식물의 생육(生育)에 직접 또는 간접으로 위해를 줄 우려가 있는 수질오염물질로서 환경부령으로 정하는 것을 말한다.

표 1-1 대기오염물질과 수질오염물질

대기오염물질 (대기환경보전법 시행규칙 별표 1)	수질오염물질 (물환경보전법 시행규칙 별표 2)
1. 입자상물질	1. 구리와 그 화합물
2. 브롬 및 그 화합물	2. 납과 그 화합물
3. 알루미늄 및 그 화합물	3. 니켈과 그 화합물
4. 바나듐 및 그 화합물	4. 총 대장균군
5. 망간화합물	5. 망간과 그 화합물
6. 철 및 그 화합물	6. 바륨화합물
7. 아연 및 그 화합물	7. 부유물질
8. 셀렌 및 그 화합물	8. 삭제 <2019.10.17.>
9. 안티몬 및 그 화합물	9. 비소와 그 화합물
10. 주석 및 그 화합물	10. 산과 알칼리류
11. 텔루륨 및 그 화합물	11. 색소
12. 바륨 및 그 화합물	12. 세제류
13. 일산화탄소	13. 셀레늄과 그 화합물
14. 암모니아	14. 수은과 그 화합물
15. 질소산화물	15. 시안화합물
16. 황산화물	16. 아연과 그 화합물
17. 황화수소	17. 염소화합물
18. 황화메틸	18. 유기물질
19. 이황화메틸	19. 삭제 <2019.10.17.>
20. 메르캅탄류	20. 유류(동·식물성을 포함한다)
21. 아민류	21. 인화합물
22. 사염화탄소	22. 주석과 그 화합물
23. 이황화탄소	23. 질소화합물
24. 탄화수소	24. 철과 그 화합물
25. 인 및 그 화합물	25. 카드뮴과 그 화합물
26. 붕소화합물	26. 크롬과 그 화합물
27. 아닐린	27. 불소화합물
28. 벤젠	28. 페놀류
29. 스틸렌	29. 페놀
30. 아크롤레인	30. 펜타클로로페놀
31. 카드뮴 및 그 화합물	31. 황과 그 화합물
32. 시안화물	32. 유기인 화합물

대기오염물질 (대기환경보전법 시행규칙 별표 1)	수질오염물질 (물환경보전법 시행규칙 별표 2)
33. 납 및 그 화합물	33. 6가크롬 화합물
34. 크롬 및 그 화합물	34. 테트라클로로에틸렌
35. 비소 및 그 화합물	35. 트리클로로에틸렌
36. 수은 및 그 화합물	36. 폴리클로리네이티드바이페닐
37. 구리 및 그 화합물	37. 벤젠
38. 염소 및 그 화합물	38. 사염화탄소
39. 불소화물	39. 디클로로메탄
40. 석면	40. 1,1-디클로로에틸렌
41. 니켈 및 그 화합물	41. 1,2-디클로로에탄
42. 염화비닐	42. 클로로포름
43. 다이옥신	43. 생태독성물질(물벼룩에 대한 독성을 나타내는 물질만 해당한다)
44. 페놀 및 그 화합물	44. 1,4-다이옥산
45. 베릴륨 및 그 화합물	45. 디에틸헥실프탈레이트(DEHP)
46. 프로필렌옥사이드	46. 염화비닐
47. 폴리염화비페닐	47. 아크릴로니트릴
48. 클로로포름	48. 브로모포름
49. 포름알데히드	49. 퍼클로레이트
50. 아세트알데히드	50. 아크릴아미드
51. 벤지딘	51. 나프탈렌
52. 1,3-부타디엔	52. 폼알데하이드
53. 다환 방향족 탄화수소류	53. 에피클로로하이드린
54. 에틸렌옥사이드	54. 톨루엔
55. 디클로로메탄	55. 자일렌
56. 테트라클로로에틸렌	56. 스티렌
57. 1,2-디클로로에탄	57. 비스(2-에틸헥실)아디페이트
58. 에틸벤젠	58. 안티몬
59. 트리클로로에틸렌	59. 과불화옥탄산(PFOA)
60. 아크릴로니트릴	60. 과불화옥탄술폰산(PFOS)
61. 히드라진	61. 과불화헥산술폰산(PFHxS)
62. 아세트산비닐	
63. 비스(2-에틸헥실)프탈레이트	
64. 디메틸포름아미드	

1.2 물질의 정의

물질(matter)은 물리학적으로는 자연계의 한 요소로서 일정한 공간을 점유하고 질량을 갖는 것으로 정의되며, 화학적으로는 혼합물과 구별되는 균일 조성을 가진 순수물질로 정의된다.

- 물질은 고체, 액체, 기체로 나누며 고체는 원자, 분자가 규칙적 배열을 가지며 고정점에서 진동한다. 액체는 원자와 분자의 일부 배열이 흩어져 내부이동하며, 기체는 원자와 분자의 배열이 완전히 흩어져 분자들이 서로 떨어져 운동하는 상태를 말한다.

그림 1-5에 고체, 액체, 기체의 분자 배열을 나타내었다. 이들 물질 중 액체와 기체를 유체라고 정의할 수 있다.

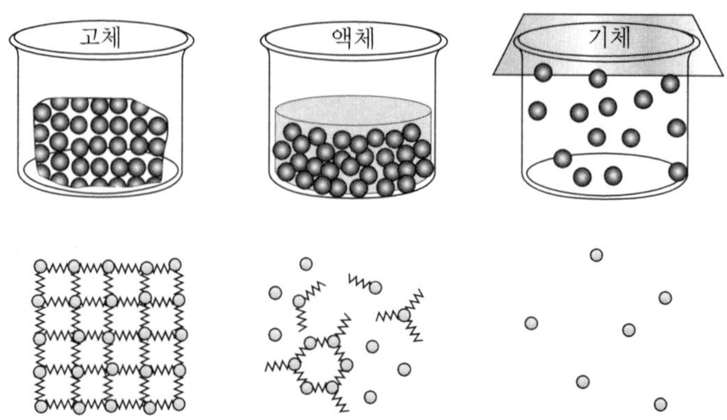

그림 1-5 고체, 액체, 기체의 원자 및 분자 배열

환경학에서 다루는 대기오염과 수질오염은 공기라는 기체와 물이라는 액체 내에서 나타나는 현상으로 공기와 물과 같은 유체의 기본적인 특성을 파악하는 것은 환경오염 원인 물질의 이동 및 관리 대책을 세우는데 매우 중요하다.

1.3 유체역학의 정의

일반적인 유체(fluid)의 정의는 "아무리 작은 힘이라 할지라도 유체 내에 전단력이 작용하면 비교적 큰 변형을 일으키고, 유체 내부에 전단력이 작용하는 한 변동을 계속하는 물질"을 의미한다. 반면에 고체는 큰 외력에 대하여 비교적 작은 유한 변형을 한 후 내력과 평형을 이룬 상태에서 정지된 상태를 의미한다. 즉 고체와 유체의 분류는 외부로부터 받는 외력에 의해 야기되는 변형의 크기나 물질입자의 상대변위의 크기에 따라 결정된다.

> **유체란?**
>
> "아무리 작은 힘이라 할지라도 유체 내에 전단력이 작용하면 비교적 큰 변형을 일으키고 유체 내부에 전단력이 작용하는 한 변동을 계속하는 물질"

즉 환경학에서 유체는 공기와 물로 이들 물질 간에 작용하는 힘과 운동의 관계를 이해하는 것이 매우 중요한다. 일반적인 유체역학(fluid mechanics)은 유체의 운동이나 유체와 물체 상호 간에 작용하는 힘의 관계를 연구하는 학문으로 유체정역학(fluid statics), 유체동역학(fluid dynamics), 유체운동학(fluid kinematics)으로 나눌 수 있다.

- **유체정역학**은 유체요소가 상호 간 상대운동 없이 정지된 상태에 있는 유체 내에서 힘의 평형을 다루는 역학이며
- **유체동역학**은 운동하고 있는 유체의 입자 사이에서 상호력이 작용할 때 유체운동을 다루는 역학이며
- **유체운동학**은 유체입자 어떤 외력을 받았을 때 생기는 이동, 회전, 변형률 등 유체 거동의 기하학적 현상을 다루는 역학이다.

유체역학은 다양한 학문 분야에서 활용되며 그 범주가 매우 넓다. 우리 주변에서 볼 수 있는 유체는 주변의 공기, 바람, 마시는 물, 강물, 바다, 도시가스 등이 있다. 유체역학은 다양한 분야에서 응용되는 데 자동차, 비행기, 선박, 잠수함, 우주선과 같은 운송수단, 고층건물, 다리, 야구장, 공장의 굴뚝 등 건물과 구조물에서도 응용이 된다. 또한 펌프, 압축기, 터빈, 자동차 엔진 등의 유체기계, 냉난방 및 환기장치, 건물배관, 에어컨, 배수로, 댐, 관계시스템, 기상학, 해양학, 오염도와 온실효과 예측 등 환경 분야에서도 그 응용범위가 매우 넓다. 따라서 환경유체역학에서는 대기와 수질 분야에서 응용 가능한 유체정역학과 유체동역학의 내용만 다루었다.

1.4 유체의 분류

유체는 압력, 점성의 특성에 의해 분류할 수 있다.

첫째, 압력의 특성에 따라 비압축성유체와 압축성유체로 분류한다.

- **비압축성유체**는 유체의 밀도가 온도와 압력의 영향에 대해 항상 일정한 유체로 온도와 압력이 변화하여도 밀도가 변하지 않는 유체이다. 대표적인 유체로는 물이다. 물의 밀도는 1,000 kg/m^3로 온도와 압력에 의한 영향을 거의 받지 않으며 일정하다.
- **압축성유체**는 유체의 밀도가 온도와 압력의 변화에 따라 변화하는 유체로 대표적인 유체는 공기이다. 공기의 밀도는 온도와 압력에 의해 변화함으로 상태조건에 따라 재계산해야 한다.

둘째, 점성의 유무에 따라 점성유체와 비점성유체로 분류하며 점성법칙의 만족 여부에 따라 뉴턴유체와 비뉴턴유체로 분류한다.

- **점성유체**란 점성을 가지고 있는 모든 유체로 실제유체를 의미하며, **비점성유체**란 점성을 무시할 수 있는 유체를 말한다.
- **뉴턴유체**는 뉴턴의 점성법칙을 만족하며 점성이 없는 유체로 전단응력과 속도구배가 선형적 관계를 가지는 유체이다. 대표적인 유체는 물, 공기, 기름, 알코올, 암모니아수 등이다.
- **비뉴턴유체**는 뉴턴의 점성법칙을 만족하지 못하며 점성이 있는 유체로 전단응력과 속도구배가 비선형적 관계를 가지는 유체이다. 플라스틱류가 이 유체에 속한다.

셋째, **이상유체**는 비점성이며 비압축성유체를 의미하여 완전유체라고도 한다.

Chapter

2

유체의 기초 물리량

2.1 차원과 단위

2.1.1 차원과 단위의 정의 및 종류

차원(Dimension)이란 공간 중의 물질이 시간의 경과에 따라 변위하는 물리적 현상의 표현 수단으로 물질은 질량 M(Mass) 또는 힘 F(Force)로 나타내며 시간은 T(Time)로 변위는 길이 L(Length)로 표현한다. 차원은 물질의 양을 M 또는 F로, 시간은 T, 변위는 L로 나타냄으로 그 크기를 가늠할 수가 없다. 이를 위해 차원의 크기를 표현하기 위한 수단이 필요하며 이를 단위라 부른다.

단위(Unit)는 차원의 크기를 표현하므로 두 양의 단위가 동일하지 않으면 사칙연산이 불가하다. 물리학에서 다루는 모든 물리량은 차원과 단위를 가지며 차원을 가지지 않는 물리량을 무차원량이라고도 한다.

차원과 단위

- **차원** : 공간 중의 물질이 시간의 경과에 따라 변위하는 물리적 현상의 표현 수단
- **단위** : 차원의 크기를 표현하기 위한 수단

차원은 물질의 양을 질량으로 표현하면 MLT차원, 힘 또는 중량으로 표현하면 FLT차원으로 구분한다(표 2-1).

표 2-1 차원의 종류

	차원	
	MLT	FLT
물질	Mass	Force
변위	Length	Length
시간	Time	Time

단위계는 초기에 CGS단위계를 주로 사용하였다. 그리고 1948년 MKS단위를 채택하고(표 2-2), 1954년에 개최된 제10회 국제도량형총회는 기본단위를 6가지로, 1971년에는 몰(mole)을 도입하여 7가지의 기본적인 단위를 선정하였다. 또 이를 국제단위계라고

명명하고 약호를 SI라 칭하였다. SI는 프랑스어 “Le Systeme International d’Unites”의 약어이며 현재 세계 대부분의 국가에서 채택하여 사용된다(표 2-3).

표 2-2 CGS 및 MKS와 SI 단위

	단위		
	CGS	MKS	SI
물질	g	kg	kg
시간	sec	sec	sec
변위	cm	m	m

표 2-3 SI 기본단위

물리량	SI 기본단위	읽기	의미
길이	m	meter	1미터는 평면 전자파가 진공 중에서 1/299,792,458초 동안 진행한 거리
질량	kg	kilogram	국제 킬로그램 원기의 질량
시간	s	second	1초는 세슘 133의 기저 상태에 있는 두 초 미세 준위 간의 천이에 대응하는 복사선의 9,192,631,770주기의 지속시간
온도	K	Kelvin	열역학적 온도의 단위로 물의 삼중점의 열역학적 온도의 1/273.16임.
물질량	mol	mole	1몰은 12탄소의 0.012 kg에 있는 원자의 수와 같은 수의 구성요소를 포함한 어떤 계의 물질량
전류	A	Ampere	암페어는 무한히 길고 무시할 수 있을 만큼 작은 원형 단면적을 가진 두 개의 평행한 직선 도체가 진공 중에서 1미터 간격으로 유지될 때 두 도체 사이에 미터당 2×10^{-7} N의 힘을 생기게 하는 일정한 전류
광도	cd	candela	1칸델라는 주파수 540×10^{12} Hz인 단색광을 방출하는 광원의 복사도가 어떤 주어진 방향으로 매 스테라디안(Sr)당 1/683 W일 때 이 방향에 대한 광도

따라서 단위계는 국제단위계인 SI단위계와 MKS, CGS 외 FPS단위계, 공학(중력)단위계로 나눌 수 있다(표 2-4).

표 2-4 FPS와 공학단위계

	공학단위	FPS
물질	kg_f	lb
시간	sec	sec
변위	cm	ft

MKS단위계는 길이, 질량, 시간을 m, kg, sec로, CGS단위계는 cm, g, sec로, FPS단위계는 ft, lb, sec로 나타낸 것으로 MKS단위계는 SI단위계와 물질, 시간, 변위를 나타내는 단위가 동일함을 알 수 있다. 표 2-5는 차원과 단위계 간의 관계를 나타내었으며 SI단위계는 기본단위 외 힘, 에너지, 동력, 압력의 유도단위가 있다.

차원과 단위의 종류

- **차원** : MLT, FLT
- **단위** : SI, MKS, CGS, FPS, 공학(중력)단위계

표 2-5 차원과 단위계 간의 관계

- **차원과 기본단위**

차원		기호	기본단위
물질	질량	M	kg − g − mg − μg − ng
	힘(중량)	F	N, kg_f
변위(길이)		L	km − m − (cm) − mm − μm − nm
시간		T	yr − day − hr − min − sec

- **단위계**

국제단위계인 SI 기본단위계는 MKS단위계와 동일하며, CGS, FPS 단위계, 공학단위계로 나눌 수 있다.

물리량	SI(MKS)단위계	CGS단위계	FPS단위계	공학단위계
길이(Length)	m	cm	ft	m
질량(Mass)	kg	g	lb	kg_f
시간(Time)	sec	sec	sec	sec
온도(Temperature)	K (Kelvin)	℃ (degree Celsius)	°F (Fahrenheit)	K (Kelvin)

- **SI 유도단위계**

유도단위계는 기본단위계의 조합으로 힘, 에너지, 동력, 압력 등으로 나눌 수 있다.

물리량	기호	식	SI 기본단위	SI 유도단위
힘	Force	$F = ma$	$kg\frac{m}{s^2}$	N (Newton)
에너지 (일, 열량)	Energy (Work)	$E = Fl$ $= mal$	$kg\frac{m}{s^2}m$	J (Joule)

물리량	기호	식	SI 기본단위	SI 유도단위
동력 (공률)	Power	$P_w = \frac{E}{t} = \frac{Fl}{t} = \frac{mal}{t}$	$\frac{kg\frac{m}{s^2}m}{s}$	W (Watt)
압력	Pressure	$p = \frac{F}{A}$	$\frac{kg\frac{m}{s^2}}{m^2}$	Pa (Pascal)

2.1.2 단위변환법

단위변환은 유체의 물리적 특성을 파악하는데 매우 중요하며 다음의 식을 이용하여 단위를 변환하도록 한다. 단위변환 시 환산인자(conversion factor)를 이용하면 복잡한 단위체계를 쉽게 새로운 단위로 변환될 수 있다.

단위변환법

- 각 물리량의 단위변환은 다음 식을 사용한다.

$$[\text{새로운 단위}] = [\text{본래 단위}] \times \left(\frac{[\text{새로운 단위}]}{[\text{본래 단위}]}\right)$$

* 환산인자 : $\frac{[\text{새로운 단위}]}{[\text{본래 단위}]}$

- $\frac{[\text{새로운 단위}]}{[\text{본래 단위}]}$는 환산인자라고 부르며 [새로운 단위]=[본래 단위]의 의미를 가진다. 환산인자의 예로 1,000 g=kg, 1,000 m=1 km의 관계를 가진다.

예1) 10,000 m(본래 단위)은 몇 km(새로운 단위)인가?

$$10{,}000\ m \times \frac{km}{1{,}000\ m} = 10\ km$$

예2) 10 km(본래 단위)는 몇 m(새로운 단위)인가?

$$10\ km \times \frac{1{,}000\ m}{km} = 10{,}000\ m$$

- 예1)과 예2)의 환산인자는 1,000 m=1 km이다. 단위변환에 따라 분자와 분모가 바뀜을 주의해야 한다.

2.2 질량과 몰

2.2.1 질량

질량(mass)은 물체를 형성하고 있는 물질의 양으로 질량보존의 법칙을 따른다.

질량보존의 법칙 (law of conservation of mass)

프랑스의 화학자 A. L. 라부아지(1774년)에 의해서 발견된 법칙으로 화학반응 전후의 생성물질과 반응물질의 전 질량은 같다는 법칙으로 물질의 양은 창조되거나 소멸되지 않는다.

질량의 SI단위는 kg으로 길이의 단위와 유사하게 g 앞에 k, m, μ, n의 접두어를 붙여 질량을 나타내며 질량의 MLT차원은 M이다.

kg – [g] – mg – μg – ng

접두어 간에는 10^3의 배수를 가지며 접두어는 표 2-6에 나타내었다.

표 2-6 접두어

접두어	읽기	길이	
		단위	환산인자
k	kilo	kg	1 kg = 1,000 g 1 g = 1,000 mg 1 mg = 1,000 μg 1 μg = 1,000 ng
기준	gram	g	
m	mili	mg	
μ	micro	μg	
n	nano	ng	

또한 g에 M(mega), G(giga)의 접두어를 붙여 질량을 나타낸다. 1 Mg은 1,000 kg을 의미하며 ton으로 표현하기도 한다.

1 Mg = 1,000 kg = 1 ton

1 Gg = 1,000 Mg

[개념문제] **질량의 단위변환** Q&A

예1) 10 ton은 몇 g인가?

풀이 $10\ \text{ton} \times \frac{1{,}000\ \text{kg}}{\text{ton}} \times \frac{1{,}000\ \text{g}}{\text{kg}} = 10{,}000{,}000\ \text{g} = 10^7\ \text{g}$

예2) 1,000 ng은 몇 mg인가?

풀이 $1{,}000\ \text{ng} \times \frac{\mu\text{g}}{1{,}000\ \text{ng}} \times \frac{\text{mg}}{1{,}000\ \mu\text{g}} = 0.001\ \text{mg} = 10^{-3}\ \text{mg}$

2.2.2 몰

몰(mole)은 SI기본단위이며, 물질의 양을 나타내는 단위로 기호로는 “mol”로 나타낸다. mol은 분자를 의미하는 molecule에서 따온 것이다.

원자량(atomic weight)과 분자량(molecular weight)

- **원자량**(atomic weight) : 원자의 질량은 그 값이 매우 작으므로 한 원소의 원자를 특정한 수로 기준을 삼아, 나머지는 이 기준에 대한 상대적인 값으로서 표시.
  - 현재 사용하는 국제원자량은 탄소의 동위원소 중 12탄소(^{12}C)를 기준으로 하여 이것을 원자량 12로 정함.
  - 탄소 원자가 1몰(mol), 즉 6.02×10^{23}개 모이면 그 질량은 12.01115 g이고, 수소 원자·산소 원자가 6.02×10^{23}개 모이면 각각 1.00797 g, 15.9994 g인 질량을 가짐.
- **분자량**(molecular weight) : 분자를 구성하는 모든 원자량의 총합

1몰은 12탄소의 0.012 kg에 있는 원자의 수로 아보가드로수와 같으며 1 mol에 들어있는 원자, 분자, 이온물질의 수는 6.02×10^{23}개이다. 즉 원자나 분자 1 mol의 질량은 원자나 분자 6.02×10^{23}개의 질량에 해당하며 원자량이나 분자량에 g 단위를 붙인 것과 동일하다.

$$^{12}\text{C mol} = 6.02 \times 10^{23}\text{개의 질량} = 12\ \text{g}$$

또한 12탄소 1개의 질량은 원자량을 아보가드로수로 나눈 값이 된다. 즉

$$12\text{탄소의 1개 질량} = \frac{12}{6.02\times10^{23}} = 1.993\times10^{-23}$$

즉 원자나 분자에서 mol은 (g)mol을 의미하며 몰과 질량 간의 환산인자는 다음과 같다.

$$(g)mol = \text{원자량}(g) = 6.02\times10^{23}\text{개의 질량}$$

$$(g)mol = \text{분자량}(g) = 6.02\times10^{23}\text{개의 질량}$$

mol 대신 kmol을 쓸 수 있으며 1 kmol은 1,000 mol과 같다. kmol과 분자량의 단위는 다음과 같다.

$$kmol = \text{분자량}(kg)$$

※ **주기율표**

주기 \ 족	1A	2A	3A	4A	5A	6A	7A	8			1B	2B	3B	4B	5B	6B	7B	0
1	$_{1}$H 수소 1.0																	$_{2}$He 헬륨 4.0
2	$_{3}$Li 리튬 6.9	$_{4}$Be 베릴륨 9.0											$_{5}$B 붕소 10.8	$_{6}$C 탄소 12.0	$_{7}$N 질소 14.0	$_{8}$O 산소 16.0	$_{9}$F 플루오르 19.0	$_{10}$Ne 네온 20.2
3	$_{11}$Na 나트륨 23.0	$_{12}$Mg 마그네슘 24.3											$_{13}$Al 알루미늄 27.0	$_{14}$Si 규소 28.1	$_{15}$P 인 31.0	$_{16}$S 황 32.1	$_{17}$Cl 염소 35.5	$_{18}$Ar 아르곤 39.9
4	$_{19}$K 칼륨 39.1	$_{20}$Ca 칼슘 40.1	$_{21}$Sc 스칸듐 45.0	$_{22}$Ti 티탄 47.9	$_{23}$V 바나듐 50.9	$_{24}$Cr 크롬 52.0	$_{25}$Mn 망간 54.9	$_{26}$Fe 철 55.8	$_{27}$Co 코발트 58.9	$_{28}$Ni 니켈 58.7	$_{29}$Cu 구리 63.5	$_{30}$Zn 아연 65.4	$_{31}$Ga 갈륨 69.7	$_{32}$Ge 게르마늄 72.6	$_{33}$As 비소 74.9	$_{34}$Se 셀렌 79.0	$_{35}$Br 브롬 79.9	$_{36}$Kr 크립톤 83.8
5	$_{37}$Rb 루비듐 85.5	$_{38}$Sr 스트론튬 87.6	$_{39}$Y 이트륨 88.9	$_{40}$Zr 지르코늄 91.2	$_{41}$Nb 니오브 92.9	$_{42}$Mo 몰리브덴 95.9	$_{43}$Tc 테크네튬 [97]	$_{44}$Ru 루테늄 101.1	$_{45}$Rh 로듐 102.9	$_{46}$Pd 팔라듐 106.4	$_{47}$Ag 은 107.9	$_{48}$Cd 카드뮴 112.4	$_{49}$In 인듐 114.8	$_{50}$Sn 주석 118.7	$_{51}$Sb 안티몬 121.8	$_{52}$Te 텔루르 127.6	$_{53}$I 요오드 126.9	$_{54}$Xe 크세논 131.3
6	$_{55}$Cs 세슘 132.9	$_{56}$Ba 바륨 137.3	57~71 란탄족	$_{72}$Hf 하프늄 178.5	$_{73}$Ta 탄탈 180.9	$_{74}$W 텅스텐 183.9	$_{75}$Re 레늄 186.2	$_{76}$Os 오스뮴 190.2	$_{77}$Ir 이리듐 192.2	$_{78}$Pt 백금 195.1	$_{79}$Au 금 197.0	$_{80}$Hg 수은 200.6	$_{81}$Tl 탈륨 204.4	$_{82}$Pb 납 207.2	$_{83}$Bi 비스무트 209.0	$_{84}$Po 폴로늄 [209]	$_{85}$At 아스타틴 [210]	$_{86}$Rn 라돈 [222]
7	$_{87}$Fr 프랑슘 [223]	$_{88}$Ra 라듐 [226]	89~103 악티늄족	$_{104}$Rf 러더포듐 [261]	$_{105}$Db 더브늄 [262]	$_{106}$Sg 시보귬 [266]	$_{107}$Bh 보륨 [262]	$_{108}$Hs 하슘 [265]	$_{109}$Mt 마이트너륨 [266]	$_{110}$Ds 다름스타튬	$_{111}$Rg 렌트게늄	$_{112}$Cn 코페르니슘	$_{113}$Nh 니호늄	$_{114}$Fl 플레로븀	$_{115}$Mc 모스코븀	$_{116}$Lv 리버모륨	$_{117}$Ts 테네신	$_{118}$Og 오가네손
족의 일반명	알칼리 금속	알칼리 토류금속	희토족	티탄족	토산 금속족	크롬족	망간족	철족(위의 3개 원소) 백금족(아래의 6개 원소)			구리족	아연족	알미늄 족	탄소족	질소족	산소족	할로겐 족	불활성 가스

비금속원소 / 금속원소 / 전이원소

(위의 것 이외는 전형원소)

원자번호 — $_{1}$H — 원소기호, 수소 — 원소명, 원자량 — 1.0

란탄족	$_{57}$La 란탄 138.9	$_{58}$Ce 세륨 140.1	$_{59}$Pr 프라세오디뮴 140.9	$_{60}$Nd 네오디뮴 144.2	$_{61}$Pm 프로메튬 [145]	$_{62}$Sm 사마륨 150.4	$_{63}$Eu 유로퓸 152.0	$_{64}$Gd 가돌리늄 157.3	$_{65}$Tb 터븀 158.9	$_{66}$Dy 디스프로슘 162.5	$_{67}$Ho 홀뮴 164.9	$_{68}$Er 어븀 167.3	$_{69}$Tm 툴륨 168.9	$_{70}$Yb 이터븀 173.0	$_{71}$Lu 루테튬 175.0
악티늄족	$_{89}$Ac 악티늄 [227]	$_{90}$Th 토륨 232.0	$_{91}$Pa 프로트악티늄 231.0	$_{92}$U 우라늄 238.0	$_{93}$Np 넵투늄 237.0	$_{94}$Pu 플루토늄 [244]	$_{95}$Am 아메리슘 [243]	$_{96}$Cm 퀴륨 [247]	$_{97}$Bk 버클륨 [247]	$_{98}$Cf 캘리포늄 [251]	$_{99}$Es 아인슈타이늄 [254]	$_{100}$Fm 페르뮴 [257]	$_{101}$Md 멘델레븀 [258]	$_{102}$No 노벨륨 [255]	$_{103}$Lr 로렌슘 [260]

(각 원자량은 소수점 둘째자리에서 사사오입함)

분자량을 계산하기 위해선 원자량을 알아야 함으로 주기율표를 숙지해야 한다. 주기율표의 각 원소는 원자번호, 원소기호, 원소명, 원자량으로 구성되어 있다. 환경학에서는 원자번호 20번까지 암기하고 활용하는 것이 필요하다. 일반적으로 수소를 제외하고 원자번호에 2를 곱하면 원자량을 알 수 있으나 예외적인 원소들로 플루오르(F) 19, 나트륨(Na) 23, 알루미늄(Al) 27, 인(P) 31, 염소(Cl) 35.5, 칼륨(K) 39 등이 있다.

[개념문제] 물의 질량과 몰의 관계 (H_2O 1 mol = 18 g)

Q&A

예1) 물 10 mol은 몇 mg인가?

풀이 $10\ \text{mol} \times \frac{18\ \text{g}}{\text{mol}} \times \frac{1{,}000\ \text{mg}}{\text{g}} = 180{,}000\ \text{mg} = 1.8 \times 10^5\ \text{mg}$

예2) 물 1 kg은 몇 mol인가?

풀이 $1\ \text{kg} \times \frac{1{,}000\ \text{g}}{\text{kg}} \times \frac{\text{mol}}{18\ \text{g}} = 55.6\ \text{mol}$

표 2-7에는 환경 분야 중 대기와 수질에서 꼭 알아야 할 분자들을 정리하였다.

표 2-7 환경학에서 꼭 알아야 할 분자들

• 대기 분야

분자식	명칭	분자량 산출
SO_2	아황산가스(이산화황)	32 + 16×2 = 64
H_2S	황화수소	1×2 + 32 = 34
NO	일산화질소	14 + 16 = 30
NO_2	이산화질소	14 + 16×2 = 46
CO	일산화탄소	12 + 16 = 28
CO_2	이산화탄소	12 + 16×2 = 44
HF	불화수소	1 + 19 = 20
HCl	염화수소	1 + 35.5 = 36.5
Cl_2	염소가스	35.5×2 = 71
O_3	오존	16×3 = 48

• 수질 분야

분자식	명칭	분자량 산출
H_2SO_4	황산	1×2+32+16×4=98
HCl	염산	1+35.5=36.5
HNO_3	질산	1+14+16×3=63
NaOH	가성소다(수산화나트륨)	23+16+1=40
NH_4OH	암모니아수(수산화암모늄)	14+1×4+16+1=35
$Ca(OH)_2$	소석회(수산화칼슘)	40+(16+1)×2=74
$CaCO_3$	석회(탄산칼슘)	40+12+16×3=100
$CaSO_4$	석고(황산칼슘)	40+32+16×4=136

[개념문제] 몰과 질량과 아보가드로수

Q&A

예1) 수소 원자 1 (g)mol과 수소 분자 1 (g)mol의 아보가드로수와 질량은 각각 몇 g인가?

풀이 (1) 수소 원자 1 (g)mol의 아보가드로수 = 6.023×10^{23}개이며 질량은 원자량인 1 g이 됨

(2) 수소 분자 1 (g)mol의 아보가드로수 = 6.023×10^{23}개이며 질량은 분자량인 2 g이 됨

예2) 이산화탄소 100 lb_m을 다음의 각 단위로 계산하시오. (단, 1 lb_m = 454 g)

(1) lbmol CO_2 (2) gmol CO_2 (3) gmol C

(4) gmol O (5) CO_2의 분자수

풀이 (1) lbmol CO_2

$$100\ lb_m \times \frac{lbmol}{44\ lb_m} = 2.27\ lbmol\ CO_2$$

주) CO_2 1 (g)mol = 44 g, 1 kmol = 44 kg, 1 lbmol = 44 lb_m

(2) gmol CO_2

$$100\ lb_m \times \frac{454\ g}{lb_m} \times \frac{gmol}{44\ g} = 1031.82\ gmol\ CO_2$$

(3) gmol C

$$100\ lb_m \times \frac{454\ g}{lb_m} \times \frac{12\ g\ C}{44\ g\ CO_2} \times \frac{gmol}{12\ g} = 1031.82\ gmol\ C$$

주) CO_2 중 C의 비를 고려 후(농도의 비율편 참고) 탄소 원자량 = 12 (g)mol의 관계를 이용.

(4) gmol O

$$100\ lb_m \times \frac{454\ g}{lb_m} \times \frac{32\ g\ O_2}{44\ g\ CO_2} \times \frac{gmol}{16\ g} = 2063.64\ gmol\ O$$

주) CO_2 중 O의 비를 고려 후(농도의 비율편 참고) 산소 원자량 = 16 (g)mol의 관계를 이용.

(5) CO_2의 분자수

$$100\ lb_m \times \frac{454\ g}{lb_m} \times \frac{(g)mol}{44\ g} \times \frac{6.023 \times 10^{23}개}{(g)mol} = 6.215 \times 10^{26}개$$

2.3 길이

길이(length, L)의 SI 기본단위는 meter로 1미터는 평면 전자파가 진공 중에서 1/299,792,458초 동안 진행한 거리를 의미한다.

길이의 단위는

km − [m] − (cm) − mm − μm − nm

SI단위인 meter를 기준으로 meter 앞에 k, m, μ, n의 접두어를 붙여 그 단위의 양을 간편하게 나타낸다. 질량의 단위와 마찬가지로 접두어 간에는 10^3의 배수를 가짐을 알 수 있다. 단, 1 m = 1,000 mm이나, 구간을 좀 더 세분화하여 cm 단위를 사용하여

$$\left.\begin{array}{l} 1\ m = 100\ cm \\ 1\ cm = 10\ mm \end{array}\right]\ 1\ m = 1{,}000\ mm$$

의 관계를 가지며 이때 c는 centi로 읽는다.

또 다른 길이 단위로는 옹스트롱이 있다.

옹스트롱 (Ångström)

1868년에 스웨덴에 물리학자 A. J. Ångström이 태양의 스펙트럼 파장을 기재하는 데 이용하기 시작한 것으로, 1 Å = 10^{-10} m의 관계를 가진다.

[개념문제] **길이의 단위변환** Q&A

예1) 1,000 cm는 몇 km인가?

풀이 $1{,}000\ \text{cm} \times \dfrac{\text{m}}{100\ \text{cm}} \times \dfrac{\text{km}}{1{,}000\ \text{m}} = 0.01\ \text{km}$

예2) 0.1 km는 몇 cm인가?

풀이 $0.1\ \text{km} \times \dfrac{1{,}000\ \text{m}}{\text{km}} \times \dfrac{100\ \text{cm}}{\text{m}} = 10{,}000\ \text{cm}$

예3) 1 Å은 몇 cm인가?

풀이 $1\ \text{Å} = 10^{-10}\ \text{m}$ 이므로

$1\ \text{Å} \times \dfrac{10^{-10}\ \text{m}}{1\ \text{Å}} \times \dfrac{100\ \text{cm}}{\text{m}} = 10^{-8}\ \text{cm}$

2.3.1 둘레와 면적

길이와 관련된 물리량으로는 둘레, 면적, 부피가 있다. 둘레(perimeter, P)는 각 평면의 가장자리의 길이를 의미하며 면적(area, A)은 평면의 크기를 나타내는 양으로 그림 2-1에 나타내었다.

예를 들어 반지름이 r(radius)인 원의 경우 원의 둘레는 $2\pi r$이 되나 원의 면적은 πr^2이 됨으로 둘레와 면적을 구분하여 이해해야 한다.

만약 지름이 d(diameter)인 원의 경우 $2r = d$의 관계를 가짐으로

$$\text{원의 둘레는 } 2\pi r = 2\pi\frac{d}{2} = \pi d$$

$$\text{원의 면적은 } \pi r^2 = \pi\left(\frac{d}{2}\right)^2 = \frac{\pi d^2}{4}$$

이 된다.

모양	둘레(Perimeter)	면적(Area)
Square 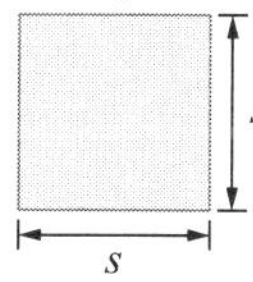	$4s$	s^2
Rectangle 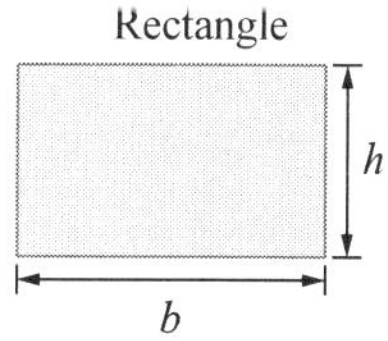	$2b+2h$	bh
Triangle 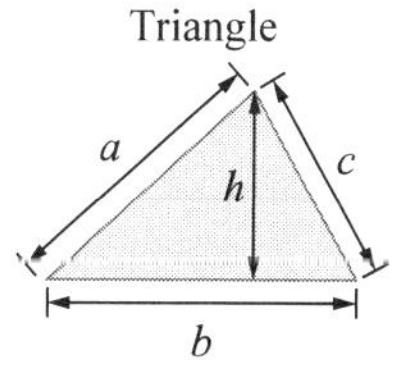	$a+b+c$	$\frac{1}{2}bh$
Circle 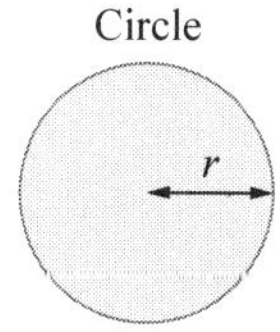	$2\pi r$	πr^2

그림 2-1 둘레와 면적

둘레의 SI 기본단위는 m이나, 면적은 m^2이 된다. 둘레의 MLT와 FLT차원은 L이며 면적의 MLT와 FLT차원은 L^2이 된다.

원의 둘레와 면적 구하기

- 반지름(r) 사용 시 : $P=2\pi r,\ A=\pi r^2$
- 지름(d) 사용 시 : $P=\pi d,\ A=\frac{\pi d^2}{4}$

[개념문제] **원의 둘레와 면적** Q&A

예1) 지름이 10 cm인 원의 둘레와 면적을 구하시오.

풀이 둘레 : $P = \pi \times d = \pi \times 10\ \text{cm} \times \dfrac{1\ \text{m}}{100\ \text{cm}} = 0.314\ \text{m}$

면적 : $A = \dfrac{\pi d^2}{4} = \dfrac{\pi \times (10\ \text{cm})^2}{4} \times \left(\dfrac{\text{m}}{100\ \text{cm}}\right)^2 = 0.00785\ \text{m}^2\ (= 7.85 \times 10^{-3}\ \text{m}^2)$

상당직경 (equivalent diameter, D_e)

상당직경이란 각형과 같은 비원형관에서 이와 동일한 유체역학적 특성을 갖는 원형관의 지름으로 수력반지름을 이용하여 상당직경을 계산하고 유체 해석에 활용한다. 수력반지름은 수로의 단면적과 수로의 젖은 둘레의 비이며 수력반지름에 4를 곱하면 상당직경이 된다.

$$D_e = 4 \times \left(\frac{\text{관의 단면적}}{\text{관의 둘레}}\right)$$

따라서 가로 a이고 세로가 b인 각형의 상당직경은

$$D_e = 4 \times \left[\frac{ab}{2(a+b)}\right] = \frac{2ab}{a+b}$$

[개념문제] 상당직경 (D_e) 구하기 Q&A

예1) 굴뚝의 모양이 직사각형으로 가로, 세로가 각각 1 m, 2 m라면 상당직경은 약 몇 m인가?

풀이 $D_e = \dfrac{2ab}{a+b} = \dfrac{2 \times 1 \times 2}{1+2} = 1.3\ \text{m}$

※ 유동의 마찰이나 유속을 구할 경우 기본식이 원형관을 기준으로 설계됨으로 각관 등을 이용 시 유체가 접하는 표면적을 고려하여 가상의 원형 모양의 직경을 사용하여 계산한다.

예2) 가로 1.5 m, 세로 1 m의 상하동일 단면적인 직사각형 굴뚝의 환산직경은 몇 m인가?

풀이 $D_e = \dfrac{2ab}{a+b} = \dfrac{2 \times 1.5 \times 1}{1.5+1} = 1.2\ \text{m}$

예3) 지름이 d m인 원형도관의 상당직경은 얼마인가?

풀이 $D_e = 4 \times \dfrac{\left(\dfrac{\pi d^2}{4}\right)}{\pi d} = d\ \text{m}$

※ 원형도관의 경우 상당직경과 지름이 같으므로 따로 계산할 필요가 없다.

2.3.2 부피와 몰부피

1. 부피

부피(volume)는 넓이인 면적과 길이인 높이를 가진 물건이 공간에서 차지하는 크기를 말하며, 체적이라고도 부른다. 기호는 V(대문자)를 쓴다. 반면에 용적은 물건을 담을 수 있는 부피 혹은 용기 안을 채우는 수량 또는 분량을 말하며, 부피(체적)와 용적은 의미적 차이는 있으나 혼용하여 쓰이기도 한다.

도형	부피(체적)식
Sphere 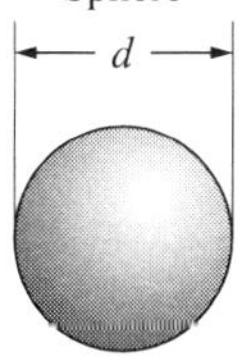	$\frac{\pi d^3}{6}$
Cylinder 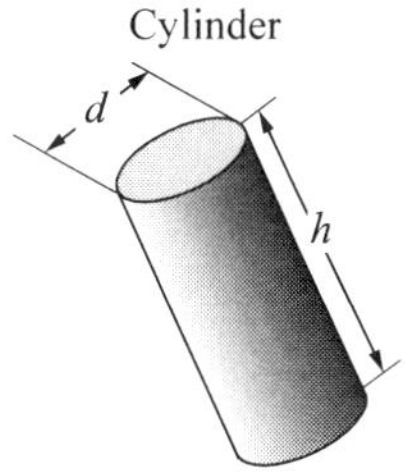	$\frac{\pi d^2 h}{4}$
Cube 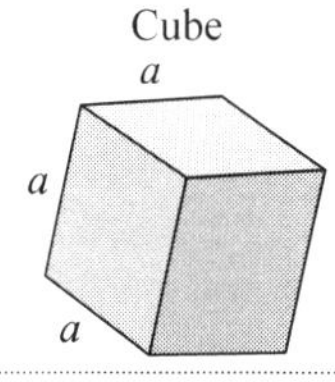	a^3
Rectangular Prism 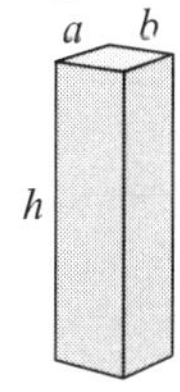	abh

그림 2-2 도형별 부피(체적)식

위의 그림 2-2에서 볼 수 있듯이 부피는 면적×높이가 되며 SI단위로는 m^3이며 CGS단위로는 cm^3이 된다. 여기서 cm^3은 cc라고도 표현하며, cc는 cubic centimeter의 약어이다.

1. cc는 길이가 3개인 개념으로 한 변이 1 cm인 입방체의 용적을 표시하며 수량(water mass) 개념은 내포하지 않는다.
2. 수량의 개념을 포함한 부피 단위는 L(liter)이다. 리터의 정의는 최대밀도(4℃) 및 1 기압 하에서의 순수한 물 1 kg이 차지하는 용적으로 1 L = 1000.027 cc의 관계를 가진다.

기타 부피를 나타내는 단위로는 barrel, gallon(gal) 등이 있으며 1 barrel = 42 gal, 1 gal = 3.785 L의 의미를 가진다. 미국에서는 FPS단위계를 주로 쓰는데 주유소의 휘발유량은 gal로 표현한다.

부피(Volume)의 단위

- **SI단위** : $m^3 = kL = 1{,}000$ L
- **CGS단위** : $cm^3 = cc = mL$
- **기타** : 1 barrel = 42 gal, 1 gal = 3.785 L

[개념문제] 부피의 단위변환 Q&A

예1) 1,000 m^3은 몇 mL인가?

풀이 $$1{,}000\ \mathrm{m}^3 \times \frac{1{,}000\ \mathrm{L}}{1\ \mathrm{m}^3} \times \frac{1{,}000\ \mathrm{mL}}{\mathrm{L}} = 10^9\ \mathrm{mL}$$

예2) 1,000 cm^3은 몇 m^3인가?

풀이 $$1{,}000\ \mathrm{cm}^3 \times \left(\frac{1\ \mathrm{m}}{100\ \mathrm{cm}}\right)^3 = \frac{1}{1{,}000}\ \mathrm{m}^3 = 10^{-3}\ \mathrm{m}^3$$

예3) 1 gal은 몇 cc인가?

풀이 $$1\ \mathrm{gal} \times \frac{3.785\ \mathrm{L}}{\mathrm{gal}} \times \frac{1{,}000\ \mathrm{mL}}{\mathrm{L}} \times \frac{\mathrm{cc}}{\mathrm{mL}} = 3{,}785\ \mathrm{cc}\ (= 3{,}785\ \mathrm{cm}^3)$$

구의 표면적 및 부피

- **구의 표면적** : $A_s = 2\pi r \times 2r = 4\pi r^2 = \pi d^2$
- **구의 부피** : $V = \dfrac{\pi d^3}{6}$

(단, r : 원의 반지름, d : 원의 지름)

원형실린더의 표면적 및 부피

- **원형실린더의 표면적** : $A_s = \pi dh$
- **원형실린더의 부피** : $V = \pi r^2 \times h = \pi\left(\dfrac{d}{2}\right)^2 \times h = \dfrac{\pi d^2}{4} h$

(단, r : 원의 반지름, d : 원의 지름, h : 원형실린더의 높이)

[개념문제] **실린더와 구의 면적과 부피**

Q&A

예1) 지름이 10 cm이고 높이가 100 cm인 실린더의 표면적 및 부피는 각각 cm^2, cm^3인가?

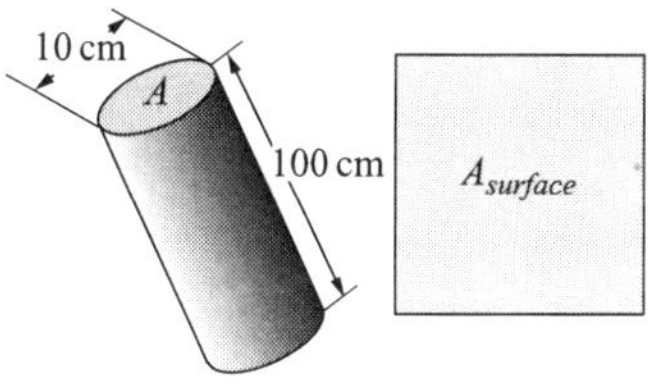

풀이 실린더의 표면적 $A_{surface} = \pi dh = \pi \times 10\ \text{cm} \times 100\ \text{cm} = 3{,}142\ \text{cm}^2$

실린더의 부피 $V = \pi r^2 \times h = \pi \times \left(\dfrac{d}{2}\right)^2 \times h = \pi \times \dfrac{d^2}{4} \times h$

$$= \pi \times \frac{(10\ \text{cm})^2}{4} \times 100\ \text{cm} = 7{,}854\ \text{cm}^3$$

예2) 지름이 10 cm인 구의 단면적과 표면적과 부피는 각각 cm^2, cm^3인가?

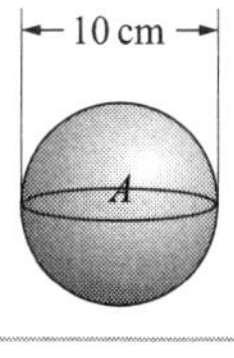

풀이 구의 면적 $A = \frac{\pi d^2}{4} = \frac{\pi \times (10\text{ cm})^2}{4} = 78.5\text{ cm}^2$

구의 표면적 $A_s = \pi d^2 = \pi \times 10^2 = 314.2\text{ cm}^2$

구의 부피 $V = \frac{\pi d^3}{6} = \frac{\pi \times (10\text{ cm})^3}{6} = 523.3\text{ cm}^3$

※ 직경이 d인 구의 표면적은 구의 면적의 4배가 된다.

[개념문제] 구형입자의 비표면적

Q&A

예1) 입경이 50 μm인 어떤 입자의 비표면적(표면적/부피)은 몇 cm^{-1}인가? (단, 구형입자 기준)

풀이 비표면적 $S_v = \frac{\text{표면적}}{\text{부피}} = \frac{\pi d^2}{\frac{\pi d^3}{6}} = \frac{6}{d}$

$$S_v = \frac{6}{d} = \frac{6}{\left(50\ \mu\text{m} \times \frac{1\text{ mm}}{1{,}000\ \mu\text{m}} \times \frac{\text{cm}}{10\text{ mm}}\right)} = 1{,}200\text{ cm}^{-1}$$

예2) 입자의 직경이 10 μm인 구형입자의 밀도가 1,200 kg/m³이라면 이 입자의 단위질량당 표면적(m²/kg)은?

풀이 입자의 단위질량당 표면적은 단위용적당 표면적에 밀도를 곱한 값으로

단위질량당 표면적 $S_w = \frac{A}{m} = \frac{A}{\rho V} = \frac{\pi d^2}{\rho \times \frac{\pi d^3}{6}} = \frac{6}{\rho d}$

$$S_w = \frac{6}{\rho d} = \frac{6}{\left(1{,}200\ \frac{\text{kg}}{\text{m}^3}\right)\left(10\ \mu\text{m} \times \frac{\text{mm}}{1{,}000\ \mu\text{m}} \times \frac{\text{m}}{1{,}000\text{ mm}}\right)} = 500\ \frac{\text{m}^2}{\text{kg}}$$

구형입자의 표면적과 단위질량당 표면적

- 비표면적 $S_v = \frac{\text{표면적}}{\text{부피}} = \frac{\pi d^2}{\frac{\pi d^3}{6}} = \frac{6}{d}$
- 단위질량당 표면적 $S_w = \frac{A}{m} = \frac{A}{\rho V} = \frac{\pi d^2}{\rho \times \frac{\pi d^3}{6}} = \frac{6}{\rho d}$

2. 몰부피

몰부피(molar volume)는 어떤 물질 1 mol이 차지하는 부피로 SI단위로는 $\left(\frac{\text{mol}}{\text{m}^3}\right)$이다. 몰질량을 밀도로 나눈 값을 의미한다. 이탈리아의 과학자 아보가드로는 표준상태인 0℃, 1기압에서 모든 기체의 1 mol당 부피를 측정한 결과 몰부피가 유사함을 발견하였으며 같은 온도와 압력 하에서 모든 기체는 같은 부피 내에 같은 수의 분자가 들어 있으며 기체의 부피는 기체의 mol수(분자수)에 비례한다고 하였다.

즉 모든 기체 1 mol이 차지하는 부피는 표준상태에서 22.4 L이며 그 속에는 6.02×10^{23}개의 분자가 들어 있음을 의미한다. 이를 관계식으로 표현하면

표준상태에 있는 기체의 경우 1 mol = 22.4 L = 분자량(g)
1 kmol = 22.4 m^3 = 분자량(kg)

표준상태 기체의 부피표시법

- Sm^3, Nm^3 : 표준상태의 기체 부피임을 의미함.
- 만약 기체의 부피가 실측상태라면 actual상태로 부피 앞에 a를 붙인다.
  am^3 : 표준상태 외의 실측상태의 기체 부피를 의미함.

[개념문제] **기체의 몰과 부피의 관계** Q&A

예1) 산소 2 mol은 몇 g이며 표준상태에서 몇 L인가?

풀이

$$2\ \text{mol} \times \frac{32\ \text{g}}{\text{mol}} = 64\ \text{g}$$

$$2\ \text{mol} \times \frac{22.4\ \text{L}}{\text{mol}} = 44.8\ \text{L}$$

예2) 일신화딘소 100 m^3은 표준상태에서 몇 mol인가?

풀이

$$100\ \text{Sm}^3 \times \frac{\text{kmol}}{22.4\ \text{Sm}^3} \times \frac{1{,}000\ \text{mol}}{\text{kmol}} = 4{,}464\ \text{mol}$$

몰, 질량, 부피의 관계

- 표준상태에서 mol = 분자량(g) = 22.4 SL
- 표준상태에서 kmol = 분자량(kg) = 22.4 Sm^3
- 표준상태에서 mmol = 분자량(mg) = 22.4 SmL

2.4 시간

시간의 차원은 Time으로 대문자 "T"로 표현한다. 시간의 SI단위는 second로 "sec" 또는 "s" 표현한다. 1 second는 세슘 133의 기저 상태에 있는 두 초 미세 준위 간의 천이에 대응하는 복사선의 9,192,631,770주기의 지속 시간이다. 시간은 CGS, FPS, 공학단위계에 상관없이 동일한 단위를 쓴다.

환경학에서 시간은 sec(초), min(분), hr(시), day(일), year(년) 등의 단위를 사용한다. 환산인자는 다음과 같다.

60 sec = min

60 min = hr

24 hr = day

365 day = year

[개념문제] 시간의 단위변환 Q&A

예1) 1년은 몇 초인가?

풀이 $$1\ \text{year} \times \frac{365\ \text{day}}{\text{year}} \times \frac{24\ \text{hr}}{\text{day}} \times \frac{60\ \text{min}}{\text{hr}} \times \frac{60\ \text{sec}}{\text{min}} = 31{,}536{,}000\ \text{sec}$$

예2) 어떤 장치를 하루 8시간 가동 시 1년 동안 가동시간은?

풀이 $\frac{8\ hr}{day} \times \frac{365\ day}{year} = \frac{2,920\ hr}{year}$

하루 8시간 가동 시 1년간 총 가동시간은 2,920시간이다.

2.5 온도

온도(temperature)는 물질 내에 있는 원자 또는 분자의 평균운동에너지로 섭씨온도, 화씨온도, 절대온도로 구분한다.

섭씨온도(℃) : Celsius

화씨온도(°F) : Fahrenheit

2.5.1 섭씨온도와 화씨온도

그림 2-3에서 섭씨온도계와 화씨온도계를 비교해 보면 섭씨온도계는 어는점과 끓는점을 100개 구간으로 나누며 화씨온도계는 180개 구간으로 나누므로 섭씨온도와 화씨온도는 다음과 같은 관계를 가진다.

$$1℃ = 1.8°F$$

또한 섭씨온도를 화씨온도로 변환하기 위해선 다음 식을 이용한다.

$$°F = 1.8 \times ℃ + 32$$

2.5.2 절대온도

섭씨온도의 절대온도는 K(Kelvin)이며 화씨온도의 절대온도는 °R(Rankine)이며 그 관계는 다음과 같다.

$$K = 273 + ℃$$

$$°R = 460 + °F$$

섭씨온도와 화씨온도 및 절대온도의 관계는 그림 2-3과 같다.

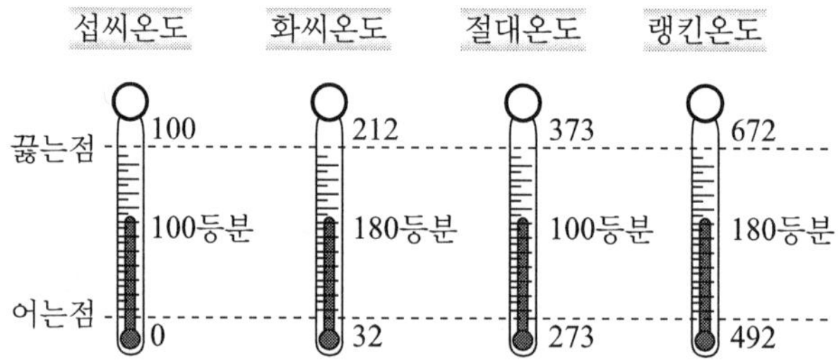

그림 2-3 온도계 비교

환경학에서 온도의 의미

- 표준온도는 0℃, 상온은 15~25℃, 실온은 1~35℃로 하며 찬 곳은 따로 규정이 없는 한 0~15℃의 곳을 뜻한다.
- 냉수는 15℃ 이하, 온수는 60~70℃, 열수는 약 100℃를 말한다.
- "수욕상 또는 수욕 중 가열한다."라 함은 따로 규정이 없는 한 수온 100℃에서 가열함을 뜻하고 약 100℃ 부근의 증기욕을 대용할 수 있다.
- "냉후"(식힌 후)라 표시되어 있을 때는 보온 또는 가열 후 실온까지 냉각된 상태를 뜻한다.

온도 간의 관계식

- 1℃ = 1.8°F
- °F = 1.8 × ℃ + 32,   K = 273 + ℃,   °R = 460 + °F

[개념문제] **온도변환**

Q&A

예1) 물의 어는점과 끓는점은 각 몇 °F, K, °R인가?

풀이 물의 어는점은 0℃이므로 변환식을 이용하면

$$°F = 1.8 \times ℃ + 32 = 1.8 \times 0 + 32 = 32°F$$
$$K = 273 + ℃ = 273 + 0 = 273\,K$$
$$°R = 460 + °F = 460 + 32 = 492\,°R$$

물의 끓는점 100℃이므로

$$°F = 1.8 \times ℃ + 32 = 1.8 \times 100 + 32 = 212°F$$
$$K = 273 + ℃ = 273 + 100 = 373\ K$$
$$°R = 460 + °F = 460 + 212 = 672\ °R$$

예2) 화씨 950은 몇 ℃인가?

풀이 단위변환식을 이용하면
$°F = 1.8 \times ℃ + 32$에서 $950 = 1.8 \times x + 32 \rightarrow x = 510℃$

예3) 15℃에서 35℃로 온도를 올릴 경우 이는 화씨로 몇 도를 올리는 것인가?

풀이 구간의 개념이므로 1℃ = 1.8°F를 이용하여 풀이하며 32를 더하지 않는다.
$20℃ \times \frac{1.8°F}{1℃} = 36°F$
또는 $°F = 1.8 \times ℃ + 32$ 식을 이용하면
$(1.8 \times 35 + 32) - (1.8 \times 15 + 32) = 36°F$

예4) 섭씨온도계와 화씨온도계가 같은 값을 가질 때의 온도는?

풀이 $°F = 1.8 \times ℃ + 32$에서 섭씨온도=화씨온도 이를 x로 대치하여 풀면
$x = 1.8x + 32 \rightarrow x = -40$

2.6 속도와 관련된 물리량

2.6.1 속도와 유량

1. 속도

속도(velocity)는 변위(길이)와 시간으로 조합된 물리량으로 단위시간에 이동한 위치 벡터의 변위(길이)로 물체의 빠르기와 방향을 표현하며 기호로는 v(소문자)로 표현한다. 즉 속도는 식으로 나타내면 다음과 같다.

$$v = \frac{\text{변위}}{\text{시간}} = \frac{l}{t}$$

속도의 차원은 변위로 길이로 L, 시간은 T이므로 속도를 MLT차원으로 표현하면 $\frac{L}{T}$ 또는 LT^{-1}이 된다. SI단위로 $\left[\frac{m}{sec}\right]$가 된다.

속도와 관련하여 속력(speed)의 의미를 비교하여 알아 둘 필요가 있다. 속력은 단위 시간당 이동한 거리를 의미한다. 두 물리량을 혼용하여 쓰나 엄격히 말하면 두 물리량은 차이가 있다. 그 차이점은 속도는 크기와 방향성의 개념을 가지며 속력은 크기의 개념만 갖는다는 점이다. 즉 이를 스칼라와 벡터로 표현한다.

스칼라와 벡터

- **스칼라(scalar)** : 크기를 가지나 방향성을 가지고 있지 않은 물리량으로 속력, 거리, 길이, 시간, 질량, 온도, 에너지 등 있다.
- **벡터(vector)** : 크기와 방향성을 동시에 가지는 물리량으로 속도, 변위, 가속도, 힘, 전기장 등이 있으며 기호에 화살표($\vec{v}$)를 붙이기도 한다.

속도는 미분화된 식으로 표시하면

$$v = \frac{\text{변위}}{\text{시간}} = \frac{dl}{dt}$$

일반적으로 속도식을 이동거리/시간으로 표현하나, 정확한 식으로 변위/시간이 된다. 거리는 스칼라양, 변위는 벡터양이므로 구분하여 쓸 필요가 있다.

즉 변위는 위치의 변화량으로 크기와 방향을 가지는 벡터양의 이동거리와는 다른 개념이다.

예를 들어 어떤 물체가 A점에서 B점으로 이동시 ①, ②, ③의 다양한 경로를 통해 A점에서 B점에 도착할 수 있다. 이때 이동거리는 경로에 따라 달라지나 변위는 두 점의 직선거리로 ②가 된다. 즉 ①, ③으로 이동하면 거리는 변위보다 크게 되나 변위는 일정하다. 즉 ②번 경로는 A점에서 B점까지 이동 후 다시 A점으로 되돌아오면 이동거리는 20 km가 되지만, 변위는 0이 된다. 이는 변위가 크기와 방향을 가지는 벡터양이기 때문이다.

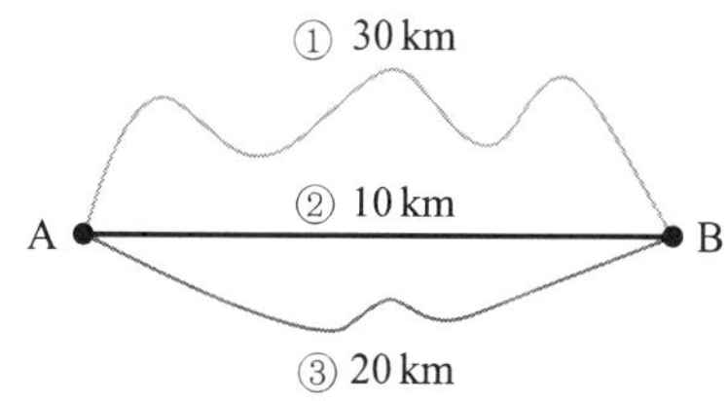

그림 2-4 이동거리와 변위

이동거리와 변위

- **이동거리** : 물체가 시작점에서 종료점까지 실제로 움직인 거리(스칼라양)
- **변위** : 물체가 시작점에서 종료점까지 움직인 최단 거리(벡터양)

2. 유량

유량(volumetric flow rate, Q)은 유체의 흐름에서 이동되는 물질의 속도를 의미하며, 다음과 같은 식으로 표현된다.

$$Q = Av \left[\frac{\mathrm{m^3}}{\mathrm{sec}}\right]$$

여기서, A는 단면적($\mathrm{m^2}$)이며 v는 속도(m/sec)이다.

※ 유량 $Q = Av$로 표현할 수 있다. 이 유량의 단위는 $\mathrm{m^3}$/sec이므로 1초당 이동하는 부피로 정의되며 부피유량이라고 할 수 있다. 이 부피유량을 질량유량으로 바꾸기 위해선 밀도의 개념이 필요하다.

즉 Q에 밀도를 곱하면 부피를 질량으로 바꿀 수 있으며 이를 질량유량(mass flow rate)이라고 부른다.

$$\acute{m} = Q\rho = Av\rho \left[\frac{\mathrm{kg}}{\mathrm{sec}}\right]$$

물에서는 부피가 온도와 압력의 영향을 받지 않음으로 "유량 = 부피유량"으로 그대로 사용할 수 있으나 공기의 경우 부피가 온도와 압력의 영향을 받음으로 부피유량을 쓸 경우 유량오차가 생길 수 있다. 따라서 공기의 경우 온도와 압력이 달라지는 경우 질량유량을 써야 한다. 그러나 일반적으로 환경 분야에서는 유량은 $Q = Av$를 이용하여 계산한다. 이는 공기가 STP상태에 있다고 가정한 것이다.

[개념문제] **유량**

Q&A

예1) 직경이 400 mm인 관에 30 m^3/min의 공기가 통과한다면 공기의 이동속도는 몇 m/sec인가?

풀이 min은 sec로 고치고 직경의 관의 면적 $A=\frac{\pi d^2}{4}$(지름 d 사용 시) 또는 $A=\pi r^2$(반지름 r 사용 시)

$$Q=Av\left[\frac{\mathrm{m}^3}{\mathrm{s}}\right] \Rightarrow v=\frac{Q}{A}$$

$$v=\frac{Q}{A}=\frac{30\,\frac{\mathrm{m}^3}{\mathrm{min}}\times\frac{\mathrm{min}}{60\,\mathrm{sec}}}{\frac{\pi}{4}\times(0.4\,\mathrm{m})^2}=3.98\,\frac{\mathrm{m}}{\mathrm{sec}}$$

예2) 실온에서 물이 동관 파이프 속을 6 m/min으로 흐르고 있다. 파이프관의 단면적이 0.005 m^2일 때 관 속을 흐르는 유체의 부피유속(cm^3/sec)과 질량유속(g/sec)은? (단, 물의 밀도는 1 g/cm^3)

풀이 부피유속(유량)

$$Q=Av=\left[0.005\,\mathrm{m}^2\times\left(\frac{100\,\mathrm{cm}}{\mathrm{m}}\right)^2\right]\times\left(6\,\frac{\mathrm{m}}{\mathrm{min}}\times\frac{\mathrm{min}}{60\,\mathrm{sec}}\times\frac{100\,\mathrm{cm}}{\mathrm{m}}\right)$$

$$=500\,\frac{\mathrm{cm}^3}{\mathrm{sec}}$$

질량유속은 부피유속에 밀도(3.2.1절 참고)를 곱하여 구한다.

$$\acute{m}=Q\rho=Av\rho=500\,\frac{\mathrm{cm}^3}{\mathrm{sec}}\times\frac{1\,\mathrm{g}}{\mathrm{cm}^3}=500\,\frac{\mathrm{g}}{\mathrm{sec}}$$

2.6.2 가속도와 중력가속도

1. 가속도

가속도(acceleration)는 단위시간동안 속도벡터의 변화를 나타낸 물리량으로 기호로는 a(소문자)로 쓰며 SI단위는 $\left[\frac{\mathrm{m}}{\mathrm{s}^2}\right]$이며 식은 다음과 같다.

$$a = \frac{\text{속도}}{\text{시간}} = \frac{dv}{dt}$$

단위해석을 해보면

$$a = \frac{dv}{dt} = \frac{\frac{\mathrm{m}}{\mathrm{s}}}{\mathrm{s}} = \frac{\mathrm{m}}{\mathrm{s}^2}$$

이를 MLT차원으로 나타내면 $\frac{\mathrm{L}}{\mathrm{T}^2}$ 또는 $\mathrm{L} \cdot \mathrm{T}^{-2}$이 된다.

속도(v)와 가속도(a)

$$v = \frac{dl}{dt} \qquad a = \frac{dv}{dt}$$

2. 중력가속도

중력가속도(gravitational acceleration)는 중력에 의한 단위시간당 물질의 속도변화량을 의미하며 기호로는 g(소문자)로 쓴다. 또한 위도 45° 해면에서 9.80665 m/s^{2}의 값을 가지며 이를 표준중력가속도라 하며 기호로 g_o라 쓰며 그 값은 다음과 같다.

$$g_o = 9.8 \frac{\mathrm{m}}{\mathrm{s}^2}$$

일반적으로 중력가속도 값을 9.8 m/s^{2}로 상수화 하여 쓰며 이는 표준중력가속도를 의미한다.

중력가속도 값은 지구의 반지름에 의해 영향을 받음으로 정확한 g값은 위치마다 다르다. 즉 중력가속도는 지역의 고도가 높을수록 반지름이 클수록 작아지며 지구자전의 영향으로 적도의 반지름이 극지방이 반지름보다 큼으로 적도지방의 중력가속도는 극지방의 중력가속도보다 작게 된다.

중력가속도 값 9.8 m/s^{2}는 유도과정은 다음과 같다.

먼저 뉴턴의 만유인력의 법칙을 이용하여 거리가 r만큼 떨어진 질량이 m_1인 물체와 질량이 m_2인 물체 사이에 작용하는 힘은 그림 2-5와 같다. 여기에서 G는 뉴턴상수인 중력상수를 의미한다.

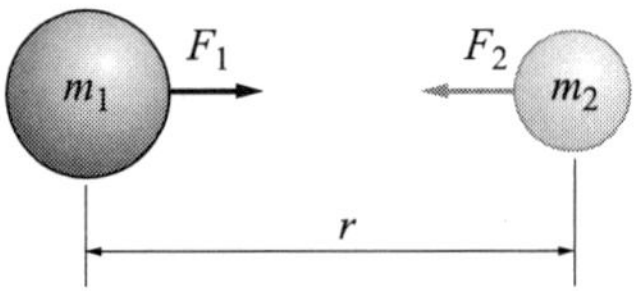

그림 2-5 물체 간 작용하는 힘

물체 간에 작용하는 힘은 다음 식과 같으며 G는 중력의 세기를 나타내는 기초물리 상수인 중력상수이며 r은 두 물체 간의 거리이며 m은 각 물체의 질량을 의미한다.

$$F_1 = F_2 = G\frac{m_1 \times m_2}{r^2}$$

그림 2-6을 보면 중력가속도는 지구의 중력에 의해 발생하게 된다. 즉 지표면에 낙하하는 물체는 중력의 영향으로 운동 가속도가 생성되며 이를 중력가속도라 한다.

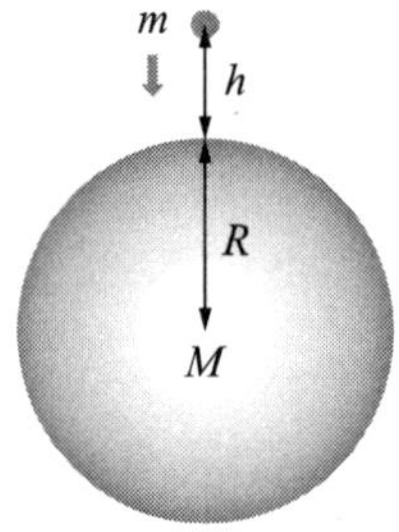

중력가속도

그림 2-6 지구중력과 중력가속도

다음 예에서 높이 h에서 질량 m인 물체에 대해 질량 M의 행성이 가하는 중력은

$F = G\frac{m_1 \times m_2}{r^2}$ 로부터 $F = G\frac{m \times M}{(h+R)^2}$ 이 된다.

또한 중력 $F = mg$이고 h가 R에 비해 매우 작다면

$$mg = G\frac{mM}{(R)^2}$$

양편에 m을 소거하면

$$g = G\frac{M}{(R)^2}$$

G는 중력의 세기를 나타내는 기초물리상수인 중력상수로 $6.6742\times10^{-11}\ \mathrm{m^3/kg\cdot s^2}$이며 M은 지구의 질량으로 5.9736×10^{24} kg이며 R은 지구의 반지름으로 6,378,137 m이 된다. 이를 넣고 재정리하면 중력가속도 값이 $9.8\ \mathrm{m/s^2}$임을 알 수 있다.

$$g = \frac{6.6742\times10^{-11}\times5.9736\times10^{24}}{(6,378,137)^2}\left[\frac{\mathrm{m^3}}{\mathrm{kg\cdot s^2}}\frac{\mathrm{kg}}{\mathrm{m^2}}\right] = 9.8\ \frac{\mathrm{m}}{\mathrm{s^2}}$$

2.7 힘의 정의와 종류

물질의 양은 질량(mass)으로 표현하나 질량에 지구의 중력이 가해져 발생하는 무게, 또는 중량(weight) 또는 힘(force)으로도 표현할 수 있다. 뉴턴의 제2법칙에 따르면 힘이란 정지하고 있는 물체를 움직이고, 움직이고 있는 물체의 속도나 운동방향을 바꾸거나 물체의 형태를 변형시키는 작용을 하는 물리량으로 정의된다.

2.7.1 힘과 중력

1. 힘

힘(force)은 한 물체와 다른 물체 간의 상호작용으로 물체를 움직이거나 물체의 속도, 운동상태, 모양을 변형시키는 작용을 하는 물리량이다.

벡터양인 힘은 뉴턴의 제2법칙으로 기호로 F를 쓰며 힘의 단위는 뉴턴의 첫 자를 사용하여 [N]을 쓴다.

즉 힘은 질량(m)과 가속도(a)의 곱으로

$$F = m\times a = [1\ \mathrm{kg}]\times\left[1\ \frac{\mathrm{m}}{\mathrm{s^2}}\right] = [\mathrm{N}]$$

① 힘의 SI 기본단위는 $kg\frac{m}{s^2}$이고 SI 유도단위는 N(뉴턴)으로 정의한다. 여기서 1 N은 "질량 1 kg의 물체를 1 m/s^2만큼의 가속도를 갖게 하는 힘"을 의미한다.

② 힘의 CGS단위는 $g\frac{cm}{s^2}$이며 dyn을 쓴다. 즉 $dyn = g\frac{cm}{s^2}$ 관계를 가지며 1 dyn은 "질량 1 g의 물체를 1 cm/s^2만큼의 가속도를 갖게 하는 힘"을 의미한다.

즉 N과 dyn의 관계는 $kg \cdot m/s^2$를 $g \cdot cm/s^2$로 단위를 전환하면

$$1\,N = 10^5\,dyn$$

[개념문제] N과 dyn 간의 단위변환 Q&A

예1) 10 N은 몇 dyn인가?

풀이 N은 SI 유도단위로 SI 기본단위로 표현하면 $kg\frac{m}{s^2}$이고 $dyn = g\frac{cm}{s^2}$의 관계를 가진다.

$$10\,N = 10\,kg\frac{m}{s^2} \times \frac{1{,}000\,g}{kg} \times \frac{100\,cm}{m} = 10^6\,g\frac{cm}{s^2} = 10^6\,dyn$$

2. 중력

중력(gravity)이란 지구가 물체를 잡아당기는 힘으로 만유인력과 지구의 자전에 의해 발생하는 원심력을 합한 힘이다. 또한 물체에 작용하는 크기를 중량이라고 한다. 중량(weight, W)은 질량 1 kg인 물체가 9.8 m/s^2의 가속을 받을 때 나타내는 힘으로 질량 1 kg에 작용하는 중력을 의미하며 기호는 W를 쓴다. 중량의 단위는 [kg_f]를 쓰며 "kg중" 또는 "kg무게"라고 읽는다. 아래첨자 f는 force를 의미한다.

$F = ma$에서 가속도 a 대신 중력가속도 g로 대치하면 $F = mg$꼴이 된다. F를 ma를 의미하는 물리량이므로 mg는 F 대신 W(weight)라는 기호로 표현하며

$$W = mg$$

m의 단위는 [kg], g는 [9.8 m/s^2]가 된다.

$$W = mg \Rightarrow [kg]\left[9.8\,\frac{m}{s^2}\right] = 9.8\left[kg\frac{m}{s^2}\right] = 9.8\,N = kg_f$$

힘과 중량의 식과 단위 비교

- $F = m \times a = [1\ \text{kg}] \times \left[1\ \frac{\text{m}}{\text{s}^2}\right] = 1\ [\text{N}]$
- $W = m \times g = [1\ \text{kg}] \times \left[9.8\ \frac{\text{m}}{\text{s}^2}\right] = 9.8\ [\text{N}] = [\text{kg}_\text{f}]$

힘과 중량의 단위

- 힘 : $\text{N} = \text{kg}\frac{\text{m}}{\text{s}^2}$, $\text{dyn} = \text{g}\frac{\text{cm}}{\text{s}^2}$
- 중량(무게) : $\text{kg}_\text{f} = 9.8\ \text{N}$

힘과 중량을 차원의 형태로 표현할 수 있다. 물질의 양을 질량으로 표현하면 MLT 차원이 되나 물질의 양을 중량 또는 힘으로 나타낼 경우 물질의 차원을 F(force)라 표현하며 시간은 T라 표현하고 변위를 L로 표현한 것을 FLT차원이라 부른다. 즉 물질의 양을 질량으로 표현하면 MLT차원이 되며, 물질의 양을 중량(힘)으로 표현하면 FLT차원이 된다.

힘을 MLT차원과 FLT차원으로 표현하면

[힘] = [질량] × [가속도]이다. 가속도는 $\left[\frac{\text{길이}}{\text{시간}^2}\right]$이 된다.

$[\text{F}] = [\text{M}] \times \left[\frac{\text{L}}{\text{T}^2}\right] = [\text{MLT}^{-2}]$

$\therefore\ [\text{F}] = [\text{MLT}^{-2}]$

힘은 FLT차원으로 [F]이고 MLT차원으로는 $[\text{MLT}^{-2}]$이 된다.

질량을 MLT차원과 FLT차원으로 표현하면

$[\text{질량}] = \frac{[\text{힘}]}{[\text{가속도}]}$

$[\text{M}] = \frac{[\text{F}]}{\left[\frac{\text{L}}{\text{T}^2}\right]} = \frac{[\text{F}]}{[\text{LT}^{-2}]} = [\text{FL}^{-1}\text{T}^2]$

$\therefore\ [\text{M}] = [\text{FL}^{-1}\text{T}^2]$

질량은 FLT차원으로 $[\text{FL}^{-1}\text{T}^2]$이고 MLT차원으로는 [M]이 된다.

2.7.2 질량과 중량의 관계

물질의 양은 질량(mass)과 가속도를 포함한 질량인 중량(weight)으로 나눌 수 있다.

- 질량(mass)은 물체를 형성하고 있는 물질의 양으로 일정하며 가속도를 포함하지 않는다. 질량의 단위는 [kg], [g]을 쓴다.
- 가속도를 포함한 질량은 힘(force) 또는 중량(weight)으로 나타내며 중량의 단위는 [kg_f]를 쓴다.

즉 질량의 단위는 kg이고 중량(무게)의 단위는 kg_f가 된다. 우리가 자주 사용하는 몸무게는 말 그대로 중량이 되며 지구의 중력가속도량이 포함된 양이다. 그런데 몸무게를 말할 때 100 kg이라고 이야기하지 100 kg_f라고 이야기하지는 않는다. 그 이유는 무엇일까?

몸무게 100 kg를 중량으로 단위변환을 해 보면,

$$
\begin{aligned}
W &= mg \\
&= 100\ \mathrm{kg} \times 9.8\ \frac{\mathrm{m}}{\mathrm{s}^2} = 980\ \mathrm{kg}\frac{\mathrm{m}}{\mathrm{s}^2} = 980\ \mathrm{N}
\end{aligned}
$$

단, 중력가속도는 표준중력가속도이고 980 N을 kg_f로 바꾸면

$$
980\ \mathrm{N} \times \frac{\mathrm{kg_f}}{9.8\ \mathrm{N}} = 100\ \mathrm{kg_f}
$$

이 된다.

몸무게 100 kg를 중량(kg_f)으로 바꾸면 100 kg_f이 된다. 즉 (몸)무게와 질량의 단위와 의미는 다르지만 그 값이 같음으로 지구상에서는 질량과 무게의 단위를 혼용해서 쓸 수 있다. 여기에는 중요한 가정이 있다. 중력가속도가 표준중력가속도란 점이다. 그리고 새로이 정의된 중량의 단위인 kg_f가 가지는 의미 때문이다.

따라서 표준중력가속도(g_o)가 9.8 m/s^{2}인 곳에서는 무게와 질량이 동일한 값을 가지게 된다.

1. 중력가속도와 표준중력가속도의 관계

만약 중력가속도가 표준중력가속도가 아닌 9.8 m/s^{2}보다 크거나 작다면 무게와 질량은 어떤 차이를 가지게 될까? 앞선 중력가속도편에서 지구상의 중력가속도는 위치에 따라 달라진다고 하였다. 표준중력가속도는 해수면상에서 대기압이 1이란 조건하의 중

력가속도이다. 그렇다면 해수면보다 낮은 바다 속이나 해수면보다 높은 산 위라면 중력가속도가 변함으로 무게와 질량의 관계는 달라진다.

중력가속도 값이 표준중력가속도보다 작다면 무게는 질량보다 작아지며 크다면 무게는 질량보다 커진다. 이는 $W = mg$를 통해 이해할 수 있다. 그러면 얼마나 작아지고 커질까?

무게와 질량의 단위변환을 위해서는 다음과 같은 중력환산계수(g_c)를 알고 있어야 한다. 중력환산계수란 중력가속도(g)가 표준중력가속도(g_o)가 아닌 경우 질량(m)을 중량(W)으로, 중량(W)을 질량(m)으로 단위를 변화시키는 계수이다. 중력환산계수는 다음과 같다.

$$g_c = \frac{\text{kg} \cdot 9.8 \dfrac{\text{m}}{\text{s}^2}}{\text{kg}_\text{f}}$$

무게(W)와 질량(m)의 단위변환식은

$$W = m\frac{g}{g_c}$$

g는 특정지역의 중력가속도이며 g_c는 중력환산계수이다.

[개념문제] 질량과 중량의 관계

Q&A

예1) 중력가속도가 9.3 m/s^{2}인 산 정상에서 10 kg의 질량은 몇 kg$_\text{f}$인가?

풀이

$$W = m\frac{g}{g_c}$$

$$W = 10 \times \frac{9.3}{9.8} = 9.5\ \text{kg}_\text{f}$$

예2) 중력가속노가 10 m/s^{2}인 수중에서 10 kg의 질량은 몇 kg$_\text{f}$인가?

풀이

$$W = m\frac{g}{g_c}$$

$$W = 10 \times \frac{10}{9.8} = 10.2\ \text{kg}_\text{f}$$

예3) 중력가속도가 표준중력가속도라면 10 kg의 질량은 몇 kg_f인가?

풀이
$$W = m\frac{g}{g_c}$$

$$W = 10 \times \frac{9.8}{9.8} = 10\ \mathrm{kg_f}$$

위의 예제에서 볼 수 있듯이 중력가속도가 달라진다면 중량은 $W = mg$이므로 g값이 변함으로 무게가 달라진다는 것을 알 수 있다.

- 중력가속도 < 표준중력가속도 : 질량 > 무게 (예: 높은 위치의 산)
- 중력가속도 = 표준중력가속도 : 질량 = 무게 (예: 해수면)
- 중력가속도 > 표준중력가속도 : 질량 < 무게 (예: 해수면 보다 낮은 위치)

※ 일반적으로 중력가속도는 표준중력가속도라고 가정하고 중력가속도는 9.8 m/s^2로 상수화 취급함으로 지구상에서 무게 값과 질량 값은 동일함으로 무게의 단위와 질량의 단위를 혼용하여 쓰게 된다. 또한 물질의 양을 질량이 아닌 중량 즉 무게로 표현할 경우 이를 공학단위계 또는 중량단위계라고 말한다.

기본 SI단위계와 공학단위계의 차이는 물질의 양을 중량 즉 kg_f로 나타낸다는 것이다.

	SI 기본단위계	SI 유도단위계	공학단위계
물질의 양	kg, mol	N	kg_f

2.7.3 힘의 종류

힘의 종류는 매우 다양하여 중력, 만유인력을 기본으로 관성에 의해 나타나는 관성력, 두 물체 간에 작용하는 인력과 척력, 전하 간에 작용하는 전기력, 자성을 가진 물체 간에 작용하는 자기력, 두 물체가 접촉하여 운동 시 발생하는 마찰력, 원운동 시 내부로 향하는 힘인 구심력과 외부로 향하는 힘인 원심력, 유체 속에 있는 물체가 받는 힘인 부력 등이 있다. 다양한 힘의 형태 중 부력, 원심력, 전거력, 전향력, 경도력 등은 환경학에서 많이 사용된다.

1. 부력

부력(buoyancy force, F_b)은 유체로부터 받는 힘(중력)과 반대방향의 힘으로 밀도의 차이에 의해 생기는 힘으로 아르키메데스의 원리에 따르면 부력(F_b)의 크기는 물체(m)가 밀어낸 부피(V)만큼의 유체가 가지는 무게이다. 예를 들어 유체의 밀도가 ρ_f이고, 물체가 밀어낸 부피를 V라고 하면

$$F_b = \rho_f V g \quad \rightarrow \quad \left[\frac{\text{kg}}{\text{m}^3} \cdot \text{m}^3 \cdot \frac{\text{m}}{\text{s}^2} = \text{kg} \cdot \frac{\text{m}}{\text{s}^2} = \text{N} \right]$$

로 정의할 수 있다. 단위는 N임을 알 수 있다.

2. 원심력

원심력(centrifugal force, F_c)은 원이나 곡선운동을 하고 있는 물체에 나타나는 관성력으로 사이클론과 같은 대기오염방지시설 설계 시 활용된다. 원운동 시 반지름이 r이고 접선속도가 v인 경우 $v = r\omega$ 관계를 가지며 ω는 각속도를 의미한다. 각속도는 운동체와 기준점을 연결한 직선으로 단위는 1초간에 1라디안의 각만큼 회전하는 속도로 rad/sec로 나타낸다. rad는 국제단위계의 보조단위로 1 rad 57°17′44.8″이고 1° = 0.0174533 rad이다.

$v = r\omega$에서 양변을 제곱하고 재정리하면

$$v^2 = r^2\omega^2 \quad \rightarrow \quad \frac{v^2}{r} = r\omega^2$$

따라서 원운동에서 가속도 $a = \dfrac{v^2}{r} = r\omega^2$ 되고 차원해석을 하면 가속도와 동일한 차원을 갖는다. 따라서 원심력은 다음 식으로 나타낼 수 있다.

$$F_c = m\frac{v^2}{r} \quad \rightarrow \quad \left[\text{kg} \cdot \frac{\left(\frac{\text{m}}{\text{s}}\right)^2}{\text{m}} = \text{kg} \cdot \frac{\text{m}}{\text{s}^2} = \text{N} \right]$$

3. 전기력

전기력(electrostatic force, F_e)은 전하를 가신 두 물제 사이에 작용하는 힘으로 ESP와 같은 전기집진기를 설계 시 사용된다. 전기력은 다음 식으로 나타낼 수 있다.

$$F_e = k\frac{q_1 q_2}{r^2}$$

여기서, k는 쿨롱상수로 $8.9879 \times 10^9\ \mathrm{Nm^2C^{-2}}$, q_1, q_2는 각 입자가 띤 전하량을 표시하며 전하량의 단위는 쿨롱(coulomb, C)이고 r은 전하간의 거리(m)를 나타낸다. 전기력의 단위를 해석하면 N이 된다.

$$F_e = k\frac{q_1 q_2}{r^2} \quad \rightarrow \quad \left[\frac{\mathrm{Nm^2}}{\mathrm{C^2}} \times \frac{\mathrm{C} \times \mathrm{C}}{\mathrm{m^2}} = \mathrm{N}\right]$$

4. 기상학과 연계된 힘

기상학은 대기의 현상을 설명하는데 매우 중요하며 바람의 형성과 관련하여 기압경도력, 전향력, 원심력, 마찰력이 작용한다.

기압경도력(pressure gradient force)은 바람을 일으키는 원동력으로 기압차에 의해서 생기는 단위질량당의 힘으로 등압선에 수직이며 경도력은 등압선간의 거리에 반비례하여 등압선이 조밀할수록 기압경도력이 증가하고 풍속이 빨라진다.

전향력(Coriolis force)은 지구의 자전 때문에 생기는 가속도에 의한 힘으로 운동방향에만 영향을 주며 북반구에서는 운동방향에 대해 오른쪽 90°, 남반구에서는 왼쪽 90°방향으로 작용하며 극지방에서 최댓값을 가지며 적도지방에서는 최솟값을 가진다.

원심력(centrifugal force)은 지구의 자전 때문에 생기는 외부로 향하는 힘으로 극지방에서 최솟값을 가지며 적도지방에서 최댓값을 가진다.

마찰력(drag force)은 지표의 풍속에 비례하여 운동진행방향의 반대로 작용하며 마찰력의 크기는 지표 거칠기와 풍속에 비례하고 마찰력이 클수록 풍속은 감소하며 풍향의 변화는 커진다. 또한 고도가 증가할수록 마찰력은 작아진다.

힘의 형태는 다양하지만 힘의 SI 기본단위는 $[\mathrm{kg \cdot m/s^2}]$이며 SI 유도단위는 [N]임을 알 수 있다.

2.8 일, 동력과 압력

2.8.1 일과 에너지

일(work, W)은 힘과 거리 곱으로 나타내며 에너지(energy, E)는 일을 할 수 있는 능력을 말한다. 기본적으로 일과 에너지는 차원과 단위가 동일하다.

$$E = F \times L = ma \times L$$

에너지(일)의 단위를 해석해 보면

$$E = maL \quad \Rightarrow \quad [\mathrm{kg}]\left[\frac{\mathrm{m}}{\mathrm{s}^2}\right][\mathrm{m}] = [\mathrm{N}][\mathrm{m}] = [\mathrm{J}]$$

SI단위계 : N × m = [J]

CGS단위계 : dyn × cm = [erg]

공학단위계 : $\mathrm{kg_f} \times \mathrm{m}$

에너지를 표현하는 단위로 kcal가 있다. 1 kcal = 1,000 cal로 calorie란 기체를 함유하지 않은 순수 1 g를 1기압 하에서 14.5℃에서 15.5℃까지 온도를 올리는데 필요한 열량을 의미하며 1 cal은 1 g의 물을 1℃올리는데 필요한 열량을 의미한다.

$$1\ \mathrm{kcal} = 4.18\ \mathrm{kJ} = 426\ \mathrm{kg_f} \cdot \mathrm{m}$$

2.8.2 동력

동력(Power, P_w)은 단위시간당 한 일 또는 에너지를 의미한다.

$$P_w = \frac{E}{t} = \frac{FL}{t} = \frac{maL}{t}$$

동력의 단위를 해석해 보면

$$P_w = \frac{maL}{t} \quad \Rightarrow \quad \frac{[\mathrm{kg}]\left[\frac{\mathrm{m}}{\mathrm{s}^2}\right][\mathrm{m}]}{[\mathrm{s}]} = \frac{[\mathrm{N}][\mathrm{m}]}{[\mathrm{s}]} = \frac{[\mathrm{J}]}{[\mathrm{s}]} = [\mathrm{W}]$$

SI단위계 : $\frac{\mathrm{J}}{\mathrm{s}} = \frac{\mathrm{N} \cdot \mathrm{m}}{\mathrm{s}} = [\mathrm{W}]$

공학단위계 : $\frac{\mathrm{kg_f} \cdot \mathrm{m}}{\mathrm{s}}$

기타 : kcal/hr, 마력(HP)

$$1\ \mathrm{W} = 1\ \frac{\mathrm{J}}{\mathrm{s}} = 0.86\ \frac{\mathrm{kcal}}{\mathrm{hr}}$$

$$1\ \text{kW} = 102\ \frac{\text{kg}_\text{f} \cdot \text{m}}{\text{s}}$$

$$1\ \text{HP} = 0.75\ \text{kW}$$

2.8.3 압력

압력(pressure, p)은 단위면적당 작용하는 힘을 의미한다.

$$p = \frac{\text{힘}}{\text{단위면적}} = \frac{F}{A}$$

압력의 단위를 정리해 보면

$$p = \frac{F}{A} = \frac{ma}{A} = \frac{[\text{kg}]\left[\dfrac{\text{m}}{\text{s}^2}\right]}{[\text{m}^2]} = \frac{[\text{N}]}{[\text{m}^2]} = [\text{Pa}]$$

SI단위계 : $\frac{\text{N}}{\text{m}^2} = [\text{Pa}]$, Pa는 pascal이라고 읽는다.

공학단위계 : $\frac{\text{kg}_\text{f}}{\text{cm}^2}$ 공학단위계에서 주의할 점은 m^2 대신 cm^2를 쓴다는 점이다.

압력에는 다양한 단위가 사용되며 다음 환산인자는 반드시 암기해야 한다.

압력단위

$$\frac{\text{N}}{\text{m}^2} = \text{Pa} = 10\ \frac{\text{dyn}}{\text{cm}^2}$$

$$1\ \text{atm} = 760\ \text{mmHg} = 10{,}332\ \text{mmH}_2\text{O} = 1.0332\ \frac{\text{kg}_\text{f}}{\text{cm}^2} = 14.7\ \text{psi}\left(= \frac{\text{lb}_\text{f}}{\text{m}^2}\right)$$

$$1\ \text{atm} = 760\ \text{Torr} = 1013\ \text{mbar} = 1013\ \text{hPa}\ (\text{hectopascal})$$

[개념문제] 압력 Q&A

예1) 10 $\text{kg}_\text{f}/\text{m}^2$은 수주로 몇 mm인가?

풀이 수주와 공학단위계의 압력 환산인자는 "$10{,}332\ \mathrm{mmH_2O} = 1.0332\ \dfrac{\mathrm{kg_f}}{\mathrm{cm^2}}$"이므로

$$10\ \frac{\mathrm{kg_f}}{\mathrm{m^2}} \times \left(\frac{\mathrm{m}}{100\ \mathrm{cm}}\right)^2 \times \frac{10{,}332\ \mathrm{mmH_2O}}{1.0332\ \dfrac{\mathrm{kg_f}}{\mathrm{cm^2}}} = 10\ \mathrm{mmH_2O}$$

예2) 760 $\mathrm{mmH_2O}$는 몇 mmHg인가?

풀이 $760\ \mathrm{mmH_2O} \times \dfrac{760\ \mathrm{mmHg}}{10{,}332\ \mathrm{mmH_2O}} = 55.9\ \mathrm{mmHg}$

예3) 0.5 $\mathrm{kg_f/cm^2}$의 압력을 다음의 압력단위로 환산하시오.

(1) atm (2) $\mathrm{mmH_2O}$ (3) mmHg (4) psi

풀이 다음의 관계만 알면 쉽게 단위변환을 할 수 있다.

$$1\ \mathrm{atm} = 760\ \mathrm{mmHg} = 10{,}332\ \mathrm{mmH_2O} = 1.0332\ \frac{\mathrm{kg_f}}{\mathrm{cm^2}} = 14.7\ \mathrm{psi}\left(= \frac{\mathrm{lb_f}}{\mathrm{m^2}}\right)$$

(1) $0.5\ \dfrac{\mathrm{kg_f}}{\mathrm{cm^2}} \times \dfrac{1\ \mathrm{atm}}{1.0332\ \dfrac{\mathrm{kg_f}}{\mathrm{cm^2}}} = 0.484\ \mathrm{atm}$

(2) $0.5\ \dfrac{\mathrm{kg_f}}{\mathrm{cm^2}} \times \dfrac{10{,}332\ \mathrm{mmH_2O}}{1.0332\ \dfrac{\mathrm{kg_f}}{\mathrm{cm^2}}} = 5{,}000\ \mathrm{mmH_2O}$

(3) $0.5\ \dfrac{\mathrm{kg_f}}{\mathrm{cm^2}} \times \dfrac{760\ \mathrm{mmHg}}{1.0332\ \dfrac{\mathrm{kg_f}}{\mathrm{cm^2}}} = 367.8\ \mathrm{mmHg}$

(4) $0.5\ \dfrac{\mathrm{kg_f}}{\mathrm{cm^2}} \times \dfrac{14.7\ \mathrm{psi}}{1.0332\ \dfrac{\mathrm{kg_f}}{\mathrm{cm^2}}} = 7.11\ \mathrm{psi}$

예4) 어떤 연돌에서 가스의 동압을 측정하니 40 $\mathrm{mmH_2O}$이었다. 이때 수은주의 높이는 몇 mm가 되는가?

풀이 $40\ \mathrm{mmH_2O} \times \dfrac{760\ \mathrm{mmHg}}{10{,}332\ \mathrm{mmH_2O}} = 2.94\ \mathrm{mmHg}$

유체의 기초 물리량의 단위 및 차원

물리량	SI단위 (국제단위)	공학단위 (중력단위)	MLT계 (질량기준)	FLT계 (힘기준)
길이	m	m	[L]	[L]
면적	m^2	m^2	[L^2]	[L^2]
체적	m^3	m^3	[L^3]	[L^3]
질량	kg	$kg_f \cdot s^2/m$	[M]	[$FL^{-1}T^2$]
시간	s	s	[T]	[T]
속도	m/s	m/s	[LT^{-1}]	[LT^{-1}]
가속도	m/s^2	m/s^2	[LT^{-2}]	[LT^{-2}]
온도	℃, K	℃, K	[T]	[T]
힘, 무게	N, $kg \cdot m/s^2$	kg_f	[MLT^{-2}]	[F]
에너지, 일	J, N · m, $kg \cdot m^2/s^2$	$kg_f \cdot m$	[ML^2T^{-2}]	[FL]
동력	W, $kg \cdot m^2/s^3$	$kg_f \cdot m/s$	[ML^2T^{-3}]	[FLT^{-1}]
압력	N/m^2(Pa), bar	kg_f/cm^2	[$ML^{-1}T^{-2}$]	[FL^{-2}]

그리스어 읽기

문자	한글표기	사용예
α	알파	
β	베타	
γ	감마	비중량
δ	델타	
ε	엡실론	유전율
ζ	제타	
η	이타	효율
θ	세타	각
ι	이오타	
κ	카파	
λ	람다	파장
μ	뮤우	점성계수

문자	한글표기	사용예
ν	누우	동점성계수
ξ	크사이	
ο	오미크론	
π	파이	3.14
ρ	로오	밀도
σ	시그마	
τ	타우	점성계수
υ	윱실론	
φ	화이	
χ	카이	
ψ	프사이	
ω	오메가	

Chapter

3

유체의 물리·화학적 성질

3.1 유체의 부피와 관련된 기본 성질

유체는 액체와 기체로 액체의 부피는 주변의 온도와 압력의 변화에 따라 거의 변화하지 않으나 기체의 부피는 온도와 압력에 따라 크게 변화한다. 즉 물이 액체 상태로 존재할 경우 물의 부피는 온도와 압력에 크게 영향을 받지 않으나, 물이 수증기인 기체 상태로 존재하면 수증기의 부피는 온도와 압력에 의해 크게 변화한다.

액체와 같은 유체는 압력에 의해 부피가 변화하지 않음으로 밀도 역시 일정하여 비압축성유체라고 부르며, 기체와 같은 유체는 압력에 의해 부피가 변하고 밀도가 변화함으로 압축성유체라고 부른다.

상태변화에 따른 액체와 기체의 부피 특성

- **액체(물)** : 온도와 압력의 변화 → 부피 변화 없음 → 밀도 변화 없음 (비압축성유체)
- **기체(공기)** : 온도와 압력의 변화 → 부피 변화 → 밀도 변화 (압축성유체)

특히, 기체의 부피는 온도와 압력에 의해 크게 영향을 받음으로 이와 관련된 법칙을 정리하는 것으로 매우 중요하다. 기체의 온도와 압력의 변화에 따른 부피의 변화를 나타낸 법칙으로는 보일의 법칙, 샤를의 법칙, 보일-샤를의 법칙이 있으며 부피와 몰수의 관계를 나타내는 아보가드로의 법칙과 이들의 관계를 종합적으로 나타낸 이상기체 방정식이 있다.

3.1.1 아보가드로의 법칙

이탈리아 과학자 아보가드로는 0℃, 1기압에서 여러 가지 기체의 1 mol(몰)당 부피를 측정한 결과 기체의 종류와 상관없이 몰부피가 매우 비슷함을 알아냈다.

아보가드로의 법칙(Avogadro's law)은

"같은 온도와 압력 하에서 모든 기체는 같은 부피 속에 같은 수의 분자가 들어 있다."

라는 것으로 모든 기체의 1 gmol은 똑같은 수의 분자를 포함한다. 따라서 기체 분자는 물리·화학적 특성과는 무관하게 같은 온도와 압력에서 기체가 차지하는 부피는 기체의 몰수(분자수)에 비례한다.

예를 들어 수소 1몰, 산소 1몰, 이산화탄소 1몰의 분자량은 2 g/gmol, 32 g/gmol, 44 g/gmol로 모두 다르나 이들 기체가 갖는 분자수는 6.02×10^{23}개로 동일하며 각 기체의 부피도 22.4 L로 동일하다. 6.02×10^{23}을 아보가드로의 수라 부른다.

아보가드로의 법칙

기체 1몰의 분자수는 6.02×10^{23}개이며 표준상태(0℃, 1기압)에서 부피는 22.4 L이다.

- 기체 1 mol = 22.4 SL
- 기체 1 kmol = 22.4 Sm^3

3.1.2 보일과 샤를의 법칙

기체의 부피는 압력과 온도의 변화에 따라 커지거나 작아진다. 이를 정의한 법칙이 보일의 법칙, 샤를의 법칙, 보일 - 샤를의 법칙이다.

1. 보일의 법칙(Boyle's law)

보일의 법칙은 압력과 부피의 관계를 나타낸 법칙으로

"일정 온도에서 기체의 압력과 그 부피는 서로 반비례한다."

로 1662년 영국의 R. 보일이 실험을 통하여 발견하였다. 즉 용기 속에 넣어 둔 기체 분자는 모든 방향으로 활발한 운동을 하고 있기 때문에 용기 벽에 충돌하여 힘을 주는데, 이처럼 충돌에 의하여 용기 벽의 단위면적에 작용하는 힘(압력)이 작용한다.

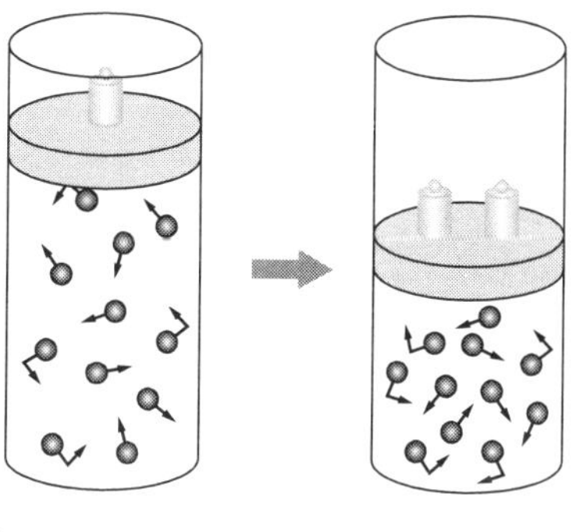

그림 3-1 기체의 부피와 압력의 관계

그림 3-1에서 외부 힘에 의해 기체의 부피를 감소시키면 충돌횟수가 증가하여 기체의 압력은 증가하며 기체의 부피가 늘어나면 충돌횟수는 감소하여 기체의 압력은 감소한다.

즉, 부피(V)는 압력(p)에 반비례하며 이를 식으로 표현하면 다음과 같다.

$$V \propto \frac{1}{p} \quad \Rightarrow \quad V = k\frac{1}{p} \quad \Rightarrow \quad k = pV$$

$$p_1 V_1 = p_2 V_2$$

이상기체의 경우 부피가 1/2이 되면 압력은 2배가 되나 실제기체에서는 보일의 법칙을 그대로 적용할 수 없다.

[개념문제] **보일의 법칙** Q&A

예1) 부피가 10 m^3이고 압력이 760 mmHg인 기체에서 압력이 2배 증가하면 부피는 몇 m^3가 되는가? (단, 온도는 일정함.)

풀이 보일의 법칙을 이용하여

$$p_1 V_1 = p_2 V_2$$
$$760 \times 10 = (2 \times 760) \times V_2$$
$$V_2 = 5\ \text{m}^3$$

즉 압력이 2배 증가하면 부피는 1/2로 준다.

예2) 동일 온도에서 10 L의 용기가 100 atm의 산소를 가질 때 20 L의 용기로 옮기면 산소의 압력은 몇 atm이 되는가?

풀이 보일의 법칙을 이용하여

$$p_1 V_1 = p_2 V_2$$
$$100 \times 10 = p_2 \times 20$$
$$p_2 = 50\ \text{atm}$$

즉 동일 조건에서 부피가 2배 증가하면 압력은 1/2로 줄어든다.

2. 샤를의 법칙(Charles' law)

샤를의 법칙은 부피와 온도의 관계를 정의한 법칙으로

"압력이 일정할 때 기체의 부피는 온도의 증가에 비례" 하며
"압력이 일정할 때 기체의 부피는 종류에 관계없이 온도가 1℃ 올라갈 때마다 0℃ 일 때 부피의 1/273씩 증가한다."

즉, 압력이 일정한 조건에서 기체 분자의 운동은 온도가 높아짐에 따라 활발해져서 기체 분자가 용기의 벽에 충돌하는 횟수가 증가하므로, 부피가 커지며 온도가 낮아지면 부피는 작아지게 된다. 이들 관계를 식으로 표시하면

$$V \propto T \;\Rightarrow\; V = kT \;\Rightarrow\; k = \frac{V}{T}$$

$$\frac{V_1}{T_1} = \frac{V_2}{T_2}$$

이 식에서 온도(T)의 단위는 K임에 주의해야 한다.

[개념문제] 샤를의 법칙

Q&A

예1) 어떤 공간의 온도 0℃일 때 부피가 1 L인 고무풍선이 있다. 만약 온도가 100℃가 된다면 부피는 몇 L인가? (단, 압력의 변화는 없다.)

풀이

$$\frac{1}{(273+0)} = \frac{V_2}{(273+100)}$$

$V_2 = 1.37\ \mathrm{L}$

샤를의 법칙은 "온도가 1℃ 올라갈 때마다 0℃일 때 부피의 1/273씩 증가한다."이므로 온도가 100℃ 증가하였음으로 부피는 100/273 = 0.37만큼 증가한다. 따라서 초기 부피가 1 L이므로 100℃ 증가 시 부피는 1 + 0.37 = 1.37 L임을 알 수 있다.

예2) 어떤 공간의 온도 10℃일 때 부피가 1 L인 고무풍선이 있다. 만약 온도가 110℃가 된다면 부피는 몇 L인가? (단, 압력의 변화는 없다.)

풀이

$$\frac{1}{(273+10)} = \frac{V_2}{(273+110)}$$

$V_2 = 1.35\ \mathrm{L}$

3. 보일 – 샤를의 법칙(Boyle–Charles' law)

보일 - 샤를의 법칙은 부피와 온도 및 압력의 관계를 나타내는 법칙으로

"온도가 일정할 때 기체의 압력은 부피에 반비례한다는 보일의 법칙과 압력이 일정할 때 기체의 부피는 온도의 증가에 비례한다는 샤를의 법칙을 조합하여 만든 법칙으로 온도, 압력, 부피가 동시에 변화할 때 이들 사이의 관계를 나타내는 법칙"으로 다음 식으로 나타낼 수 있다.

$$V \propto \frac{T}{p} \quad \Rightarrow \quad V = k\frac{T}{p} \quad \Rightarrow \quad k = \frac{pV}{T}$$

$$\frac{p_1 V_1}{T_1} = \frac{p_2 V_2}{T_2}$$

[개념문제] **보일 - 샤를의 법칙** Q&A

예1) 25℃, 1 atm하의 공기의 부피는 10 m^{3}이라면 200℃, 2 atm하에서 공기의 부피는 몇 m^{3}인가?

풀이

$$\frac{p_1 V_1}{T_1} = \frac{p_2 V_2}{T_2}$$

$$\frac{1 \times 10}{(273+25)} = \frac{2 \times V_2}{(273+200)}$$

$$V_2 = 7.94\ \mathrm{m}^3$$

3.1.3 이상기체방정식

이상기체(ideal gas)란 이상기체 법칙을 따르는 기체로 구성분자들이 모두 동일하며, 분자의 부피가 0이고, 분자 간 상호작용이 없는 가상적인 기체이다. 이상기체는 임의의 온도와 압력 아래에서 다음 가정들로부터 유도되는 관계를 따른다.

1. 어떤 한 기체는 많은 동일한 분자들로 구성된다. '많다'라는 표현은 개개의 분자들의 경로를 추적할 수 없다는 것을 의미한다.
2. 분자들은 뉴턴의 운동법칙을 따른다.

3. 분자 자체만의 총 부피는 기체 전체가 차지하는 부피 중에서 무시할 수 있을 만큼 작은 부분이다. 즉, 분자 자체의 부피는 무시한다.
4. 모든 분자의 운동은 무작위적(random)이다. 즉, 각각의 분자들은 각각의 운동방향과 속력을 가지고 운동한다.
5. 분자들은 서로 상호작용하지 않으며, 분자와 용기 벽면의 충돌은 완전탄성충돌이라 가정한다.

또한, 실제의 기체들은 충분히 낮은 압력과 높은 온도에서 이상기체와 거의 유사한 성질을 나타낸다.

이상기체방정식은 아보가드로의 법칙, 보일의 법칙, 샤를의 법칙을 종합하여 기체의 부피(V)와 기체의 압력(p), 기체의 온도(T), 몰수(n)로 다음과 같은 식을 얻을 수 있다.

$$V \propto n \times \frac{1}{p} \times T \quad \Rightarrow \quad V = k \times n \frac{T}{p}$$

비례상수 k를 이상기체상수 R로 대치하면

$$V = k \times n \frac{T}{p} \quad \rightarrow \quad V = R \times n \frac{T}{p}$$

$$pV = nRT$$

R은 이상기체상수로 $R = 0.082 \dfrac{\text{atm} \cdot \text{m}^3}{\text{kmol} \cdot \text{K}}$를 사용할 경우 p는 [atm], n은 [kmol수], V는 [m^3], T는 [K]를 반드시 사용해야 한다. 또는 $R = 0.082 \dfrac{\text{atm} \cdot \text{L}}{\text{mol} \cdot \text{K}}$를 사용할 경우 p는 [atm], n은 [mol수], V는 [L], T는 [K]를 반드시 사용해야 한다. 즉 이상기체상수 값은 0.082로 같으나 부피가 L일 때는 n은 gmol, 부피가 m^3일 때는 n은 kmol을 사용하며 온도와 압력의 단위는 동일하다. 표준 대기와 관련하여 R값은 8.314 $\dfrac{\text{J}}{\text{mol} \cdot \text{K}}$를 주로 사용하며 사용 단위에 따라 기체상수 값이 달라진다. 이를 표 3-1에 나타내었다.

표 3-1 다양한 단위에서의 기체상수 값

기체상수 값	단위
0.082	$\frac{atm \cdot L}{mol \cdot K}$ 또는 $\frac{atm \cdot m^3}{kmol \cdot K}$
8.314	$\frac{J}{mol \cdot K}$
8.314×10^{-2}	$\frac{bar \cdot L}{mol \cdot K}$
8.314×10^{7}	$\frac{erg}{mol \cdot K}$
62.36	$\frac{torr \cdot L}{mol \cdot K}$
1.987	$\frac{kcal}{mol \cdot K}$

3.1.4 기체의 부피보정법

기체의 부피보정은 보일의 법칙과 샤를의 법칙 및 보일-샤를의 법칙을 이용하여 온도와 압력을 보정할 수 있으나 조건에 따라 분자와 분모가 매우 혼동됨으로 다음 개념을 적용하면 쉽게 보정할 수 있다.

"부피는 온도가 증가하면 커지고 온도가 낮아지면 작아지며",
"압력이 높아지면 부피는 작아지고 압력이 낮아지면 부피는 커진다."

이를 이용하여 다음과 같이 간단하게 부피를 보정할 수 있다.

1. 온도와 압력의 변화에 따른 부피보정법

온도의 변화($T_1 \rightarrow T_2$)에 따른 부피 변화($V_1 \rightarrow V_2$)는 식 (3-1)과 식 (3-2) 중 하나를 선정한다.

$$V_2 = V_1 \times \frac{273 + T_1}{273 + T_2} \tag{3-1}$$

$$V_2 = V_1 \times \frac{273 + T_2}{273 + T_1} \tag{3-2}$$

압력의 변화($p_1 \rightarrow p_2$)에 따른 부피 변화($V_1 \rightarrow V_2$)는 식 (3-3)과 식 (3-4) 중 하나를

선정한다.

$$V_2 = V_1 \times \frac{p_1}{p_2} \tag{3-3}$$

$$V_2 = V_1 \times \frac{p_2}{p_1} \tag{3-4}$$

그림 3-2를 보면 온도와 압력의 변화에 따른 식의 선정은 온도가 증가하면 부피가 커지는 쪽으로, 온도가 감소하여 부피가 감소하는 쪽으로 보정되며, 압력이 증가하면 부피가 작아지는 쪽으로, 압력이 감소하면 부피가 커지는 쪽으로 곱하여 부피를 보정한다. 단, 온도의 단위는 K이며 압력의 단위는 mmHg이다.

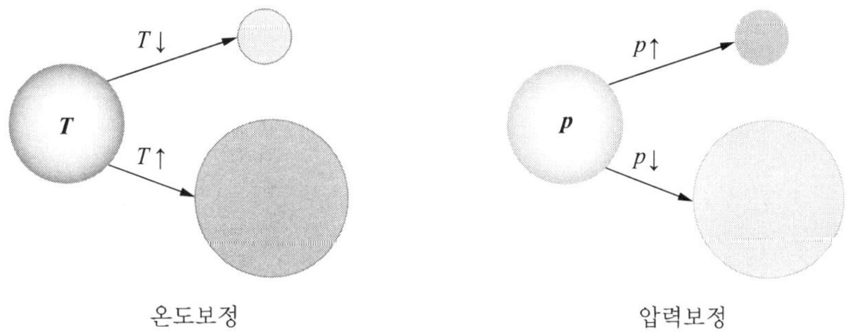

그림 3-2 온도와 압력 변화에 따른 부피보정법

[개념문제] 부피의 온도, 압력 보정

Q&A

예1) 38℃, 700 mmHg에서 1.4 m^3이라면 60℃, 1,294 mmHg에서 부피는 얼마인가?

풀이 ① 온도가 38℃에서 60℃로 증가함으로 부피가 증가하는 쪽으로 온도보정식을 선정한다.

$$\frac{273+T_1}{273+T_2} = \frac{273+38}{273+60}, \qquad \frac{273+T_2}{273+T_1} = \frac{273+60}{273+38}$$

② 압력은 700 mmHg에서 1,294 mmHg 증가함으로 부피가 감소하는 쪽으로 압력보정식을 선정한다.

$$\frac{p_1}{p_2} = \frac{700}{1,294}, \qquad \frac{p_2}{p_1} = \frac{1,294}{700}$$

따라서 $1.4\ m^3 \times \left(\frac{273+60}{273+38}\right) \times \left(\frac{700}{1,294}\right) = 0.8\ m^3$

2. 표준상태에서 실측상태 또는 실측상태에서 표준상태로 부피보정법

표준상태에서 실측상태로, 실측상태에서 표준상태로의 부피보정법을 그림 3-2에 나타내었다.

기본식에서 표준상태의 온도 $T_1 = 0℃$를 고려하면

$$V_2 = V_1 \times \frac{273+T_1}{273+T_2} = V_1 \times \frac{273+0}{273+T_2} \tag{3-5}$$

$$V_2 = V_1 \times \frac{273+T_2}{273+T_1} = V_1 \times \frac{273+T_2}{273+0} \tag{3-6}$$

즉, 표준상태에서 "온도의 변화에 따른 부피 보정은 온도(T)가 증가하면 부피가 증가함으로 $\frac{273+T}{273}$를 곱하여 주고 온도(T)가 감소하면 $\frac{273}{273+T}$를 곱하여 준다."

기본식에서 표준상태의 압력 $p_1 = 760$ mmHg를 고려하면

$$V_2 = V_1 \times \frac{p_1}{p_2} = V_1 \times \frac{760}{p_2} \tag{3-7}$$

$$V_2 = V_1 \times \frac{p_2}{p_1} = V_1 \times \frac{p_2}{760} \tag{3-8}$$

즉 표준상태에서 "압력의 변화에 따른 부피 보정은 압력(p)이 증가하면 부피는 감소함으로 $\frac{760}{p}$을 곱하여 주고 압력(p)이 감소하면 부피가 증가함으로 $\frac{p}{760}$을 곱하여 준다."

[개념문제] 기체 부피의 온도, 압력 보정 Q&A

(표준상태에서 실측상태, 실측상태에서 표준상태로)

예1) 표준상태에서 부피가 100 m^3이라면 25℃, 1 atm에서 부피는 얼마인가?

풀이 0℃에서 25℃로 온도가 증가하였음으로 부피가 증가하는 쪽으로 곱하여 준다.

$$100\ \mathrm{m}^3 \times \left(\frac{273+25}{273}\right) = 109.2\ \mathrm{m}^3$$

예2) 25℃, 1 atm에서 부피가 100 m^{3}이라면 표준상태에서 부피는 얼마인가?

풀이 25℃에서 0℃로 온도가 감소하였음으로 부피가 감소하는 쪽으로 곱하여 준다.

$$100\ \mathrm{m}^3 \times \left(\frac{273}{273+25}\right) = 91.6\ \mathrm{m}^3$$

예3) 표준상태에서 부피가 100 m^{3}이라면 780 mmHg, 0℃에서 부피는 얼마인가?

풀이 760 mmHg에서 780 mmHg로 압력이 증가하였음으로 부피는 감소한다.

$$100\ \mathrm{m}^3 \times \left(\frac{760}{780}\right) = 97.4\ \mathrm{m}^3$$

예4) 780 mmHg, 0℃에서 100 m^{3}이라면 표준상태에서 부피는 얼마인가?

풀이 780 mmHg에서 760 mmHg로 압력이 감소하였음으로 부피는 증가한다.

$$100\ \mathrm{m}^3 \times \left(\frac{780}{760}\right) = 102.6\ \mathrm{m}^3$$

예5) 780 mmHg, 25℃에서 100 m^{3}이라면 표준상태에서 부피는 얼마인가?

풀이 온도는 감소하였음으로 부피는 감소하고 압력은 증가하였음으로 부피는 증가한다.

$$100\ \mathrm{m}^3 \times \left(\frac{273}{273+25}\right) \times \left(\frac{780}{760}\right) = 94\ \mathrm{m}^3$$

예6) 표준상태에서 100 m^{3}이라면 780 mmHg, 25℃에서 부피는 얼마인가?

풀이 온도는 증가하였음으로 부피는 증가하고 압력은 증가하였음으로 부피는 감소한다.

$$100\ \mathrm{m}^3 \times \left(\frac{273+25}{273}\right) \times \left(\frac{760}{780}\right) = 106.4\ \mathrm{m}^3$$

3.2 밀도 관련 물리량

밀도와 관련된 물리량은 비체적, 비중량, 비중이 있으며 액체와 기체는 밀도의 특성이 다르므로 주의해야 한다. 즉 액체는 밀도가 일정하며 기체는 온도와 압력에 따라 밀도가 변화한다.

밀도 관련 물리량

- **밀도** : $\rho = \frac{m}{V}$ (단위부피당 질량) : 질량(kg) = 부피(m^3)
- **비중량** : $\gamma = \rho \times g = \frac{m}{V} \times g \left[\frac{kg_f}{m^3}\right]$ (단위부피당 중량)
- **비체적** : $V_s = \frac{1}{\rho}$
- **비중** : $S = \frac{\rho_{대상물질}}{\rho_{기준물질}} = \frac{\gamma_{대상물질}}{\gamma_{기준물질}}$
- **밀도와 비중량의 단위 및 차원**

물리량	SI단위 (국제단위)	공학단위 (중력단위)	MLT계 (질량기준)	FLT계 (힘기준)
밀도	kg/m^3	$kg_f \cdot s^2/m^4$	$[ML^{-3}]$	$[FL^{-4}T^2]$
비중량	N/m^3	kg_f/m^3	$[ML^{-2}T^{-2}]$	$[FL^{-3}]$

3.2.1 밀도의 개념

밀도(density, ρ)는 단위부피당 질량을 뜻하며, SI단위로는 kg/m^3의 단위를 가지며 기호로는 ρ(rho)로 표시한다. 밀도를 식으로 표현하면

$$\rho = \frac{질량}{단위부피} = \frac{m}{V}$$

밀도는 부피와 질량의 관계를 의미하는 물리량으로

$$단위부피(V) = 질량(m)$$

의 관계를 가진다. 즉 물의 밀도는 SI단위로 1,000 $\frac{kg}{m^3}$ 인데 이는 물 1 m^3의 부피는 1,000 kg이라는 뜻이며 1 m^3 = 1,000 kg의 관계를 가진다. 단, 4장에서 다룰 농도 단위인 kg/ m^3과는 동일한 단위를 가지나 의미는 다르다.

밀도의 개념

$$\rho = \frac{질량}{단위부피} = \frac{m}{V}$$

질량을 부피로 부피를 질량으로 바꾸어 주는 단위변환계수임. (질량 = 단위부피)

[개념문제] **물의 부피와 질량의 관계**

예1) 물의 1 kg은 몇 L인가?

풀이 $1\ kg \times \frac{1{,}000\ m^3}{kg} \times \frac{1{,}000\ L}{m^3} = 10^6\ L$

밀도는 부피와 질량의 관계를 나타내는 환산인자로 물 1 m^3 = 1,000 kg임을 알 수 있다. 즉 밀도를 알면 부피단위를 질량단위로 질량단위를 부피단위로 변환할 수 있다.

표 3-2에 대기압 조건하에서 온도에 따른 물과 공기의 밀도를 나타내었다.

표 3-2 물과 공기의 밀도

온도		물의 밀도 (1 atm)
℃	℉	kg/m^3
0.0	32.0	999.8425
4.0	39.2	999.9750
15.0	59.0	999.1026
20.0	68.0	998.2071
25.0	77.0	997.0479
37.0	98.6	993.3316
50.0	122.0	988.04
100.0	212.0	958.3665

온도 T (℃)	공기의 밀도 ρ (kg/m^3, 1 atm)
−10	1.342
−5	1.316
0	1.293
5	1.269
10	1.247
15	1.225
20	1.204
25	1.184
30	1.164

액체인 물의 경우 온도의 변화에 따라 밀도 변화가 적음으로 상수화 취급하나 기체인 공기의 경우 밀도는 온도와 압력의 변화에 따라 달라진다. 밀도는 $\rho = \dfrac{m}{V}$ 로 단위부피당 질량이다. 밀도가 변한다는 것은 단위부피와 질량 중 부피가 변화함을 의미한다. 즉 부피의 변화는 밀도의 변화를 가져온다. 물의 부피는 온도와 압력의 변화에 따라 일정하나 기체인 공기의 부피는 온도와 압력의 변화에 따라 크게 변화하게 된다. 부피와 온도 및 압력의 관계를 정의한 법칙이 보일의 법칙, 샤를의 법칙, 보일 - 샤를의 법칙이다. 따라서 유체인 액체와 기체의 밀도를 사용 시 매우 주의해야 한다.

3.2.2 액체의 밀도

물의 경우 온도와 압력의 변화에 따른 밀도의 변화가 적음으로 상수로 취급한다. 일반적으로 물의 밀도는 4℃, 1 atm 하의 조건에서 1,000 kg/m^{3}이다.

$$\rho_{H_2O} = \frac{1{,}000\ \text{kg}}{\text{m}^3}$$

밀도는 일종의 환산계수로 질량과 부피의 관계를 나타내는 물리량이다. 즉 물의 경우 밀도가 1,000 kg/m^{3}이므로

$$\text{물의 부피 } 1\ \text{m}^3 = \text{물의 질량 } 1{,}000\ \text{kg}$$

임을 의미한다.

물의 밀도를 g/mL로 단위변환을 하면 다음과 같다.

$$\rho_{H_2O} = \frac{1{,}000\ \text{kg}}{\text{m}^3} \times \frac{1{,}000\ \text{g}}{\text{kg}} \times \frac{\text{m}^3}{1{,}000\ \text{L}} \times \frac{\text{L}}{1{,}000\ \text{mL}} = 1\ \frac{\text{g}}{\text{mL}}$$

일반적으로 물의 밀도는 1이라고 정의하는데 이때의 단위 g/mL가 된다.

물의 밀도

$$\rho_{H_2O} = 1{,}000\ \frac{\text{kg}}{\text{m}^3} = 1\ \frac{\text{g}}{\text{mL}}$$

물의 부피와 질량 환산 : 1 m^3 = 1,000 kg, 1 mL = 1 g

[개념문제] 물의 질량과 부피의 관계 Q&A

예1) 물의 1 kg은 몇 L인가?

풀이 $1\ \text{kg} \times \dfrac{1\ \text{m}^3}{1{,}000\ \text{kg}} \times \dfrac{1{,}000\ \text{L}}{\text{m}^3} = 1\ \text{L}$

밀도는 부피와 질량의 관계를 나타내는 환산인자로 물 $1\ \text{m}^3 = 1{,}000\ \text{kg}$의 관계를 가짐을 알 수 있다. 즉 밀도를 알면 부피단위를 질량단위로 질량단위를 부피단위로 변환할 수 있다.

예2) 물 100 m^3은 몇 kg이며, 몇 mg인가?

풀이 $100\ \text{m}^3 \times \dfrac{1{,}000\ \text{kg}}{\text{m}^3} = 10^5\ \text{kg}$

$$100\ \text{m}^3 \times \frac{1{,}000\ \text{kg}}{\text{m}^3} \times \frac{1{,}000\ \text{g}}{\text{kg}} \times \frac{1{,}000\ \text{mg}}{\text{g}} = 10^{11}\ \text{mg}$$

예3) 물 1,000 kg은 몇 L이며, 몇 cc인가?

풀이 $1{,}000\ \text{kg} \times \dfrac{\text{m}^3}{1{,}000\ \text{kg}} \times \dfrac{1{,}000\ \text{L}}{\text{m}^3} = 1000\ \text{L}$

$$1{,}000\ \text{kg} \times \frac{\text{m}^3}{1{,}000\ \text{kg}} \times \frac{1{,}000\ \text{L}}{\text{m}^3} \times \frac{1{,}000\ \text{mL}}{\text{L}} \times \frac{\text{cc}}{\text{mL}} = 10^6\ \text{cc}$$

3.2.3 기체의 밀도

기체인 공기는 온도와 압력의 변화에 따라 밀도의 변화가 크다. 밀도는 질량/부피이므로 밀도가 변화한다는 것은 부피가 변하게 된다는 것을 의미한다. 즉, 기체의 경우 부피가 온도와 압력의 변화를 받으므로 부피의 보정법은 매우 중요하다.

기체의 밀도를 구하는 방법은 두 가지가 있다.

첫째, 아보가드로의 법칙을 이용하여 기체의 분자량은 표준상태에서 22.4 L이므로 표준상태의 기체 밀도는

$$\rho_{기체} = \frac{m}{V} = \frac{M_w}{22.4}$$

로 구할 수 있으며 상태가 변화하면 보일과 샤를 법칙을 통해 부피를 보정한다.

둘째, 이상기체방정식의 변형꼴을 이용하는 방법으로

$$pV = nRT$$

p는 압력[atm], V는 부피[m^3]로, n은 몰수[kmol], R은 이상기체상수[0.082 $\frac{atm \cdot m^3}{kmol \cdot K}$], T는 절대온도[K]를 의미한다. 단위는 항상 일치해야 한다.

여기서 몰수인 n은

$$n = \frac{m}{M_w}$$

여기서 m은 질량[kg], M_w는 기체의 분자량[kg/kmol]을 의미한다.

몰수 n을 $pV = nRT$식에 대치하면

$$pV = \frac{m}{M_w}RT$$

밀도인 $\frac{m}{V}$꼴로 재정리하면

$$\frac{m}{V} = \frac{pM_w}{RT} = \rho$$

단, $R = 0.082\ \frac{atm \cdot m^3}{kmol \cdot K}$를 사용할 경우 p는 [atm], M_w는 [kg/kmol], V는 [m^3], T는 [K]를 반드시 사용해야 한다.

$$\rho = \frac{m}{V} = \frac{pM_w}{RT} = \frac{atm \times \frac{kg}{kmol}}{\frac{atm \cdot m^3}{kmol \cdot K} \times K} = \left[\frac{kg}{m^3}\right]$$

단, $R = 0.082\ \frac{atm \cdot L}{mol \cdot K}$를 사용할 경우 p는 [atm], M_w는 [g/mol], V는 [L], T는 [K]를 반드시 사용해야 한다.

$$\rho = \frac{m}{V} = \frac{pM_w}{RT} = \frac{\text{atm} \times \frac{\text{g}}{\text{mol}}}{\frac{\text{atm} \cdot \text{L}}{\text{mol} \cdot \text{K}} \times \text{K}} = \left[\frac{\text{g}}{\text{L}}\right]$$

기체의 밀도는 R값의 단위에 따라 $\left[\frac{\text{kg}}{\text{m}^3}\right]$ 또는 $\left[\frac{\text{g}}{\text{L}}\right]$인을 알 수 있다. 따라서 상태조건인 온도($T$)와 압력($p$) 및 기체의 분자량($M_w$)을 알면 상태변화에 따른 기체의 밀도를 쉽게 계산할 수 있다.

※ 이상기체상수의 단위변환

$$R = \left[\frac{\text{atm} \cdot \text{m}^3}{\text{kmol} \cdot \text{K}}\right] = \frac{\text{atm} \cdot \text{m}^3}{\text{kmol} \cdot \text{K}} \times \frac{1{,}000\ \text{L}}{\text{m}^3} \times \frac{\text{kmol}}{1{,}000\ \text{mol}}$$

$$= \left[\frac{\text{atm} \cdot \text{L}}{\text{mol} \cdot \text{K}}\right]$$

기체의 밀도 구하기

1) 표준상태에서 기체의 밀도를 구한 후 $\rho_{기체} = \frac{M_w}{22.4}$, 온도, 압력변화에 따른 부피보정

2) 이상기체방정식의 변형꼴 이용

$$\rho_{기체} = \frac{m}{V} = \frac{pM_w}{RT}$$

주1) 1)번과 2)번은 기본적은 동일한 식임.
주2) 기체의 분자량 M_w는 단일기체와 혼합기체로 나누어 계산하여야 함.

[개념문제] 단일기체의 밀도 구하기 Q&A

예1) 이산화탄소의 밀도는 표준상태와 25℃, 1 atm 상태에서 몇 kg/m^{3}인가?

풀이 방법 1)

① 표준상태 : $\rho_{기체} = \frac{m}{V} = \frac{M_w}{22.4} = \frac{44}{22.4} = 1.96\ \frac{\text{kg}}{\text{Sm}^3}$ at STP

② 25℃, 1 atm 상태 : 온도 및 압력의 변화에 따른 부피보정

$$\therefore\ \rho_{기체} = 1.96\,\frac{\text{kg}}{\text{Sm}^3 \times \dfrac{273+25}{273} \times \dfrac{760}{760}} = 1.80\,\frac{\text{kg}}{\text{m}^3}$$

방법 2) 이상기체방정식의 변형꼴

① 표준상태 :

$$\rho_{CO_2} = \frac{m}{V} = \frac{pM_w}{RT} = \frac{1\ \text{atm} \times 44\ \dfrac{\text{kg}}{\text{kmol}}}{0.082\ \dfrac{\text{atm m}^3}{\text{kmol K}} \times (273+0)\ \text{K}} = 1.96\,\frac{\text{kg}}{\text{Sm}^3}$$

② 25℃, 1 atm 상태 :

$$\rho_{CO_2} = \frac{m}{V} = \frac{pM_w}{RT} = \frac{1\ \text{atm} \times 44\ \dfrac{\text{kg}}{\text{kmol}}}{0.082\ \dfrac{\text{atm m}^3}{\text{kmol K}} \times (273+25)\ \text{K}} = 1.80\,\frac{\text{kg}}{\text{m}^3}$$

주) 두 방법 모두 동일함으로 편한 방법을 사용하면 되나 본 교재에서는 방법 2)를 추천함.

1. 혼합기체의 분자량과 밀도 구하기

단일기체의 분자량을 쉽게 계산할 수 있으나 대부분의 기체는 혼합기체로 이루어져 있다. 혼합기체의 분자량은 다음 식으로 구할 수 있다.

$$혼합기체\ 분자량 = \sum(V_i \times M_{wi})$$

단, V_i는 각 성분의 체적비이며 M_{wi}는 각 성분의 분자량을 의미한다.

공기의 예를 들어 분자량을 계산하면 다음과 같다. 공기는 질소와 산소, 아르곤, 이산화탄소와 미량기체의 혼합물이다. 공기 중의 미량성분을 제외하고 공기의 주성분을 질소 79%, 산소 21%의 혼합기체로 가정하여 분자량을 계산하면

$$\begin{aligned} 공기\ 분자량 &= \sum(V_i \times M_{wi}) \\ &= (질소의\ 체적비 \times 질소\ 분자량) + (산소의\ 체적비 \times 산소\ 분자량) \\ &= \left(0.79 \times 28\,\frac{\text{kg}}{\text{kmol}}\right) + \left(0.21 \times 32\,\frac{\text{kg}}{\text{kmol}}\right) \\ &= 28.84\,\frac{\text{kg}}{\text{kmol}} \approx 29\,\frac{\text{kg}}{\text{kmol}} \end{aligned}$$

즉 공기의 분자량은 약 29 kg을 알 수 있다. 따라서 표준상태의 공기의 밀도를 구하면 다음과 같다.

$$\rho_{air} = \frac{m}{V} = \frac{pM_w}{RT} = \frac{1\ \text{atm} \times 28.84\ \frac{\text{kg}}{\text{kmol}}}{0.082\ \frac{\text{atm} \cdot \text{m}^3}{\text{kmol} \cdot \text{K}} \times (273)\ \text{K}}$$

$$= 1.29\ \frac{\text{kg}}{\text{m}^3} \quad \text{at STP}$$

즉 공기의 경우 밀도가 STP상태에서 1.29 kg/m^{3}이므로 공기의 부피 1 m^{3}은 질량으로 1.29 kg임을 의미한다.

[개념문제] 공기의 질량과 부피 단위변환

Q&A

예1) 표준상태에서 공기 100 m^{3}은 몇 kg인가?

풀이

$$100\ \text{m}^3 \times \frac{1.29\ \text{kg}}{\text{m}^3} = 129\ \text{kg}$$

예2) 표준상태에서 공기 1,000 kg은 몇 L이며 몇 cc인가?

풀이

$$1{,}000\ \text{kg} \times \frac{\text{m}^3}{1.29\ \text{kg}} \times \frac{1{,}000\ \text{L}}{\text{m}^3} = 7.75 \times 10^5\ \text{L}$$

$$1{,}000\ \text{kg} \times \frac{\text{m}^3}{1.29\ \text{kg}} \times \frac{1{,}000\ \text{L}}{\text{m}^3} \times \frac{1{,}000\ \text{mL}}{\text{L}} \times \frac{\text{cc}}{\text{mL}} = 7.75 \times 10^8\ \text{cc}$$

기체의 질량과 부피 단위변환 문제는 다음 식을 사용할 수 있다.

$$V = \frac{nRT}{p} = m\left[\frac{RT}{M_w p}\right]$$

[개념문제] 기체의 질량과 부피 단위변환

Q&A

예1) 표준상태에서 물 4 g에 해당되는 수증기의 용적은 몇 L인가?

풀이

$$V = \frac{nRT}{p} = \frac{mRT}{M_w p} = \frac{4\ \mathrm{g} \times 0.082\ \dfrac{\mathrm{atm\ L}}{\mathrm{mol\ K}} \times 273\ \mathrm{K}}{18\ \dfrac{\mathrm{g}}{\mathrm{mol}} \times 1\ \mathrm{atm}} = 4.98\ \mathrm{L}$$

예2) 프로판가스 400 kg으로 만든 LPG를 기화시켜 얻는 기체연료의 용적은 표준상태에서 약 m^3인가?

풀이

$$V = \frac{nRT}{p} = \frac{mRT}{M_w p} = \frac{400\ \mathrm{kg} \times 0.082\ \dfrac{\mathrm{atm\ m^3}}{\mathrm{kmol\ K}} \times 273\ \mathrm{K}}{44\ \dfrac{\mathrm{kg}}{\mathrm{kmol}} \times 1\ \mathrm{atm}} = 203.5\ \mathrm{Sm^3}$$

예3) 위 문제에서 30℃, 780 mmHg 상태에서 기체연료의 용적은 몇 m^3인가?

풀이

$$V = \frac{nRT}{p} = \frac{mRT}{M_w p} = \frac{400\ \mathrm{kg} \times 0.082\ \dfrac{\mathrm{atm\ m^3}}{\mathrm{kmol\ K}} \times (273+30)\ \mathrm{K}}{44\ \dfrac{\mathrm{kg}}{\mathrm{kmol}} \times \left(780\ \mathrm{mmHg} \times \dfrac{1\ \mathrm{atm}}{760\ \mathrm{mmHg}}\right)} = 220.1\ \mathrm{m^3}$$

[개념문제] **혼합기체의 분자량 및 밀도 계산**

Q&A

예1) 질소 70%, 산소 6%, 이산화탄소가 24%인 혼합가스의 평균분자량은?

풀이 혼합가스의 분자량 $= \sum(V_i \times M_{wi})$

$$= (28 \times 0.7) + (32 \times 0.06) + (44 \times 0.24)$$

$$= 32.08\ \frac{\mathrm{kg}}{\mathrm{kmol}} \quad \text{or} \quad 32.08\ \frac{\mathrm{g}}{\mathrm{mol}}$$

예2) 가스 성분을 분석한 결과 이산화탄소가 30%이고 나머지가 질소로 구성되어 있다면 이 혼합가스의 밀도는 표준상태에서 몇 kg/m^3인가?

풀이 혼합가스의 분자량 $= \sum(V_i \times M_{wi}) = (44 \times 0.3) + (28 \times 0.7) = 32.8\ \dfrac{\mathrm{kg}}{\mathrm{kmol}}$

$$\rho_{\text{혼합가스}} = \frac{m}{V} = \frac{pM_w}{RT} = \frac{1\ \mathrm{atm} \times 32.8\ \dfrac{\mathrm{kg}}{\mathrm{kmol}}}{0.082\ \dfrac{\mathrm{atm\ m^3}}{\mathrm{kmol\ K}} \times (273)\ \mathrm{K}} = 1.465\ \frac{\mathrm{kg}}{\mathrm{m^3}}$$

참고) $\rho_{혼합가스} = \frac{M_w}{22.4} = \frac{32.8}{22.4} = 1.465$ 이 식은 표준상태에서 사용할 수 있음

예3) 예2)에서 100℃, 780 mmHg 상태에서 밀도는 몇 kg/m^{3}인가?

풀이 압력의 단위는 atm을 사용해야 함으로 단위변환을 하면(1 atm = 760 mmHg)

$$780\ \text{mmHg} \times \frac{1\ \text{atm}}{760\ \text{mmHg}} = 1.03\ \text{atm}$$

$$\rho_{혼합가스} = \frac{m}{V} = \frac{pM_w}{RT} = \frac{1.03\ \text{atm} \times 32.8\ \frac{\text{kg}}{\text{kmol}}}{0.082\ \frac{\text{atm m}^3}{\text{kmol K}} \times (273+100)\ \text{K}} = 1.105\ \frac{\text{kg}}{\text{m}^3}$$

예4) 질소 70%, 산소 6%, 이산화탄소가 24%인 혼합가스의 밀도는 몇 g/l 인가? (단, 체적 %, 기압은 1기압이고 온도는 25℃)

풀이 혼합가스의 분자량 $= \sum(V_i \times M_{wi})$

$$= (28 \times 0.7) + (32 \times 0.06) + (44 \times 0.24) = 32.08\ \frac{\text{g}}{\text{mol}}$$

$$\rho_{혼합가스} = \frac{m}{V} = \frac{pM_w}{RT} = \frac{1\ \text{atm} \times 32.08\ \frac{\text{g}}{\text{mol}}}{0.082\ \frac{\text{atm L}}{\text{mol K}} \times (273+25)\ \text{K}} = 1.313\ \frac{\text{g}}{\text{L}}$$

3.2.4 비체적

비체적(specific volume, V_s)은 밀도의 역수로 단위질량당 부피를 의미한다.

$$V_s = \frac{1}{\rho} = \frac{V}{m}$$

[개념문제] **비체적** Q&A

예1) 수증기를 완전가스로 본다면 표준상태에서 비체적은 몇 m^3/kg인가?

풀이 $V_s = \dfrac{1}{\rho} = \dfrac{V}{m} = \dfrac{22.4\,\mathrm{Sm^3}}{18\,\mathrm{kg}} = 1.244\,\dfrac{\mathrm{m^3}}{\mathrm{kg}}$

3.2.5 비중량

비중량(specific weight, γ)은 단위부피당 중량 혹은 힘으로 정의되면 기호로 γ (gamma)로 쓴다. 비중량은 유체역학에서 매우 중요한 물리량으로 식으로 표현하면 다음과 같다.

$$\gamma = \rho \times g = \frac{m}{V} \times g$$

$$\rightarrow \text{ 단위해석 : } \left[\frac{\mathrm{kg} \cdot 9.8\,\dfrac{\mathrm{m}}{\mathrm{s^2}}}{\mathrm{m^3}}\right] = \left[\frac{9.8\,\mathrm{N}}{\mathrm{m^3}}\right] = \left[\frac{\mathrm{kg_f}}{\mathrm{m^3}}\right]$$

※ 비중량은 단위부피당 중량의 개념이며 밀도는 단위부피당 질량의 개념이다.

3.2.6 비중

비중(specific gravity, S)은 동일조건에서 대상물질의 밀도와 기준물질의 밀도비 또는 동일조건에서 대상물질의 비중량과 기준물질의 비중량 비를 의미한다. 식으로 표현하면 다음과 같다.

$$S = \frac{\rho_{\text{대상물질}}}{\rho_{\text{기준물질}}} = \frac{\gamma_{\text{대상물질}}}{\gamma_{\text{기준물질}}}$$

대상물질이 고체와 액체인 경우 기준물질은 물이 되며, 대상물질이 기체인 경우 기준물질은 공기가 된다.

1. 고체와 액체의 비중

고체와 액체의 비중에서 기준물질의 밀도는 물의 밀도(1,000 $\dfrac{\mathrm{kg}}{\mathrm{m^3}}$ 또는 1 $\dfrac{\mathrm{g}}{\mathrm{mL}}$)를 사용한다.

$$S = \frac{\rho_{고체}}{\rho_{물}} = \frac{\rho_{고체}}{1{,}000\ \frac{kg}{m^3}} = \frac{\rho_{고체}}{1\ \frac{g}{mL}} = \frac{\rho_{고체}}{1\ \frac{g}{cm^3}}$$

$$S = \frac{\rho_{액체}}{\rho_{물}} = \frac{\rho_{액체}}{1{,}000\ \frac{kg}{m^3}} = \frac{\rho_{액체}}{1\ \frac{g}{mL}} = \frac{\rho_{액체}}{1\ \frac{g}{cm^3}}$$

즉 대상물질이 고체 및 액체인 경우 물의 밀도가 1 g/mL, 또는 1 g/cm^{3}이라면 밀도와 비중의 값은 같으나 단위는 다르다. 즉 비중은 단위가 없으나 밀도는 단위가 존재한다.

$$S = \frac{\rho_{액체}}{1\ \frac{g}{mL}} \quad \rightarrow \quad \rho_{액체} = S \times 1\ \frac{g}{mL}$$

2. 기체의 비중

대상물질이 기체인 경우에는 표준상태의 공기 밀도를 사용한다.

$$S = \frac{\rho_{대상물질}}{\rho_{기준물질}} = \frac{\rho_{기체}}{\rho_{공기}} = \frac{\rho_{기체}}{1.295\ \frac{kg}{Sm^3}}$$

기체에서 비중 S는 대상기체의 분자량과 공기의 분자량의 비로 표현할 수 있다.

$$S = \frac{\rho_{대상물질}}{\rho_{기준물질}} = \frac{\rho_{기체}}{\rho_{공기}} = \frac{\frac{M_{w대상기체}}{22.4}}{\frac{M_{w공기}}{22.4}} = \frac{M_{w대상기체}}{M_{w공기}}$$

그러나 단순기체가 아닌 혼합기체의 경우에는 유효비중을 산출하여 사용한다.

$$S_{mix} = \frac{S_1 V_1 + S_1 V_2 + \cdots + S_n V_n}{V_1 + V_2 + \cdots + V_n}$$

단, S_{mix}는 혼합기체의 비중이며 S_n는 각 기체의 비중이며 공기에 대한 비중은 1을 적용하며, V_n는 각 기체의 부피분율을 의미한다.

비중의 활용

비중은 밀도비 또는 비중량의 비이며 계산형 문제에서 비중이 주어지면 이는 곧 밀도를 계산하라는 의미가 된다.

- **대상물질이 고체, 액체인 경우** : $\rho_{대상물질} = S \times \rho_{물} = S \times 1{,}000\ \frac{kg}{m^3} = S \times 1\ \frac{g}{mL}$
- **대상물질이 기체인 경우** : $\rho_{대상물질} = S \times \rho_{공기} = S \times 1.295\ \frac{kg}{Sm^3}$

[개념문제] **액체와 기체의 비중 계산**

Q&A

예1) 비중이 1.84인 황산의 밀도를 계산하시오.

풀이

$$S = \frac{\rho_{액체}}{1\ \frac{g}{mL}} \rightarrow 1.84 = \frac{\rho_{H_2SO_4}}{1\ g/mL} \rightarrow \rho_{H_2SO_4} = 1.84\ \frac{g}{mL}$$

∴ S는 1.84이며 황산의 밀도는 $\rho_{H_2SO_4} = 1.84$ g/mL이다. 즉 대상물질이 고체 또는 액체인 경우 밀도와 비중은 같은 값을 가지며 비중은 단위가 없으며 밀도는 g/mL 또는 g/cm^{3}이 된다.

예2) 다음 기체의 비중을 구하시오.
(1) 포름알데히드 (2) 이황화탄소 (3) 일산화탄소 (4) 암모니아

풀이

(1) 포름알데히드(HCHO) : $S = \frac{30\ kg}{28.95\ kg} = 1.04$

(2) 이황화탄소(CS_2) : $S = \frac{76\ kg}{28.95\ kg} = 2.63$

(3) 일산화탄소(CO) : $S = \frac{28\ kg}{28.95\ kg} = 0.97$

(4) 암모니아(NH_3) : $S = \frac{17\ kg}{28.95\ kg} = 0.59$

즉 대상기체의 분자량이 공기 분자량보다 큰 경우 비중은 1보다 커져 공기보다 무거워 지며 대상기체의 분자량이 공기 분자량보다 작은 경우 비중이 1보다 작아져 공기보다 가벼운 특성을 가진다.

예3) 염소가스는 동일한 체적의 공기보다 얼마나 무거운가?

풀이 $S = \dfrac{71\ \text{kg}}{28.95\ \text{kg}} = 2.45$로 염소가스는 동일한 체적의 공기보다 2.45배 무겁다.

3.3 열과 비열

3.3.1 열과 열역학 법칙

1. 열

열(heat)은 물질 내 내부에너지의 총량으로 열 이동, 외부에 대한 일, 물질의 열 출입에 의한 에너지 이동을 모두 포함한 양이다. 즉 열은 온도가 서로 다른 물체 사이에서 이동하는 에너지로 분자 운동이 큰 물체에서 분자 운동이 낮은 물체로 이동하며 이동 방법으로는 전도, 대류, 복사가 있다. 반면에 온도는 물체의 차고 뜨거운 정도를 나타내는 값으로 온도가 높으면 분자 운동이 활발하다.

열은 에너지의 한 형태이며 에너지는 일로 변할 수 있다. 따라서 열, 에너지, 일은 동일한 차원을 갖는다. 에너지는 힘×길이의 개념이다.

$$E = F \times L = m \times a \times L$$

에너지의 국제단위(SI단위)는 N×m이며 이를 J(joule)로 표현한다. J은 1 N의 힘으로 물체가 1 m 움직이는 동안 하는 일 또는 이동하는데 필요한 에너지를 의미한다. 보통 열량의 단위로는 kcal을 많이 쓰며 1 kcal은 1기압 하에서 1 kg의 얼음, 물, 수증기를 1℃ 올리는데 필요한 열량으로 정의된다. 1 kcal은 4.18 kJ과 같다. 또한 열량의 단위로 Btu(British thermal unit)를 쓰기도 하며 Btu는 FPS단위계로 1 lb(453 g)의 물을 1°F 상승시키는데 필요한 열량이다. 1 Btu는 252 cal이다.

열량의 단위

- 1 cal = 4.18 J (1 kcal = 4.18 kJ)
- 1 Btu = 252 cal

열량 외에 열의 양을 표현하는 방법으로 비열, 열용량이 있다.

① 열량(quantity of heat, calorie)은 열의 많고 적음을 나타내는 양(kcal)이며,
② 열용량(heat capacity)은 어떤 물질을 1℃ 높이는데 필요한 열량(kcal/℃)이며,
③ 비열(specific heat)은 어떤 물질 1 kg을 1℃ 높이는데 필요한 열량(kcal/kg·℃)이다.

따라서 열량(Q), 비열(C), 열용량(H), 질량(m), 온도변화(Δt)라면 열량과 열용량 식은 다음과 같다.

$$Q = m \times C \times \Delta t \left[\text{kg} \times \frac{\text{kcal}}{\text{kg} \cdot ℃} \times ℃ = \text{kcal} \right]$$

$$H = \frac{Q}{t} \left[\frac{\text{kcal}}{℃} \right]$$

2. 열역학 법칙

열과 관련된 법칙으로는 열역학 법칙(law of thermodynamics)이 있으며 thermo는 열을 뜻하는 그리스어이며 dynamics는 변화를 의미한다. 즉 열역학 법칙은 다음과 같이 네 개의 법칙으로 나타낸다.

① **열역학 제0법칙(the zeroth law of thermodynamics)**

열평형에 관한 것으로 온도가 다른 두 물체를 접촉시키면 두 물체의 온도가 평형상태를 이루어 동일한 온도를 이룬다는 법칙이다. 또한 열역학적인 계인 A와 B가 다른 물체 C와 각각 열평형 상태를 이룬다면, A, B도 열평형 상태에 있다는 법칙이다.

② **열역학 제1법칙(the first law of thermodynamics)**

역학적 에너지 보존법칙의 일부로 계에 전달된 에너지의 총합은 계의 내부에너지의 변화량과 같다는 것으로 계의 내부에너지 변화는 계가 흡수한 열과 계가 한 일의 차이이다. 여기서 내부에너지란 물체를 구성하고 있는 원자와 분자들의 운동에너지와 위치에너지의 총합으로 이상기체로 이루어진 계에 열을 가하여 계의 온도가 증가하였을 경우 내부에너지 증가(dU)는 $dU = C_v dT$로 주어지며 C_v는 기체의 정적비열이다. 대기에서 자유로이 팽창할 수 있는 공기에 열(dQ)을 가해주면 그 열의 일부는 공기의 체적을 팽창(dW)하는데 쓰이고 나머지는

공기의 온도 즉 내부에너지(dU)를 높이는데 쓰인다. 이를 식으로 표현하면

$$dU = dQ - dW$$

$$dQ = dU + dW = C_v dT + dW$$

③ **열역학 제2법칙(the second law of thermodynamics)**

엔트로피(entropy)와 관련된 법칙으로 엔트로피는 에너지(energy)와 그리스어의 변형(tropy)의 합성어로 물질의 열적상태를 나타내는 물리량이며, 자연현상을 열역학 제1법칙으로 설명하기에는 충분치 않아 이를 보완하기 위해 도입된 개념이다. 이는 열역학적 계의 무질서 정도를 나타내는 척도이며 고립계의 엔트로피는 절대로 줄어들지 않는다는 법칙이다. 열역학 제2법칙을 수식으로 나타내면

$$\Delta S \geq 0$$

부등호인 >는 비가역적과정에 적용되고 엔트로피의 변화는 0보다 커 항상 증가한다는 의미이며 등호인 =는 가역과정을 의미한다. 즉 고립계에서 총 엔트로피(무질서도)의 변화는 항상 증가하거나 일정하며 절대 감소하지는 않으며 에너지 전달에는 방향이 있고 자연계에서 일어나는 모든 과정은 가역과정이 아님을 의미한다. 예를 들어 뜨거운 물체와 찬 물체를 접촉시키면 고온에서 저온으로 열이 전달되지만, 그 반대의 과정은 자발적으로 일어나지 않는다.

④ **열역학 제3법칙(the third law of thermodynamics)**

절대온도 0도에서는 엔트로피가 0이라는 법칙으로 열역학과정에서의 엔트로피의 변화 ΔS는 절대온도 T가 0으로 접근할 때 일정한 값을 갖고, 그 계는 가장 낮은 상태의 에너지를 갖게 된다는 법칙이다. 절대온도 0도에서 열역학적 계의 에너지는 최소가 되므로, 위 법칙이 뜻하는 바는 계의 에너지가 최소가 되는 상태는 단 하나라는 것이다. 이 법칙에 의하면 절대영도에서 열용량은 0이 된다. 네른스트의 열 정리 또는 네른스트-플랑크의 정리라고도 한다.

3.3.2 비열과 비열비

1. 비열

비열(specific heat)은 물질이 갖는 고유특성으로 물질별 비열 값이 다르다. 비열 값

은 실험을 통하여 얻어지며 일정한 압력 하에서 측정한 비열을 **정압비열**(specific heat at constant pressure, C_p)이라 한다. 그리고 일정한 부피 상태로 측정한 비열을 **정적비열**(specific heat at constant volume, C_v)이라 한다.

고체와 액체의 경우 두 비열 값의 차이가 없어 주로 정압비열이 그 물질의 비열 값이 된다. 즉 고체와 액체의 경우 $C_p \approx C_v$ 관계를 가진다.

액체인 20℃ 물의 경우 비열은 1 $\frac{\text{kcal}}{\text{kg} \cdot ℃}$ 이며, 액체의 비열을 표 3-3에 나타내었다.

표 3-3 액체의 비열

액체의 비열	$\frac{\text{kcal}}{\text{kg} \cdot ℃}$
Acetone	0.51
Alcohol ethyl, 0℃	0.55
Ammonia, 0℃	1.10
Calcium chloride	0.73
Castor oil	0.43
Citron oil	0.44
Diphenylamine	0.46
Ethyl ether	0.53
Ethylene glycol	0.53
Gasoline	0.53
Mercury	0.033
Naphthalene	0.41
Petroleum	0.51
Potassium hydrate	0.88
Sea water	0.94
Sesame oil	0.39
Sodium chloride	0.79
Sodium hydrate	0.94
Soybean oil	0.47
Toluol	0.36
Turpentine	0.41
Water	1.00

기체의 경우 열에 의해 열팽창을 함으로 두 비열 값은 달라진다.

정적비열은 기체의 부피를 일정하게 놓고 정의한 비열로 기체는 외부에 일을 하지 않으며 기체에 가해진 열은 모두 기체의 내부에너지로 변화하며 공기의 정적비열은 $C_v = 0.17$ kcal/kg·℃이다.

정압비열은 기체의 압력을 일정하게 놓고 정의한 비열로 기체는 팽창하므로 외부에 일을 하면서 내부에너지도 증가하며 부피를 일정하게 했을 때보다 더 많은 열량을 필요로 하며 공기의 정압비열 $C_p = 0.24$ kcal/kg · ℃이다.

2. 비열비

비열비(r)는 정압비열($C_p = 0.24$ kcal/kg · ℃)을 정적비열($C_v = 0.17$ kcal/kg · ℃)로 나눈 값으로 1.4이다. 각 기체의 정압비열과 비열비를 표 3-4에 나타내었다.

$$r = \frac{0.24\ \text{kcal/kg} \cdot ℃}{0.17\ \text{kcal/kg} \cdot ℃} = 1.4$$

표 3-4 기체의 정압비열과 비열비

기체	정압비열	비열비
수소	3.39 (0℃)	1.41
암모니아	0.514 (14℃)	1.309
황화수소	0.253 (15℃)	1.32
질소	0.247 (16℃)	1.405
공기	0.2399 (16℃)	1.403
산소	0.2203 (16℃)	1.40
이산화탄소	0.20 (16℃)	1.302
아황산가스	0.152 (15℃)	1.39
염소	0.115 (15℃)	1.36

3. 이상기체의 기체상수

이상기체의 기체상수 R은 정압비열과 정적비열의 차이로 구할 수 있다.

$$C_p - C_v = R$$

내부에너지는 가해진 열량에서

$$dU = dQ - dW$$

$$dQ = dU + dW$$

정적비열과 정압비열의 정의에 의해

dU는 온도의 함수로 부피가 일정할 경우 $dU = C_v dT$

dQ는 이상기체의 정압비열과 온도의 곱으로 $dQ = C_p dT$

$dW = pdV$이므로

$$C_p dT = C_v dT + pdV$$

이상기체방정식으로부터 $pV = RT \rightarrow pdV = RdT$

$$C_p dT = C_v dT + RdT$$

양변을 dT로 나누면

$$R = C_p - C_v$$

이상기체의 정압비열과 정적비열은 온도의 함수이나 그 차이는 항상 일정하다.

기체의 정압비열과 정적비열의 관계

- $C_p > C_v$
- 비열비 : $C_p / C_v = r = 1.4$
- 기체상수(R) 관련 : $C_p - C_v = R$

4. 비열과 해륙풍

바람은 지표면의 부등가열에 의해 압력의 차이가 발생되어 공기가 수평방향으로 이동하는 현상을 말한다. 일반적으로 바람에 작용하는 힘은 기압차에 의해서 생기는 단위질량당의 힘인 기압경도력이 있으며 전향력, 원심력, 마찰력 등이 있다. 이러한 힘의 균형을 통해 발생되는 바람은 지균풍, 경도풍, 지상풍이 있다. 특히 기압경도력은 바람을 일으키는 원동력으로 등압선이 조밀할수록 기압경도력이 증가하여 풍속이 빨라지게 된다.

반면에 등압선의 간격이 넓어 기압경도력이 약해진 경우 비열 차이에 의해 발생하는 바람을 해륙풍이라 한다. 바닷물은 육지의 토양보다 비열이 높아 낮에는 해풍이 분다(그림 3-3). 즉 낮에는 태양복사열에 의해 육지가 바다보다 빨리 데워짐으로 육지에 접한 공기는 온도가 증가하고 밀도가 낮아지고 가벼워져 위쪽으로 순환하며 바다 쪽의 찬 공기가 육지로 불게 된다. 반면에 밤에는 육지가 빨리 식고 바다 위쪽 공기의 온도가 육지보다 높기 때문에 밀도가 낮아져 공기는 위쪽으로 이동하며 이때 육지의 찬 공기가 바다로 부는 육풍이 불게 된다.

보통 육풍에 비해 해풍이 강한데 이는 해풍이 불 때 해상의 장애물이 없고 바다와 육지의 기온차가 크기 때문이다.

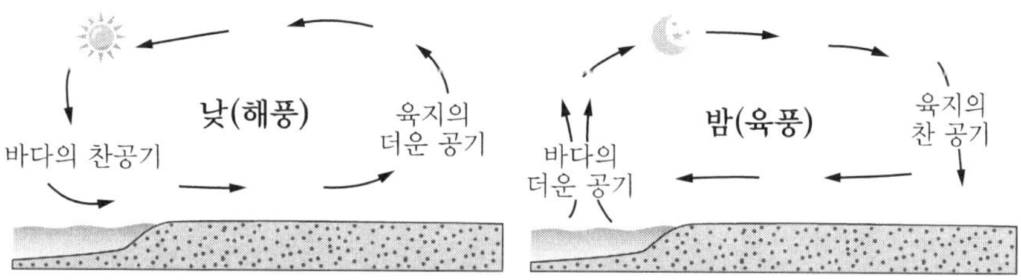

그림 3-3 비열과 해륙풍

3.4 농도

농도(concentration)는 용액을 구성하는 성분의 양으로 묽거나 진한 정도를 의미한다. 따라서 농도를 이해하기 위해선 용질(solute), 용매(solvent), 용액(solution)의 개념을 파악하는 것이 중요하다. 예를 들어 설탕물이라고 하면 물에 설탕을 녹인 물이다. 여기에서 설탕은 용질, 물은 용매, 설탕물은 용액이 된다. 이를 그림 3-4로 표현하면 다음과 같다.

그림 3-4 용질, 용매, 용액의 관계

즉, 용질(solute)은 설탕으로 용매에 용해하여 용액을 만드는 물질
용매(solvent)는 물로 용질을 녹여 용액을 만드는 물질
용액(solution)은 설탕물로 두 종류 이상의 물질이 고르게 섞여 있는 물질로 용질+용매가 된다.

설탕의 양에 따라 설탕물은 달기의 정도가 결정된다. 즉 농도는 용액(설탕물)이 얼마나 진하고 묽은지를 수치적으로 나타내는 방법으로 액체나 혼합기체와 같은 용액을 구성하는 성분의 양, 또는 용액에 대한 용질의 비율을 의미한다. 즉,

$$\text{농도} = \frac{\text{용질}}{\text{용액}}$$

이 된다. 농도는 크게 %, ppm과 같은 분율농도, mg/L, μg/m^{3}과 같은 질량농도 외 몰농도, 노르말농도 등이 있다.

용매와 용질의 관계

- **용매(solvent)** : 용질을 녹여 용액을 만드는 물질
  - 대표적 용매 : 액체
  - 액체와 액체로 이루어진 용액에서 둘 중 양이 더 많은 액체를 용매로, 더 적은 액체를 용질로 봄
- **용질(solute)** : 용매에 용해하여 용액을 만드는 물질

예1) 소다수에 이산화탄소(기체), 술에 알코올(액체), 바닷물에 소금(고체)
→ 용매는 물, 용질은 각각 이산화탄소, 알코올, 소금
예2) 96% 알코올의 경우는?
→ 용매는 알코올, 용질은 물
예3) 5% 알코올의 경우는?
→ 용매는 물, 용질은 알코올

3.4.1 분율농도

분율농도는 그림 3-5와 같이 나타낼 수 있다.

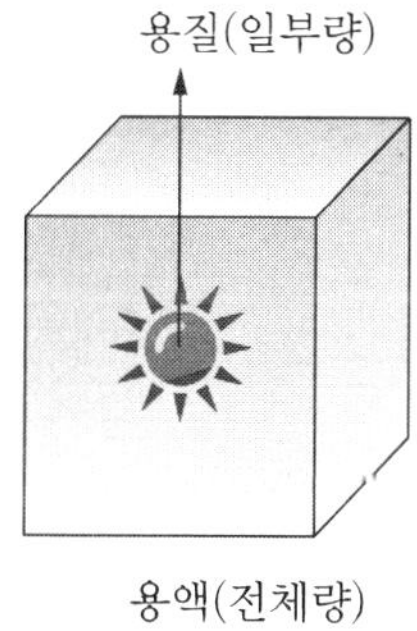

그림 3-5 분율농도에 용액과 용질의 관계

앞서 설명한 것과 같이 용액은 용질+용매로 전체량이 되며 용질은 용액 중의 일부량이 된다. 용액과 용질의 양을 모두 부피로 표현하면 그림 3-6(a)와 같고 중량(질량)으로 표현하면 그림 3-6(b)와 같다.

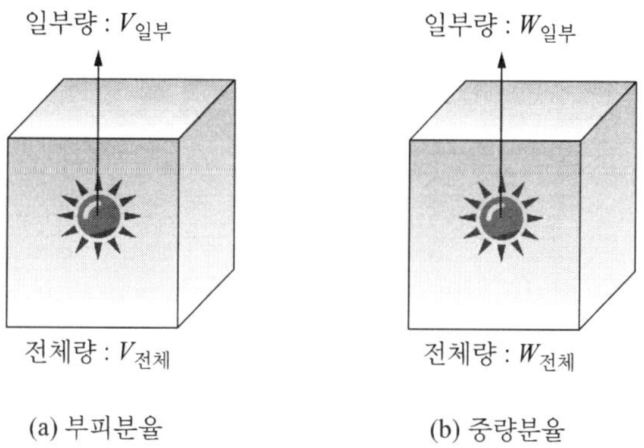

그림 3-6 부피/부피와 중량/중량으로 표현된 분율농도

용질과 용액의 양을 부피(V)로 표현하면 농도는 다음 식과 같다.

$$농도 = \frac{용질}{용액} = \frac{일부량}{전체량} = \frac{V_{일부}}{V_{전체}} = \frac{대상물질의\ 부피}{전체물질의\ 부피}$$

즉 물 100 mL당 설탕시럽이 7 mL를 포함하는 용액이 있다면 이의 농도는

$$농도 = \frac{용질}{용액} = \frac{일부량}{전체량} = \frac{V_{일부}}{V_{전체}} = \frac{7}{100+7} = 0.0654$$

물은 용매이고 설탕시럽은 용질이므로 용액은 물과 설탕시럽의 합이 된다.

0.0654의 의미는 설탕물을 1로 하였을 때 설탕시럽이 0.0654가 들어 있다는 뜻이다.

용질과 용액의 양을 중량(W)으로 표현하면 농도는 다음 식과 같다.

$$농도 = \frac{용질}{용액} = \frac{일부량}{전체량} = \frac{W_{일부}}{W_{전체}} = \frac{대상물질의\ 중량}{전체물질의\ 중량}$$

즉 물 100 g당 설탕이 7 g를 포함하는 용액이 있다면 이의 농도는

$$농도 = \frac{용질}{용액} = \frac{일부량}{전체량} = \frac{W_{일부}}{W_{전체}} = \frac{7}{100+7} = 0.0654$$

부피농도와 유사하게 0.0654의 의미는 설탕물 1 g당 설탕이 0.0654 g가 들어 있다는 뜻이다.

이와 같이 농도의 표시하는 첫 번째 방법은 비율$\left(\frac{일부}{전체}\right)$ 또는 분율을 이용하는 것이다.

농도 표시법 1

- 분율(비) $= \frac{일부}{전체}$

  전체는 혼합물의 양이며 일부는 대상성분의 양이다.

  또한 분율은 부피(V)와 중량(W)비로 나눌 수 있다.

- 부피분율(비) $= \frac{V_{일부}}{V_{전체}} = \frac{대상물질의\ 부피}{전체물질의\ 부피}$
- 중량분율(비) $= \frac{W_{일부}}{W_{전체}} = \frac{대상물질의\ 중량}{전체물질의\ 중량}$

부피분율과 중량분율 이외에 몰분율이 있으며 몰분율은 대상성분의 몰수와 전체 성분의 몰수의 비를 의미한다.

분율을 이용한 농도표시법은 비(ratio) 외에 %, ppm, pphm, ppb, ppt 등이 있다. %는 (백)분율, ppm은 (백만)분율, pphm은 (1억)분율, ppb는 (10억)분율이라 읽는다.

분율은 $\frac{일부}{1}$로 전체량이 1이 되며, %는 $\frac{일부}{100}$로 전체량이 100을 의미한다. %는 percent라 읽는데 per는 "/" 또는 "—"를 의미하며 cent는 100을 의미한다. 미국의 지폐 단위 중 센트는 100분의 1달러를 의미한다. ppm은 parts per million으로

$\frac{\text{parts}}{\text{million}}$의 의미이며 $\frac{\text{일부}}{10^6}$를 의미한다.

분율(비)을 %, ppm, pphm, ppb, ppt로 환산하기 (단, 분율(비) = 일부 / 전체)

- 분율 $\times 10^2$ = %
- 분율 $\times 10^6$ = ppm
- 분율 $\times 10^8$ = pphm
- 분율 $\times 10^9$ = ppb
- 분율 $\times 10^{12}$ = ppt

설탕물의 예에서 분율이 0.0654가 나왔다. 이를 %와 ppm으로 표현하면 %로 나타내면 분율 $\times$ 100으로 6.54%가 되며, ppm으로 나타내면 분율 $\times 10^6$으로 65,400 ppm이 된다.

%의 정리와 ppm을 부피분율과 중량분율로 표현하기

- %
  부피백분율 : $_{vol}$%, V/V%
  중량백분율 : $_{wt}$%, W/W%

- ppm
  부피백만분율 : ppmv, ppm(V/V)
  중량백만분율 : ppmw, ppm(W/W)

- 백분율(%)과 백만분율(ppm)로 농도를 표시할 경우 부피분율인지 중량분율인지를 구분하여 기억해야 한다.

%와 ppm의 관계

%는 분율 $\times 10^2$이고, ppm은 분율 $\times 10^6$의 관계를 가짐으로 1%는 10^4 ppm과 같다.

% – 10,000 ppm

1. 액체(수질)와 기체(대기)에서 %와 ppm의 해석

앞서 서술하였듯이 ppm과 같은 분율을 농도단위로 사용 시 부피와 중량을 고려해야 한다. 특히 수질환경(물)에서 쓰이는 ppm은 중량분율이며 대기환경(공기)에서 쓰이는 ppm은 부피분율임에 주의해야 한다.

① 액체(수질오염물질)의 %와 ppm

수질오염물질의 양은 중량분율로 표현됨으로 수질에서 쓰이는 %는 $_{wt}$%, W/W%, ppm은 ppmw 또는 ppm(W/W)의 의미를 가진다. 또한 분모는 물의 양 또는 혼합물의 양이 되며 분자는 수질오염물질의 양이 된다.

$$1\ _{wt}\% = \frac{1}{10^2}\left(\frac{W}{W}\right)$$

$$1\ \text{ppm}(W/W) = \frac{1}{10^6}\left(\frac{W}{W}\right)$$

$$1\ \text{ppm}(W/W) = \frac{1\ \text{mg}}{1\ \text{kg}} = \frac{1\ \mu\text{g}}{1\ \text{g}}$$

주1) $\frac{1\ \text{mg}}{1\ \text{kg}}$에서 분모의 kg을 mg으로 단위변환을 하면

$$\frac{1\ \text{mg}}{1\ \text{kg}} \times \frac{\text{kg}}{10^3\ \text{g}} \times \frac{\text{g}}{10^3\ \text{mg}} = \frac{1}{10^6}\ \frac{\text{mg}}{\text{mg}}$$

이 되어 $1/10^6$의 ppm의 개념을 가지며 또한 분자, 분모의 단위가 중량(질량)이므로 ppm(W/W)임을 알 수 있다.

[개념문제] 액체(수질)에서 %와 ppm Q&A

예1) 물 100 g당 10 g의 NaCl을 포함하는 용액이 있다.
(1) 용액 중 용질과 용매의 중량백분율은 얼마인가?
(2) 용액 중 용질과 용매의 중량백만분율은 얼마인가?

풀이 (1) 용질의 중량백분율 $_{wt}\% = \text{분율}\left(\frac{W}{W}\right) \times 100 = \frac{10}{100+10} \times 100 = 9.091\ _{wt}\%$

용매의 중량백분율 $_{wt}\% = \text{분율}\left(\frac{W}{W}\right) \times 100 = \frac{100}{100+10} \times 100 = 90.909\ _{wt}\%$

(2) 용질의 중량백만분율 ppmw $= \text{분율}\left(\frac{W}{W}\right) \times 10^6 = \frac{10}{100+10} \times 10^6$

$= 9{,}0910$ ppmw

$$\text{용매의 중량백만분율 ppmw} = \text{분율}\left(\frac{W}{W}\right) \times 10^6 = \frac{100}{100+10} \times 10^6$$
$$= 909{,}090 \text{ ppmw}$$

주1) (1)번에서 용질과 용매의 중량백분율의 합은 10^2이 되며
(2)번에서 용질과 용매의 중량백만분율의 합은 10^6이 된다.

주2) %를 구한 후 % = 10^4 ppm의 관계를 기김으로 %에 10^4를 곱하여 구어도 뵌나.

예2) 지하수 10 g당 5 μg의 중금속이 있다면 이 중금속은 몇 ppm인가?

풀이 $\text{ppmw} = \frac{\mu g}{10^6\ \mu g} = \frac{\mu g}{g} = \frac{mg}{kg}$

① $\text{ppmw} = \frac{\mu g}{g}$의 관계를 이용하여 풀면

$$\frac{5\ \mu g}{10\ g} = 0.5\ (\frac{\mu g}{g}\ \text{ or }\ \text{ppmw})$$

② $\text{ppmw} = \frac{mg}{kg}$의 관계를 이용하여 풀면

$$\frac{5\ \mu g}{10\ g} \times \frac{mg}{10^3\ \mu g} \times \frac{10^3\ g}{kg} = 0.5\ (\frac{mg}{kg}\ \text{ or }\ \text{ppmw})$$

예3) 비중은 1.3인 액상표백제에 5 $_{wt}$%의 NaOCl을 함유한다. 표백제 1,000 mL 중의 NaOCl의 무게는 몇 g인가?

풀이 먼저 5 $_{wt}$%가 가지는 의미는 다음과 같다.

$$5\ _{wt}\% = \frac{\text{대상물질량}(W)}{\text{전체물질량}(W)} \times 100$$

전체물질량은 표백제가 되며 대상물질은 하이포아염소산나트륨인 NaOCl의 양을 구하는 문제이다. 전체물질인 표백제의 양으로 부피로 주어져 있음으로 이를 질량으로 단위변환하여야 한다. 부피를 질량으로 변환하기 위해선 밀도가 필요하며 밀도는 비중으로부터 구할 수 있다. 또한 액체이므로 기준물질의 밀도는 물의 밀도(ρ_{H_2O} = 1,000 kg/m^3 = 1 g/mL)가 된다.

$$S = \frac{\rho_{NaOCl}}{\rho_{H_2O}} = 1.3 \quad \rightarrow \quad \rho_{NaOCl} = 1.3 \times 1\ \frac{g}{mL} = 1.3\ \frac{g}{mL}$$

표백제 1,000 mL를 g로 단위변환을 하면

$$1{,}000\ mL \times \frac{1.3\ g}{mL} = 1{,}300\ g$$

$$\therefore\ 5\ _{wt}\% = \frac{\text{대상물질량}}{1{,}300\ \text{g}} \times 100\ \rightarrow\ \text{대상물질량} = 65\ \text{g}$$

② 기체(대기오염물질)의 %와 ppm

대기오염물질의 양으로 일반적으로 부피로 표현됨으로 대기에서 쓰이는 ppm은 부피분율로 ppmv 또는 ppm(V/V)이므로 수질과는 구분하여 ppm을 사용해야 한다. 대기 분야에서 쓰이는 %와 ppm에서 전체를 의미하는 분모는 공기 또는 혼합기체의 부피가 되며 분자는 대기오염물질의 부피가 된다.

$$1\ _{vol}\% = \frac{1}{10^2}\left(\frac{V}{V}\right)$$

$$1\ \text{ppm}(\text{V}/\text{V}) = \frac{1}{10^6}\left(\frac{V}{V}\right)$$

$$1\ \text{ppm}(\text{V}/\text{V}) = \frac{1\ \mu\text{L}}{1\ \text{L}} = \frac{1\ \text{mL}}{1\ \text{m}^3}$$

주1) $\frac{1\ \text{mL}}{1\ \text{m}^3}$에서 분모의 m^3을 mL로 단위변환을 하면

$$\frac{1\ \text{mL}}{1\ \text{m}^3} \times \frac{\text{m}^3}{10^3\ \text{L}} \times \frac{\text{L}}{10^3\ \text{mL}} = \frac{1}{10^6}\ \frac{\text{mL}}{\text{mL}}$$

이 되어 $1/10^6$의 ppm의 개념을 가지며 또한 분자, 분모의 단위가 부피이므로 ppm(V/V)임을 알 수 있다.

Sm^3, Nm^3 / SL, NL / SmL, NmL

S는 standard temperature & pressure, N은 normal temperature & pressure로 두 기호 모두 표준상태 즉 0℃, 1 atm 하의 조건을 의미한다. 즉 부피의 단위인 m^3, L, mL 등에 S와 N을 붙여 그 부피가 표준상태임을 표시한다.

am^3 / aL / amL

표준상태가 아닌 실측상태, 또는 실제상태에서는 부피의 단위 앞에 a를 붙여 그 부피가 실측상태임을 표시한다. 여기서 a는 actual로 온도와 압력이 0℃, 1 atm 하의 조건이 아님을 의미한다.

분율농도를 총정리하여 표 3-5에 나타내었다.

표 3-5 분율농도

	분율 공식			
	중량분율 : 수질 분야(액체)		부피분율 : 대기 분야(기체)	
분율	중량분율 $= \frac{W_{대상물질}}{W_{혼합물질}}$		부피분율 $= \frac{V_{대상물질}}{V_{혼합물질}}$	
백분율(%)	중량분율 $\times 10^2$ $_{wt}$%	ppmw = ppm(W/W) = mg/kg = μg/g	부피분율 $\times 10^2$ $_{vol}$%	ppmv = ppm(V/V) = mL/m^3 = μL/L
백만분율(ppm)	중량분율 $\times 10^6$ ppmw		부피분율 $\times 10^6$ ppmv	
일억분율(pphm)	중량분율 $\times 10^8$ pphmw		부피분율 $\times 10^8$ pphmv	
십억분율(ppb)	중량분율 $\times 10^9$ ppbw		부피분율 $\times 10^9$ ppbv	
일조분율(ppt)	중량분율 $\times 10^{12}$ pptw		부피분율 $\times 10^{12}$ pptv	

% : percent, ppm : parts per million, pphm : parts per hundred million, ppb : parts per billion, ppt : parts per trillion

3.4.2 질량농도

앞 절에서 분율을 이용한 농도표시법에 대해 서술하였다. 분율의 경우 분자(일부)와 분모(전체)의 단위가 동일하다. 즉 부피분율의 경우 분자와 분모는 동일한 부피단위를 가지며 중량분율의 경우 분자와 분모, 모두 질량단위를 가진다. 이 절의 농도표기법은 질량농도에 대한 것으로 부피분율에서 분자의 단위를 부피 대신 질량단위를 사용하는 것이다(그림 3-7).

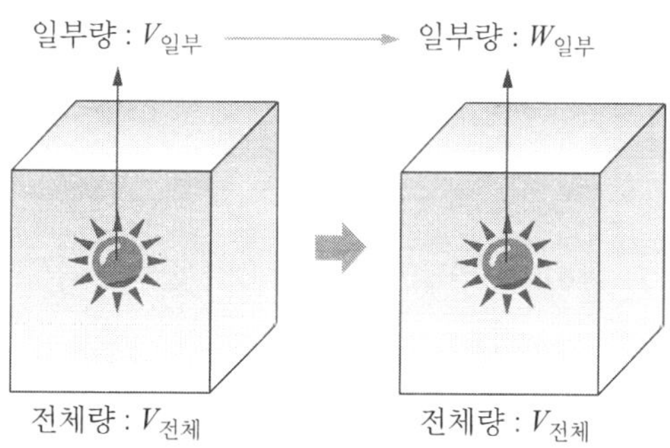

(a) (부피)분율농도 (b) 질량농도

그림 3-7 부피분율을 이용한 농도표시와 질량농도 비교

실질적으로 분율을 이용하여 농도를 표시할 경우 차원과 단위가 없으나 질량농도로 농도를 표시할 경우 차원은 ML^{-3}이 된다. 질량농도는 다음과 같이 표현된다.

$$\text{질량농도} = \frac{\text{질량}}{\text{부피}} = \frac{\text{mass}}{\text{volume}} = \frac{\text{대상물질의 양}}{\text{혼합물질의 부피}}$$

즉 질량농도는 특정부피(전체량)에 포함된 물질의 질량(일부량)이 되며 일반적으로 "농도"라고 불린다.

질량농도에서 일부량(분자)은 kg, mg, g, μg, ng 등의 단위가 사용되며 전체량(분모)은 m^3, cm^3, mL, L 등의 단위가 사용된다. 즉, 일반적인 질량농도의 단위는 $\frac{mg}{L}$, $\frac{\mu g}{m^3}$ 등 다양하게 표현할 수 있다. 즉 질량농도의 차원은 ML^{-3}이 된다.

이 때 주의할 점은 밀도와 농도와의 차이점을 이해하는 것이다. 실질적으로 밀도와 질량농도의 차원은 동일하며 단위 또한 동일하다. 그러나 밀도는 부피 = 질량의 관계가 성립하나 질량농도는 부피 ≠ 질량이다.

액체와 기체의 대표적 질량농도의 단위

- **액체** : 수질(물) : $\frac{mg}{L}$
- **기체** : 공기(대기) : $\frac{\mu g}{m^3}$, $\frac{mg}{m^3}$

환경 분야에서는 수질과 대기오염물질의 농도를 표시할 때 ppm을 주로 사용하는데 일반적으로 대기오염물질의 ppm은 부피분율(ppmv)이며 수질오염물질의 ppm은 중량분율(ppmw)을 사용한다.

3.4.3 액체에서 ppm과 mg/L의 단위변환

수질오염학에서는 ppm = $\frac{mg}{L}$의 관계를 가진다. $\frac{mg}{L}$의 질량농도 단위에서 분모의 L를 mg의 단위로 바꾸면 다음과 같다.

이 때 분모는 물의 양이 됨으로 물의 밀도(ρ_{H_2O} = 1,000 kg/m^3 = 1 g/mL)를 이용하여 부피(L)를 질량(mg)의 단위로 변환하면 다음과 같다.

$$\frac{\text{mg}}{\text{L}} = \frac{\text{mg}}{\text{L}} \times \frac{1{,}000\ \text{L}}{\text{m}^3} \times \frac{\text{m}^3}{1{,}000\ \text{kg}} \times \frac{\text{kg}}{1{,}000\ \text{g}} \times \frac{\text{g}}{1{,}000\ \text{mg}}$$

$$= \frac{\text{mg}}{10^6\ \text{mg}} = \frac{1}{10^6} = \text{ppm}\left(\frac{\text{W}}{\text{W}}\right)$$

즉 수질에서 사용하는 ppm은 $\frac{\text{mg}}{\text{L}}$와 같으며 특히 주의할 점은 이때의 ppm은 중량분율이라는 점이다.

수질에서 ppm과 질량농도의 관계

단, 수질의 ppm은 ppmw, ppm(W/W)로 w와 W/W를 생략하고 ppm을 쓰나 수질에서 사용하는 ppm은 중량분율이라는 점을 꼭 기억해야 한다.

$$\text{ppm}\left(\frac{\text{W}}{\text{W}}\right) = \frac{\text{mg}}{\text{L}}$$

[개념문제] 수질에서 ppm(W/W)과 mg/L 간의 단위변환 Q&A

예1) 폐수 중 유해물질이 650 ng/mL라면 이는 몇 ppm인가?

풀이 $\frac{\text{ng}}{\text{mL}}$을 $\frac{\text{mg}}{\text{L}}$로 단위변환을 하면 ppm이 된다.

$$\therefore\ 650\ \frac{\text{ng}}{\text{mL}} \times \frac{\mu\text{g}}{1{,}000\ \text{ng}} \times \frac{\text{mg}}{1{,}000\ \mu\text{g}} \times \frac{1{,}000\ \text{mL}}{\text{L}} = 0.65\ \frac{\text{mg}}{\text{L}} = 0.65\ \text{ppm}$$

예2) 500 mL의 수용액에 125 mg의 염이 녹아 있을 때 이 수용액의 농도는 몇 ppm이고 몇 %인가?

풀이 $\therefore\ \frac{125\ \text{mg}}{500\ \text{mL}} \times \frac{1{,}000\ \text{mL}}{\text{L}} = 250\ \frac{\text{mg}}{\text{L}} = 250\ \text{ppm}$

$1\% = 10^4$ ppm 이므로

$$\therefore\ 250\ \text{ppm} \times \frac{\%}{10^4\ \text{ppm}} = 0.025\%$$

주) 이 문제에서 ppm과 %는 중량분율 즉 $\frac{\text{W}}{\text{W}}$의 개념이다.

3.4.4 기체에서 ppm과 mg/m^{3}의 단위변환

대기오염물질의 양을 나타내는 ppm은 부피분율을 사용한다. 부피분율로부터 질량농도와 ppm의 관계식을 유도할 수 있다.

그림 3-8을 보면 V_a는 공기의 양이 되며 V_p는 일부량으로 대기오염물질의 양이 된다.

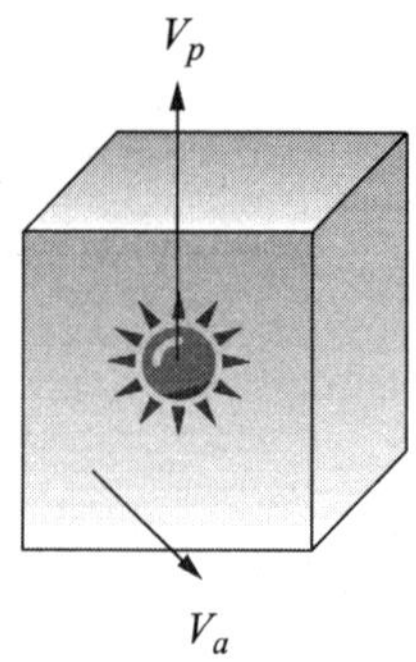

그림 3-8 공기의 양과 대기오염물질의 양

이를 부피분율로 표현하고 V_a가 V_p에 비해 아주 크다면 다음과 같은 식으로 표현할 수 있다.

$$\text{부피분율} = \frac{\text{일부량}}{\text{전체량}} = \frac{V_p}{V_a + V_p} \approx \frac{V_p}{V_a} \tag{3-9}$$

부피분율에서 분자의 대기오염물질의 부피 V_p를 대기오염물질의 질량 m_p로 바꾸면 질량농도로 단위변환을 할 수 있다. 즉 이상기체방정식 $pV = nRT = \frac{m}{M}RT$을 이용하여 부피를 질량으로 바꿀 수 있다. 즉,

$$V_p = \frac{m_p}{M_p}\frac{RT}{p} \tag{3-10}$$

식 (3-10)을 식 (3-9)에 넣고 재정리하면

$$\frac{V_p}{V_a} = \frac{\frac{m_p}{M_p}\frac{RT}{p}}{V_a}$$

$$\frac{V_p}{V_a} = \frac{m_p}{V_a} \times \frac{RT}{M_p p}$$

$$\frac{m_p}{V_a} = \frac{V_p}{V_a} \times \frac{M_p p}{RT} \tag{3-11}$$

여기에서 R은 이상기체상수로 $0.082\ \frac{\text{atm} \cdot \text{m}^3}{\text{kmol} \cdot \text{K}}$로 R의 단위를 쓰면

$$\frac{m_p}{V_a} = \frac{V_p}{V_a} \times \frac{\frac{\text{kg}}{\text{kmol}}\text{atm}}{\frac{\text{atm} \cdot \text{m}^3}{\text{kmol} \cdot \text{K}}\text{K}}$$

$\frac{m_p}{V_a}$의 단위를 질량농도인 $\left[\frac{\text{mg}}{\text{m}^3}\right]$로 대치하면

$$\left[\frac{\text{mg}}{\text{m}^3}\right] = \frac{V_p}{V_a} \times \frac{\text{kg}}{\text{m}^3}$$

이 됨으로 왼쪽 항과 오른쪽 항의 단위체계가 일치하지 않는다. 따라서 오른쪽 항의 단위를 왼쪽 항과 동일단위로 바꾸면

$$\left[\frac{\text{mg}}{\text{m}^3}\right] = \frac{V_p}{V_a} \times \frac{\text{kg}}{\text{m}^3} \times \frac{1{,}000\ \text{g}}{\text{kg}} \times \frac{1{,}000\ \text{mg}}{\text{g}}$$

$$\left[\frac{\text{mg}}{\text{m}^3}\right] = \frac{V_p}{V_a} \times \frac{10^6 \times \text{mg}}{\text{m}^3}$$

가 되어 왼쪽 항과 오른쪽 항의 단위가 일치하게 된다. 이를 식 (3-11)에 대치하면

$$\left[\frac{\text{mg}}{\text{m}^3}\right] = \frac{V_p}{V_a} \times 10^6 \times \frac{M_p p}{RT}$$

의 관계가 성립한다. 이 관계식에서 R값은 $0.082\ \frac{\text{atm} \cdot \text{m}^3}{\text{kmol} \cdot \text{K}}$, p는 atm, M_p는 kg/kmol, T는 K의 단위를 반드시 사용해야 한다.

$\text{ppm} = \frac{V_p}{V_a} \times 10^6$이므로 위 식은 다음과 같이 정리된다.

$$\left[\frac{\text{mg}}{\text{m}^3}\right] = \text{ppm} \times \frac{M_p p}{RT}$$

기체상오염물질의 ppm ⇔ mg/m³ 농도 단위변환식

$$\left[\frac{\text{mg}}{\text{m}^3}\right] = \text{ppm} \times \frac{M_p p}{RT}$$

단, R값은 $0.082\dfrac{\text{atm}\cdot\text{m}^3}{\text{kmol}\cdot\text{K}}$, p는 atm, M_p는 kg/kmol, T는 K의 단위를 반드시 사용해야 한다.

기체에서 ppm과 $\left[\dfrac{\text{mg}}{\text{m}^3}\right]$ 간의 단위전환은 세 가지 유형으로 나눌 수 있다.

1. 유형 1 : 동일상태

유형 1은 온도와 압력이 동일한 상태에서 $\left[\dfrac{\text{mg}}{\text{m}^3}\right]$ ↔ ppm 간의 단위변환이다. 동일상태란 표준상태가 될 수도 있고 실측상태가 될 수도 있다.

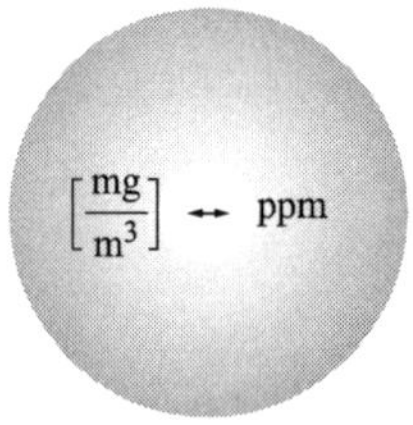

동일상태

[개념문제] 유형 1

(상태의 변화가 없이 ppm ↔ mg/m³로 단위변환)

예1) 표준상태에서 이산화질소 350 ppm이라면 이는 몇 mg/Nm³인가?

풀이

풀이1) 기본식 $\left[\frac{\text{mg}}{\text{m}^3}\right] = \text{ppm} \times \frac{M_p p}{RT}$을 이용한 방법

$$\left[\frac{\text{mg}}{\text{m}^3}\right] = 350\ \text{ppm} \times \frac{46\ \frac{\text{kg}}{\text{kmol}} \times 1\ \text{atm}}{0.082\ \frac{\text{atm}\cdot\text{m}^3}{\text{kmol}\cdot\text{K}} \times (273+0)\ \text{K}} = 719.2\ \frac{\text{mg}}{\text{Nm}^3}$$

풀이2) 부피보정을 이용한 단위변환법

※ 아보가드로의 법칙 1 mol = 분자량(g) = 22.4 L과 ppm(V/V) 개념을 이용한 단위변환법. 즉 350 mL를 mg으로 단위변환 하는 법으로 이 방법은 표준상태에서는 분자량(g) = 22.4 L의 관계를 사용하면 되나 실측상태에서는 보일-샤를의 법칙을 통해 단위변환을 해야 한다.

$$350\ \text{ppm} = 350\ \frac{\text{mL}}{\text{m}^3} \times \frac{\text{L}}{1{,}000\ \text{mL}} \times \frac{\text{mol}}{22.4\ \text{L}} \times \frac{46\ \text{g}}{\text{mol}} \times \frac{1{,}000\ \text{mg}}{\text{g}}$$

$$= 718.75\ \frac{\text{mg}}{\text{Nm}^3}$$

풀이1)과 풀이2)에서 소수점 이하의 값이 약간의 차이를 보이는데 이는 $0.082 \times 273 = 22.386$과 22.4와의 차이로 인한 것이다.

주) 본 교재에서는 풀이1)을 사용하도록 하겠다.

예2) 이산화질소의 평균농도가 20℃, 760 mmHg에서 3 μg/m^{3}이었다면 이는 몇 ppm인가?

풀이

풀이1) 왼쪽 항의 단위는 $\frac{\text{mg}}{\text{m}^3}$이 되어야 함으로 단위변환 $\left[\frac{\text{mg}}{\text{m}^3}\right] = \text{ppm} \times \frac{M_p p}{RT}$식에 적용한다.

$$\left(3\frac{\mu\text{g}}{\text{m}^3} \times \frac{\text{mg}}{1{,}000\ \mu\text{g}}\right) = X\,\text{ppm} \times \frac{46\ \frac{\text{kg}}{\text{kmol}} \times \left(760\ \text{mmHg} \times \frac{1\ \text{atm}}{760\ \text{mmHg}}\right)}{0.082\ \frac{\text{atm}\cdot\text{m}^3}{\text{kmol}\cdot\text{K}} \times (273+20)\ \text{K}}$$

$$\therefore\ X = 1.567 \times 10^{-3}\ \text{ppm}$$

풀이2) 부피보정을 통한 단위변환법

주어진 조건 $\frac{\mu\text{g}}{\text{m}^3}$에서 μg을 mL로 변환하면 $\frac{\text{mL}}{\text{m}^3}$으로 ppmv의 개념이 된다. 또한 온도가 표준상태가 아님으로 이에 대한 보정을 한다.

$$3\ \frac{\mu\text{g}}{\text{m}^3} \times \frac{\text{mg}}{1{,}000\ \mu\text{g}} \times \frac{\text{g}}{1{,}000\ \text{mg}} \times \frac{\text{mol}}{46\ \text{g}} \times \frac{22.4\ \text{L}}{\text{mol}} \times \frac{1{,}000\ \text{mL}}{\text{L}}$$

$$= 1.46 \times 10^{-3}\ \frac{\text{mL}}{\text{m}^3} = 1.46 \times 10^{-3}\ \text{ppm}$$

이 값은 표준상태에서 단위변환을 한 것이며 온도가 20℃이므로 이에 대한 온도보정을 해주어야 한다.

$$\therefore\ 1.46\times10^{-3}\ \frac{\mathrm{mL}}{\mathrm{m^3}}\times\frac{273+20}{273}=1.567\times10^{-3}\ \frac{\mathrm{mL}}{\mathrm{m^3}}$$

> 예3) 신차 제작 발표회에서 신차에서 배출되는 일산화탄소의 농도가 0.0335 %(V/V)이면 이는 몇 $\mathrm{mg/m^3}$인가?

풀이 상태에 대한 언급이 없음으로 표준상태를 사용하며 %를 ppm으로 단위변환 후 식에 적용한다.

$$0.0335\%\times\frac{10^4\ \mathrm{ppm}}{\%}=335\ \mathrm{ppm}$$

$$X\left[\frac{\mathrm{mg}}{\mathrm{m^3}}\right]=335\ \mathrm{ppm}\times\frac{28\ \dfrac{\mathrm{kg}}{\mathrm{kmol}}\times1\ \mathrm{atm}}{0.082\ \dfrac{\mathrm{atm\cdot m^3}}{\mathrm{kmol\cdot K}}\times(273+0)\ \mathrm{K}}=419\ \frac{\mathrm{mg}}{\mathrm{Nm^3}}=419\ \frac{\mathrm{mg}}{\mathrm{Sm^3}}$$

주) 답에서 부피 단위 앞에 N, S를 붙임으로 부피가 표준상태 하에 있음을 알 수 있다.

> 예4) 표준상태에서 아황산가스의 평균농도가 0.1 ppm이다. 이는 몇 $\mu\mathrm{g/m^3}$인가?

풀이

$$\left[\frac{\mathrm{mg}}{\mathrm{m^3}}\right]=0.1\ \mathrm{ppm}\times\frac{64\ \dfrac{\mathrm{kg}}{\mathrm{kmol}}\times1\ \mathrm{atm}}{0.082\ \dfrac{\mathrm{atm\cdot m^3}}{\mathrm{kmol\cdot K}}\times(273+0)\ \mathrm{K}}=0.286\ \frac{\mathrm{mg}}{\mathrm{Nm^3}}$$

$$\therefore\ 0.286\ \frac{\mathrm{mg}}{\mathrm{Nm^3}}\times\frac{1{,}000\ \mu\mathrm{g}}{\mathrm{mg}}=286\ \frac{\mu\mathrm{g}}{\mathrm{m^3}}$$

> 예5) 일산화탄소의 평균농도가 표준상태에서 250 $\mu\mathrm{g/m^3}$이었다면 이는 몇 ppm인가?

풀이

$$250\ \frac{\mu\mathrm{g}}{\mathrm{m^3}}\times\frac{\mathrm{mg}}{1{,}000\ \mu\mathrm{g}}\left[\frac{\mathrm{mg}}{\mathrm{m^3}}\right]=X\ \mathrm{ppm}\times\frac{28\ \dfrac{\mathrm{kg}}{\mathrm{kmol}}\times1\ \mathrm{atm}}{0.082\ \dfrac{\mathrm{atm\cdot m^3}}{\mathrm{kmol\cdot K}}\times(273+0)\ \mathrm{K}}$$

$$\therefore\ X=0.2\ \mathrm{ppm}\left(=0.2\ \frac{\mathrm{mL}}{\mathrm{Sm^3}}\right)$$

2. 유형 2

표준상태$\left[\dfrac{\mathrm{mg}}{\mathrm{m}^3}\right]$ → 실측상태[ppm] 또는 실측상태$\left[\dfrac{\mathrm{mg}}{\mathrm{m}^3}\right]$ → 표준상태[ppm]로 단위변환이다.

❶ 표준상태[mg/m³] → 실측상태[ppm]

1) 표준상태의 $\left[\dfrac{\mathrm{mg}}{\mathrm{Sm}^3}\right]$을 실측상태의 $\left[\dfrac{\mathrm{mg}}{\mathrm{am}^3}\right]$으로 온도와 압력을 보정
2) 실측상태조건에서 변환식을 이용함.

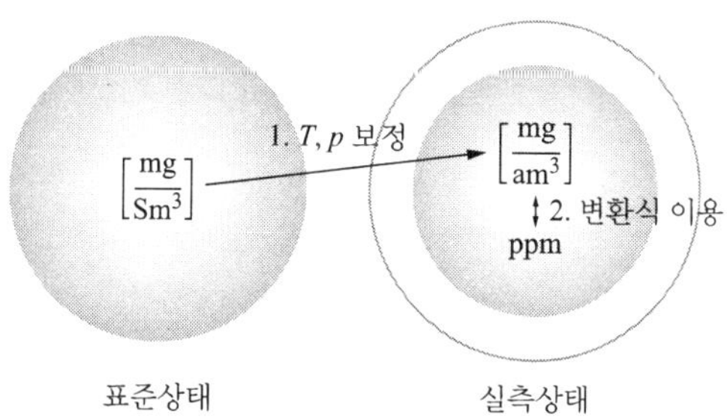

❷ 실측상태[mg/am³] → 표준상태[ppm]

1) 실측상태의 $\left[\dfrac{\mathrm{mg}}{\mathrm{am}^3}\right]$을 표준상태의 $\left[\dfrac{\mathrm{mg}}{\mathrm{Sm}^3}\right]$으로 온도와 압력을 보정
2) 표준상태조건에서 변환식을 이용함.

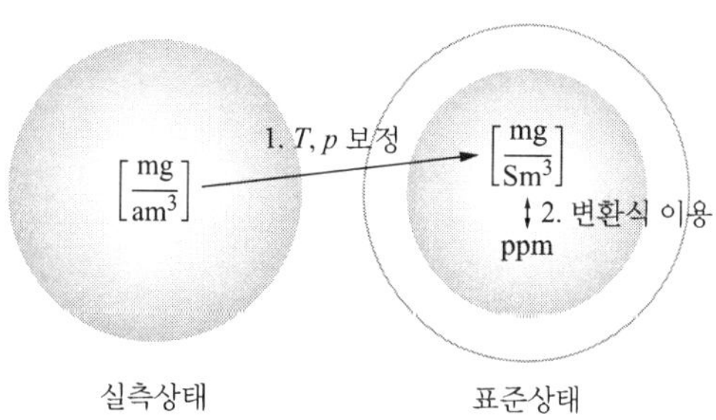

[개념문제] 유형 2

(표준상태에서 실측상태, 실측상태에서 표준상태로 mg/m^3 → ppm)

예1) 25℃, 750 mmHg에서 측정한 이산화질소의 농도가 4.76 mg/m^{3}이다. 이 농도를 표준상태의 ppm으로 환산하면 얼마인가?

풀이 1단계 : 온도와 압력 보정

- 부피를 보정할 경우

$$\frac{4.76\text{ mg}}{\text{am}^3 \times \left(\frac{275}{273+25}\right) \times \frac{750}{760}} = 5.27\ \frac{\text{mg}}{\text{Sm}^3}$$

- 농도를 보정할 경우

$$\frac{4.76\text{ mg}}{\text{am}^3} \times \left(\frac{273+25}{273}\right) \times \frac{760}{750} = 5.27\ \frac{\text{mg}}{\text{Sm}^3}$$

2단계 : $5.27\left[\frac{\text{mg}}{\text{m}^3}\right] = X\text{ppm} \times \frac{46\ \frac{\text{kg}}{\text{kmol}} \times 1\text{ atm}}{0.082\ \frac{\text{atm}\cdot\text{m}^3}{\text{kmol}\cdot\text{K}} \times (273+0)\text{ K}}$

$X = 2.56$ ppm at STP

익숙해지면 다음과 같이 풀 수 있다.

$$4.76\ \frac{\text{mg}}{\text{am}^3} \times \left(\frac{273+25}{273}\right) \times \left(\frac{760}{750}\right) = X\text{ppm} \times \frac{46\ \frac{\text{kg}}{\text{kmol}} \times 1\text{ atm}}{0.082\ \frac{\text{atm}\cdot\text{m}^3}{\text{kmol}\cdot\text{K}} \times (273+0)\text{ K}}$$

$X = 2.56$ ppm at STP

예2) 180℃, 0.8 atm에서 SO_2농도가 0.2 g/m^{3}이라면 표준상태에서는 몇 ppm인가?

풀이 1단계 : T, p 및 단위보정

$$0.2\ \frac{\text{g}}{\text{am}^3} \times \frac{1{,}000\text{ mg}}{\text{g}} \times \left(\frac{273+180}{273}\right) \times \left(\frac{760\text{ mmHg}}{0.8\text{ atm} \times \frac{760\text{ mmHg}}{\text{atm}}}\right)$$

$$= 414.8\ \frac{\text{mg}}{\text{Sm}^3}$$

2단계 : $414.8\left[\frac{\text{mg}}{\text{m}^3}\right] = X\text{ppm} \times \frac{64\ \frac{\text{kg}}{\text{kmol}} \times 1\text{ atm}}{0.082\ \frac{\text{atm}\cdot\text{m}^3}{\text{kmol}\cdot\text{K}} \times (273+0)\text{ K}}$

$X = 145 \text{ ppm} \quad \text{at STP}$

익숙해지면 다음과 같이 풀 수 있다.

$$0.2\,\frac{\text{g}}{\text{am}^3}\times\frac{1{,}000\text{ mg}}{\text{g}}\times\left(\frac{273+180}{273}\right)\times\left(\frac{760}{608}\right)$$

$$= X\text{ppm}\times\frac{64\,\frac{\text{kg}}{\text{kmol}}\times 1\text{ atm}}{0.082\,\frac{\text{atm}\cdot\text{m}^3}{\text{kmol}\cdot\text{K}}\times(273+0)\text{ K}}$$

$X = 145 \text{ ppm} \quad \text{at STP}$

주) 만약 위 문제에서 "180℃, 0.8 atm에서"의 조건이 빠진다면? 즉 문제가 "SO_2농도가 0.2 g/m^{3}이라면 표준상태에서는 몇 ppm인가?"

$$\left(0.2\,\frac{\text{g}}{\text{am}^3}\times\frac{1{,}000\text{ mg}}{\text{g}}\right) = X\text{ppm}\times\frac{64\,\frac{\text{kg}}{\text{kmol}}\times(1\text{ atm})}{0.082\,\frac{\text{atm}\cdot\text{m}^3}{\text{kmol}\cdot\text{K}}\times(273+0)\text{ K}}$$

$\therefore\ X = 70 \text{ ppm} \quad \text{at STP}$

예3) 표준상태에서 SO_2농도가 0.05 g/m^{3}이라면 80℃, 0.9 atm에서는 몇 ppm인가?

풀이 표준상태의 g/m^{3}을 실측상태의 ppm으로 단위변환하는 문제이다.

1단계 : 표준상태의 g/Sm^{3}을 실측상태의 mg/am^{3}으로 단위 및 부피를 보정한다.

$$0.05\,\frac{\text{g}}{\text{Sm}^3\times\left(\frac{273+80}{273}\right)\times\left(\frac{760}{684}\right)}\times\frac{1{,}000\text{ mg}}{\text{g}} = 34.8\,\frac{\text{mg}}{\text{am}^3}$$

주) 부피가 표준상태의 Sm^{3}에서 실측상태의 am^{3}으로 변함에 주의한다.

2단계 : 실측상태에서 mg/m^{3}과 ppm 변환식을 이용하여 다음과 같이 계산한다.

$$34.8\,\frac{\text{mg}}{\text{m}^3} = X\text{ppm}\times\frac{64\,\frac{\text{kg}}{\text{kmol}}\times(0.9\text{ atm})}{0.082\,\frac{\text{atm}\cdot\text{m}^3}{\text{kmol}\cdot\text{K}}\times(273+80)\text{ K}}$$

$$= 17.5\text{ ppm}$$

또는 1, 2단계를 합하여 다음과 같이 풀이할 수 있다.

$$\left(0.05\,\frac{\text{g}}{\text{Sm}^3\times\left(\frac{273+80}{273}\right)\times\left(\frac{760}{684}\right)}\times\frac{1{,}000\text{ mg}}{\text{g}}\right)$$

$$= X\text{ppm}\times\frac{64\,\frac{\text{kg}}{\text{kmol}}\times(0.9\text{ atm})}{0.082\,\frac{\text{atm}\cdot\text{m}^3}{\text{kmol}\cdot\text{K}}\times(273+80)\text{ K}}$$

$= 17.5 \text{ ppm}$

또 다른 일반적 풀이법은 다음과 같다.

$$0.05\ \frac{\text{g}}{\text{Sm}^3} \times \frac{22.4\ \text{SL}}{64\ \text{g}} \times \frac{1{,}000\ \text{SmL}}{\text{SL}} \times \left[\left(\frac{273+80}{273}\right) \times \frac{760}{684}\right] \times \left[\left(\frac{273}{273+80}\right) \times \frac{684}{760}\right]$$

$= 17.5 \text{ ppm}$

여기에서

① $0.05\ \frac{\text{g}}{\text{Sm}^3} \times \frac{22.4\ \text{SL}}{64\ \text{g}} \times \frac{1{,}000\ \text{SmL}}{\text{SL}}$ 항은 표준상태의 g/Sm^3을 표준상태의 SmL/Sm^3=ppm으로 단위전환하는 개념이다. 분자의 SmL는 표준상태에서 대기오염물질은 부피를 의미한다.

② $\left[\left(\frac{273+80}{273}\right) \times \frac{760}{684}\right]$ 항은 분자의 표준상태 SmL(표준상태)를 amL(실측상태)로 온도와 압력은 보정한 것이다.

③ $\left[\left(\frac{273}{273+80}\right) \times \frac{684}{760}\right]$ 항은 분모의 Sm^3을 am^3으로 부피보정한 것으로 분자항의 역수로 온도와 압력을 보정한다.

3. 유형 3

표준상태[ppm] → 실측상태$\left[\frac{\text{mg}}{\text{am}^3}\right]$ 또는 실측상태[ppm] → 표준상태$\left[\frac{\text{mg}}{\text{Sm}^3}\right]$로 단위변환이다.

❶ 표준상태[ppm] → 실측상태[mg/am^3]

1) 표준상태조건에서 ppm을 변환식을 이용하여 mg/Sm^3으로 변환식을 이용함.

2) 계산된 표준상태의 $\left[\frac{\text{mg}}{\text{Sm}^3}\right]$을 실측상태의 $\left[\frac{\text{mg}}{\text{am}^3}\right]$로 온도와 압력을 보정

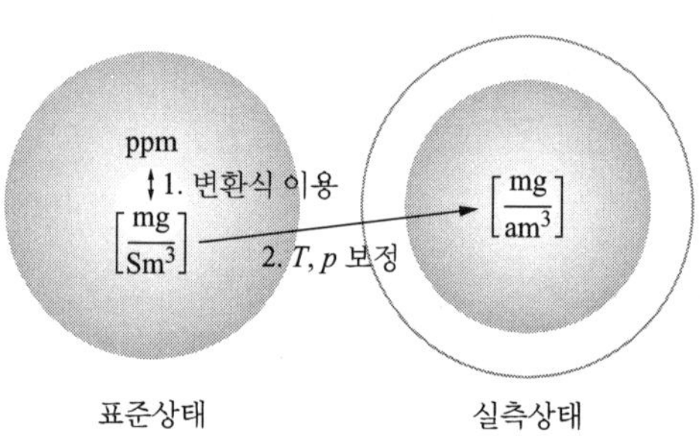

❷ **실측상태[ppm] → 표준상태[mg/Sm³]**

1) 실측상태조건에서 ppm을 변환식을 이용 $\left[\frac{mg}{am^3}\right]$으로 변환함.

2) 계산된 실측상태의 $\left[\frac{mg}{am^3}\right]$을 표준상태의 $\left[\frac{mg}{Sm^3}\right]$로 온도와 압력을 보정

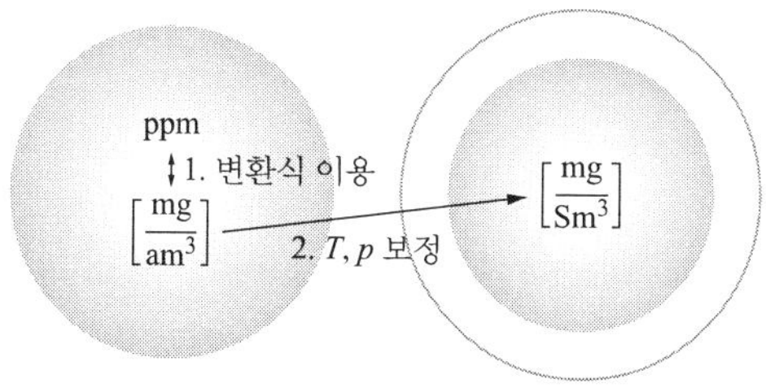

[개념문제] 유형 3

실측상태[ppm] → 표준상태[mg/Sm³]

예1) 25℃, 780 mmHg 상태하의 오존 농도를 측정한 결과 0.04 ppm이었다. 이것은 몇 mg/Nm³에 상당하는가?

풀이 1단계에서 mg/m³과 ppm 관련식을 이용하여 실측상태의 ppm(=amL/am³)을 실측상태의 mg/am³으로 단위변환을 한 후 mg/am³에서 분모의 am³을 표준상태의 Sm³으로 온도와 압력을 보정한다.

$$1\text{단계} : X\frac{mg}{am^3} = 0.04\ ppm \times \frac{48\dfrac{kg}{kmol}\times\left(780\ mmHg\times\dfrac{1\ atm}{760\ mmHg}\right)}{0.082\dfrac{atm\cdot m^3}{kmol\cdot K}\times(273+25)\ K}$$

$$\therefore\ X = 0.081\ \frac{mg}{am^3}$$

$$2\text{단계} : 0.08\ \frac{mg}{am^3}\times\left(\frac{273+25}{273}\right)\times\left(\frac{760}{780}\right) = 0.086\ \frac{mg}{Sm^3}$$

3.4.5 몰농도

몰농도(molarity)는 용액 1 L 속에 녹아 있는 용질의 몰수를 의미하며 M, mol/L로 표시한다(그림 3-9). 1몰(mol) = 원자나 분자 약 6.022×10^{23}개를 한 묶음으로 보는 하나의 단위로 예를 들어 설탕 분자 약 3.011×10^{23}개를 물에 녹여 1 L의 용액을 만들었다면 0.5몰의 설탕이 1 L의 용액에 녹아 있는 것이므로 0.5몰농도(M, 몰/L)의 설탕수 용액이 된다.

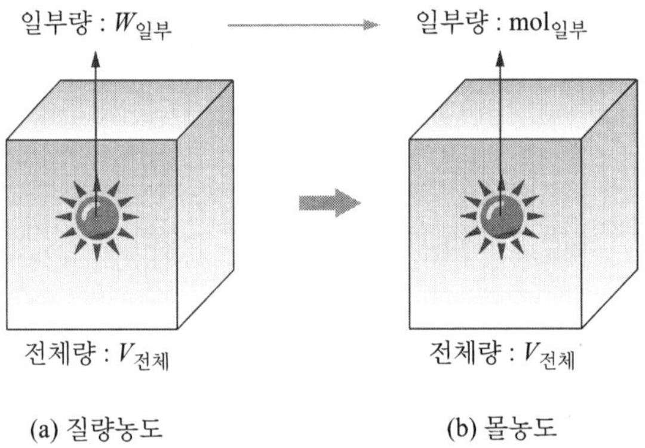

그림 3-9 질량농도와 몰농도의 관계

즉 몰농도는 질량농도에서 분자의 대상물질의 양을 mol로 단위변환한 농도이다.

$$몰농도 = M\left[\frac{\mathrm{mol}}{\mathrm{L}}\right] = \frac{대상물질의\ 몰수}{혼합물질의\ 부피} = \frac{용질}{용액}\left[\frac{\mathrm{mol}}{\mathrm{L}}\right]$$

용질 또는 대상물질의 몰수는 3.4.5절에서 설명하였듯이, 대상물질 또는 용질의 원자량 또는 분자량을 알면 쉽게 구할 수 있다. 즉,

$$용질의\ \mathrm{mol}수 = 용질의\ 질량(\mathrm{g}) \times \frac{1\ \mathrm{mol}}{분자량(\mathrm{g})}$$

의 관계를 가진다.

또한 용질의 질량은 용질의 부피와 다음과 같은 관계를 가진다.

$$용질의\ 질량(\mathrm{g}) = 용질의\ 부피(\mathrm{mL}) \times 비중 \times 물의\ 밀도(1\ \mathrm{g/mL}) \times 순도$$

이며 용액의 부피(L)는 용질의 부피(L)와 용매의 부피(L)의 합이 된다.

“용질의 질량(g) = 용질의 부피(mL) × 비중 × 물의 밀도(1 g/mL) × 순도”의 해석

이 식은 용질의 부피를 용질의 질량으로 단위변환하는 식이다.
밀도는 부피를 질량으로 질량을 부피로 단위변환할 수 있는 물리량이다. 즉 부피에 밀도를 곱하면 질량으로 바뀌게 된다. 대부분 밀도를 이용할 때 비중이 주어져 비중으로부터 밀도를 계산한다.

몰농도(mol/L)는 혼합물의 양을 부피로 표현하는데 혼합물의 양을 중량으로 표현 시 이를 몰랄농도(molality, m)라 부른다. 몰랄농도는 용액 1 kg당 용질의 몰수를 의미한다.

$$m\left[\frac{\text{mol}}{\text{kg}}\right] = \frac{\text{용질}}{\text{용액}}\left[\frac{\text{mol}}{\text{kg}}\right]$$

따라서 용액의 양(kg)은 용질의 양(kg)과 용매의 양(kg)의 합이 된다.

수소이온의 몰농도와 pH (potential of hydrogen)

pH는 수소이온의 농도를 나타내는 지수로서 수소이온농도의 역수의 상용대수로 정의되며 다음 식으로 나타낸다.

$$\text{pH} = \log\frac{1}{[\text{H}^+]} = 14 - \text{pOH}$$

여기서 $[\text{H}^+]$는 용액 중 수소이온의 몰농도(mol/L)이다.

[개념문제] 몰농도 Q&A

예1) 50℃의 순수한 물 1 L의 몰농도는 몇 mol/L인가? (단, 50℃ 물의 밀도는 0.988 g/mL)

풀이 50℃ 물의 밀도는 0.988 $\frac{\text{g}}{\text{mL}}$이므로 단위를 $\frac{\text{mol}}{\text{L}}$로 변환하면 된다.

$$0.988\ \frac{\text{g}}{\text{mL}} \times \frac{1{,}000\ \text{mL}}{\text{L}} \times \frac{\text{mol}}{18\ \text{g}} = 54.9\ \frac{\text{mol}}{\text{L}}$$

예2) 0.04 M NaOH용액의 농도는 몇 mg/L인가?

풀이 $0.04\ \frac{\text{mol}}{\text{L}}$의 단위를 $\frac{\text{mg}}{\text{L}}$로 변환하는 문제이다.

$$0.04\ \frac{\text{mol}}{\text{L}} \times \frac{(23+16+1)\ \text{g}}{\text{mol}} \times \frac{1{,}000\ \text{mg}}{\text{g}} = 1{,}600\ \frac{\text{mg}}{\text{L}}$$

예3) 0.002 M NaCl용액의 농도를 ppm으로 나타내면?

풀이 몰농도를 $\frac{\text{mg}}{\text{L}} = \text{ppm}$으로 단위변환 하는 문제

$$\therefore\ 0.002\ \text{M NaCl} = 0.002\ \frac{\text{mol}}{\text{L}} \times \frac{58.5\ \text{g}}{\text{mol}} \times \frac{1{,}000\ \text{mg}}{\text{g}} = 117\ \frac{\text{mg}}{\text{L}} = 117\ \text{ppm}$$

3.4.6 노르말농도

노르말농도(normality, eq/L)는 용액 1 L당 용질의 g당량수를 의미하며 규정농도라고도 하며 기호 N을 쓴다. g당량이란 당량(eq)에 그램을 붙인 양(1 g당량 = 1 gram equivalent)을 의미한다. 식으로 나타내면 다음과 같다.

$$N\left[\frac{\text{eq}}{\text{L}}\right] = \frac{\text{용질}}{\text{용액}}\left[\frac{\text{g당량수}}{\text{L}}\right]$$

여기에서, 용질의 당량수 = 용질의 질량(g) × $\frac{1\ \text{eq}}{\text{분자량(g)/가수}}$이며 가수는 산은 $[H^+]$의 수 또는 염기는 $[OH^-]$의 수를 의미한다.

당량(equivalent, eq)란?

당량은 수소 1원자량과 결합하고 있는 어떤 원소의 양을 의미하며 eq는 g당량을 의미하며 mg당량은 meq(milliequivalents)로 1 eq = 1,000 meq의 관계를 가진다. 산과 염기의 가수는 다음과 같이 나타낸다.

- 산의 1당량(eq) = $\frac{\text{분자량}}{\text{H의 수}}$,
- 염기의 1당량(eq) = $\frac{\text{분자량}}{\text{OH의 수}}$

가수	대표물질
1	H^+, K^+, Cl^-, F^-, OH^-, HCO_3^-, NaOH, HCl, $Na_2S_2O_3$
2	Ca^{2+}, Mg^{2+}, Sr^{2+}, SO_4^{2-}, O^{2-}, H_2SO_4, $Ca(OH)_2$
3	Al^{3+}, Cr^{3+}, PO_4^{3-}, H_3PO_4, $Al(OH)_3$
5	$KMnO_4$
6	$K_2Cr_2O_7$, KIO_3

노르말농도는 용액을 희석하거나 중화 시 많이 사용되는 농도이다. 진한 용액은 물을 가하여 묽은 용액으로 만들 수 있으며 이러한 과정을 희석(dilution)이라 한다. 용매인 물을 가할 경우 용액은 희석되어 묽게 되나 용액내의 용질의 몰수, 당량수, 질량은 변화하지 않는다. 용액을 희석 시 사용되는 식은 다음과 같다.

용액 중에 용질의 몰농도(M)를 사용 시 $M_1 V_1 = M_2 V_2$

용액 중에 용질의 노르말농도(N)를 사용 시 $N_1 V_1 = N_2 V_2$

용액 중에 용질의 농도백분율(%)을 사용 시 $\%_1 S_1 V_1 = \%_2 S_2 V_2$

여기에서 V는 용액의 체적이며 아래첨자 1은 희석 전, 2는 희석 후며 S는 용액의 비중을 의미한다.

또한 용액의 중화(neutralization)는 산과 염기의 반응에서 $[H^+]$의 몰수와 $[OH^-]$의 몰수를 같게 만드는 조작으로 산과 염기의 당량수를 동일하게 하여 pH를 7로 하는 일련의 화학적 조작으로 다음 식으로 나타낼 수 있다.

$$N_1 V_1 f_1 = N_2 V_2 f_2$$

여기에서 f는 용액의 팩터를 의미한다.

[개념문제] 노르말농도(규정농도)

Q&A

예1) NaOH 50 g을 증류수에 녹여 1.5 L로 하였을 때 규정농도는 몇 eq/L인가?

풀이 NaOH : OH수 1개, 분자량 40 ⇒ 1 eq = 40 g

$$\therefore \frac{50\ g}{1.5\ L} \times \frac{1\ eq}{40\ g} = 0.83\ \frac{eq}{L} = 0.83\ N$$

참고) 위 문제에서 몰농도를 구하면?

$$\therefore\ \frac{50\text{ g}}{1.5\text{ L}}\times\frac{1\text{ mol}}{40\text{ g}}=0.83\ \frac{\text{mol}}{\text{L}}=0.83\text{ M}$$

주의) 가수 1인 물질은 노르말농도와 몰농도의 값이 같다.

예2) Ca^{2+}가 80 mg/L일 때 몇 meq/L인가?

풀이 칼슘이온 1 eq = (40/2) g, 1 eq = 1,000 meq의 관계를 가진다.

$$\therefore\ 80\ \frac{\text{mg}}{\text{L}}\times\frac{\text{g}}{1{,}000\text{ mg}}\times\frac{1\text{ eq}}{20\text{ g}}\times\frac{1{,}000\text{ meq}}{1\text{ eq}}=4\ \frac{\text{meq}}{\text{L}}$$

예3) 0.1 N $KMnO_4$용액 2.5 L을 만들려면 $KMnO_4$ 몇 g이 필요한가?

풀이 과망간산칼륨의 분자량 158, 1 eq = (158/5) g

$$0.1\text{ N }KMnO_4=0.1\ \frac{\text{eq}}{\text{L}}\times\frac{\left(\frac{158}{5}\right)\text{g}}{\text{eq}}=3.16\ \frac{\text{g}}{\text{L}}$$

$$\therefore\ 3.16\ \frac{\text{g}}{\text{L}}\times 2.5\text{ L}=7.9\text{ g}$$

즉 1 L의 용액에 3.16 g을 넣으면 0.1 N $KMnO_4$가 되며 2.5 L용액에는 7.9 g을 넣으면 0.1 N $KMnO_4$용액이 된다.

예4) 0.03 N $KMnO_4$용액을 제조하기 위해 물 1 L당 몇 g의 $KMnO_4$가 필요한가?

풀이

$$\therefore\ 0.03\text{ N }KMnO_4=0.03\frac{\text{eq}}{\text{L}}\times\frac{\left(\frac{158}{5}\right)\text{g}}{1\text{ eq}}=0.948\ \frac{\text{g}}{\text{L}}$$

0.03 N $KMnO_4$용액을 제조하기 위해 물 1 L당 0.948 g의 과망간산칼륨이 필요하다.

예5) 비중이 1.83인 95.5% 황산을 사용하여 0.5 N H_2SO_4 1 L를 조제하려면 95.5% 황산 몇 mL가 필요한가?

풀이 0.5 N H_2SO_4 1 L를 조제에 필요한 황산의 양을 g으로 구한 후 밀도를 이용하여 mL로 단위변환한다. 황산의 가수 2로 1 eq = 49 g이 된다.

$$0.5\ \frac{\text{eq}}{\text{L}}\times 1\text{ L}=x\text{ mL}\times 0.955\times\frac{1.83\text{ g}}{\text{mL}}\times\frac{\text{eq}}{\left(\frac{98}{2}\right)\text{g}}$$

$$x = 14.01 \text{ mL}$$

예6) HCO_3^-의 농도가 2.2 meq/L일 때 이는 몇 ppm이 되는가?

풀이 노르말농도를 $\frac{\text{mg}}{\text{L}}$ = ppm 으로 단위변환 하는 문제

$$\therefore\ 2.2\ \frac{\text{meq}}{\text{L}} \times \frac{\text{eq}}{1{,}000\ \text{meq}} \times \frac{61\ \text{g}}{\text{eq}} \times \frac{1{,}000\ \text{mg}}{\text{g}} = 134.2\ \frac{\text{mg}}{\text{L}} = 134.2\ \text{ppm}$$

3.5 반응속도

3.5.1 반응속도의 개념

A물질과 B물질이 반응하여 C물질과 D물질을 생성한다면 다음과 같은 화학반응식으로 표현할 수 있다.

$$a\text{A} + b\text{B} \leftrightarrow c\text{C} + d\text{D}$$

여기서 a, b, c, d는 몰수이며 A와 B는 반응물, C와 D는 생성물이다.

두 물질의 화학반응을 위해서는 반응물질을 구성하는 입자 간의 충돌이 일어나야 한다. 반응 초기에는 반응물질 간의 충돌이 매우 많아 빠른 반응이 일어나지만, 반응시간이 경과할수록 반응물질의 양이 감소하므로 충돌횟수가 작아지게 된다.

반응속도는 단위시간 동안의 반응물질 또는 생성물질의 변화량을 의미하며 화학반응의 빠르기 정도를 나타낸다. 속도(v)는 시간(t)의 변화량에 대한 변위(l)의 변화를 의미하며 식으로 $v = \frac{dl}{dt}$로 쓸 수 있다. 이와 유사하게 시간(t)의 변화량에 대한 농도(C)의 변화량을 $v = \frac{dC}{dt}$로 표현할 수 있으며 이때의 속도를 반응속도라고 한다. 시간의 변화량을 dt로 표현하고 농도의 변화량을 dC로 표현하였는데 이는 시간과 농도의 미분화된 형태이다.

반응물과 생성물의 농도변화에 따른 식은 다음과 같다.

$$\text{반응속도}(v) = -\frac{\text{반응물의 농도변화}}{\text{반응시간}} = +\frac{\text{생성물의 농도변화}}{\text{반응시간}}$$

$$v = -\frac{d[\mathrm{A}]}{dt} = \frac{d[\mathrm{C}]}{dt} = k[\mathrm{A}]^x[\mathrm{B}]^y$$

여기에서 v는 반응속도, dt는 반응시간의 변화량, $d[\mathrm{A}]$는 반응물질의 농도 변화량으로 t시간 후 잔여하는 A물질의 농도이며, $d[\mathrm{C}]$는 t시간 후 생성되는 C의 농도를 의미하며 k는 반응속도상수이고 x, y는 반응차수로 실험적으로 구해진다.

특히 반응속도상수 k는 온도에 의존하며 아레니우스식 $k = A\exp\left(-\frac{E_a}{RT}\right)$에 따르며 여기에서 k : 반응속도상수, A : 빈도계수, T : 절대온도(K), R : 기체상수, E_a는 활성화에너지이다. 이 식에서 R값은 8.314 J/mol·K로 대기공학에서 사용하는 0.082 atm·m^3/kmol·K와 구별하여 사용해야 한다.

아레니우스식(Arrhenius' equation)

반응속도상수와 온도의 관계를 나타내는 실험식. 1889년 S. A. Arrhenius가 제출하였다. 반응속도상수 k는 기체상수를 R, 절대온도를 T라고 하면

$$k = A\exp^{\left(-\frac{E}{RT}\right)}$$

로 표시된다. 단, 상수 E 및 A는 겉보기의 활성화에너지 및 빈도 인자를 표시한다. 이 식은 이온반응 등의 일부의 고속도반응을 제외하고 균일 기체상 및 액체상 반응, 불균일 접촉반응, 고체상 반응 등의 일반 화학반응은 물론 확산 및 점성 등의 수송현상에도 널리 성립된다. R의 관측값의 로그를 취하고 이것을 $1/T$에 대하여 플롯하면 일반적으로 직선이 얻어진다. 이 직선의 기울기에서 E의 값, 또 직선이 세로축을 자른 자리에서 A의 값이 결정된다. 엄밀하게는 온도 범위가 넓으면 A와 E 모두 온도의 함수로 된다. 각 온도에서 E의 값은

$$E = RT^2\left(\frac{d\ln k}{dT}\right)$$

으로 정의된다. 그리하여 결정된 전 반응에 대한 활성화에너지는 그 반응의 속도 결정 단계로 되는 기본 반응의 활성화에너지와 반드시 일치되는 것은 아니다. 기본 반응에 대한 E 및 A의 상세한 내용은 절대반응속도이론으로 주어지고 있다.

아레니우스식[Arrhenius' equation, Arrheniussche Gleichung] (출처: 화학대사전, 2001.5.20., 세화)

3.5.2 반응속도 계산

반응속도 기본식은

$$\frac{dC}{dt} = -k \cdot C^n$$

여기서 k는 반응속도상수, n은 반응차수(0차, 1차, 2차), C는 반응물의 농도를 의미한다. 특히 반응속도상수(k)는 반응차수에 따라 단위가 달라지므로 이 점에 주의해야 한다.

- 0차 반응은 반응속도가 반응물의 농도에 영향을 받지 않는 반응
- 1차 반응은 반응속도가 반응물의 농도에 비례하는 반응
- 2차 반응은 반응속도가 반응물의 농도의 제곱에 비례하는 반응

반응속도식과 관련하여 반응차수별 식을 적분화하면 다음과 같다.

1. 0차 반응 : $\frac{dC}{dt} = -k \cdot C^0 \Rightarrow \frac{dC}{dt} = -k$

이를 $t=0$에서 $t=t$까지 $C=C_o$에서 $C=C_t$에서 정적분하면 다음과 같다.

$$\int_{C_o}^{C_t} dC = -k\int_0^t dt$$

$$C_t - C_o = -k \cdot t$$

$$\therefore\ C_t = -k \cdot t + C_o$$

여기서, C_t는 t시간 후 남은 반응물의 농도, k는 0차 반응의 속도상수(mol/L · hr), C_o는 초기($t=0$) 반응물의 농도이다.

2. 1차 반응 : $\frac{dC}{dt} = -k \cdot C^1 \Rightarrow \frac{dC}{dt} = -k \cdot C$

이를 $t=0$에서 $t=t$까지 $C=C_o$에서 $C=C_t$까지 정적분하면 다음과 같다.

$$\int_{C_o}^{C_t} \frac{dC}{C} = -k\int_0^t dt$$

$$\ln C_t - \ln C_o = -k \cdot t$$

$$\ln\left(\frac{C_t}{C_o}\right) = -k \cdot t$$

$$\therefore \ C_t = C_o \cdot e^{-kt}$$

여기서, C_t는 t시간 후 남은 반응물의 농도, k는 1차 반응의 속도상수(1/hr), C_o는 초기($t=0$) 반응물의 농도이다.

3. 2차 반응 : $\dfrac{dC}{dt} = -k \cdot C^2$

이를 $t=0$에서 $t=t$까지 $C=C_o$에서 $C=C_t$까지 정적분하면 다음과 같다.

$$\int_{C_o}^{C_t} \frac{dC}{C^2} = -k\int_0^t dt$$

$$-\frac{1}{C_t} - \left(-\frac{1}{C_o}\right) = -kt$$

$$\therefore \ \frac{1}{C_t} - \frac{1}{C_o} = k \cdot t$$

여기서, C_t는 t시간 후 남은 반응물의 농도, k는 2차 반응의 속도상수(L/mol·hr), C_o는 초기($t=0$) 반응물의 농도이다.

반응차수	기본식	t시간 후 농도	k의 단위
0차 반응	$\frac{dC}{dt} = -k$	$C_t = -k \cdot t + C_o$	[mol/L·hr]
1차 반응	$\frac{dC}{dt} = -k \cdot C$	$C_t = C_o \cdot e^{-kt}$	[1/hr]
2차 반응	$\frac{dC}{dt} = -k \cdot C^2$	$\frac{1}{C_t} - \frac{1}{C_o} = k \cdot t$	[L/mol·hr]

[개념문제] 반응속도 계산

Q&A

예1) 1,000초 동안 반응물의 $\frac{1}{2}$이 분해되었다면 반응물이 $\frac{1}{10}$이 남을 때까지는 얼마의 시간(sec)이 필요한가? (단, 1차 반응 기준)

풀이 이 문제를 풀기 위해선 주어진 조건을 해석하여 두 가지의 절차로 풀면 된다.
주어진 조건

① $t=1{,}000$초 동안 반응물의 $\frac{1}{2}$이 분해 : 이 조건에서 반응물이 $\frac{1}{2}$이 되었다는 것으로 $C_t=\frac{1}{2}C_o$임을 의미한다. 따라서 $\ln\left(\frac{0.5C_o}{C_o}\right)=-k\times 1{,}000$를 통해 k값을 구한다. 따라서 k값은 $6.93\times 10^{-4}\left(\frac{1}{\text{sec}}\right)$이다.

② 반응물이 $\frac{1}{10}$ 남을 때까지의 조건은 $C_t=0.1C_o$임을 의미한다.

따라서 $\ln\left(\frac{0.1C_o}{C_o}\right)=-6.93\times 10^{-4}\left(\frac{1}{\text{sec}}\right)\times t$로

$\therefore\ t=3{,}322.6\ \text{sec}$

예2) 어떤 1차 반응에서 반감기가 10분이었다. 반응물이 $\frac{1}{10}$ 농도로 감소할 때까지는 얼마의 시간이 걸리겠는가?

풀이 $\ln\left(\frac{C_t}{C_o}\right)=-k\cdot t$

$\ln 0.5=-k\times 10\ \text{min}$

$k=0.0693\ \frac{1}{\text{min}}$

$\ln\left(\frac{1}{10}\right)=-0.0693\ \frac{1}{\text{min}}\times t$

$\therefore\ t=33.23\ \text{min}$

예3) 어떤 화학과정에서 반응물질이 25% 분해하는데 41.3분 걸린다는 것을 알았다. 이 반응이 1차라고 가정할 때 속도상수 k는?

풀이 $\ln\left(\frac{C_t}{C_o}\right)=-k\cdot t$

25% 분해 → 남은 물질은 75%

$\ln(0.75) = -k \cdot 41.3\,\text{min}$

$k = 6.96566 \times 10^{-3} \dfrac{1}{\text{min}} \times \dfrac{1\,\text{min}}{60\,\text{sec}}$

$\therefore\ k = 1.161 \times 10^{-4} \dfrac{1}{\text{sec}}$

예4) 창고에 화재가 발생하여 적재된 A화합물이 5분 동안에 $\frac{1}{2}$이 손실되었다. 이 A화합물의 90%가 손실되는데 걸리는 시간은? (단, 연소반응은 2차 반응으로 진행된다.)

풀이 2차 반응속도 식을 이용하여 풀이한다.

$\dfrac{1}{C_2} - \dfrac{1}{C_1} = k \cdot t$

$\dfrac{1}{50} - \dfrac{1}{100} = k \times 5\,\text{min}$

$k = 0.002 \dfrac{1}{\text{min}}$

$\dfrac{1}{10} - \dfrac{1}{100} = 0.002 \dfrac{1}{\text{min}} \cdot t$

$t = 45\,\text{min}$

예5) 어떤 2차 반응에서 반응물질의 농도를 같게 했을 때 그 10%가 반응하는데 250초 걸렸다면 90% 반응하는 데는 몇 초 걸리는가?

풀이

$\dfrac{1}{C_2} - \dfrac{1}{C_1} = k \cdot t$

$\dfrac{1}{90} - \dfrac{1}{100} = k \cdot 250\,\text{sec}$

$k = 4.444 \times 10^{-6} \dfrac{1}{\text{sec}}$

$\dfrac{1}{10} - \dfrac{1}{100} = 4.444 \times 10^{-6} \dfrac{1}{\text{sec}} \times t$

$\therefore\ t = 20{,}250.2\,\text{sec}$

환경학에서 쓰이는 미적분

미분(differential)이란 어떠한 것의 아주 작은 부분으로 d라는 기호를 사용하며 dx라 하면 x의 아주 작은 부분을 의미한다. 반면에 적분(integral calculus)이란 어떠한 것의 합으로 적분 기호는 $\int$ 쓴다. 어떠한 것을 적분하라고 할 때에는 기호 $\int dx$를 사용하며 x의 아주 작은 부분을 모두 합한 것이라는 의미를 갖는다.

- **미분**(d) :어떠한 것의 아주 작은 부분
- **적분**($\int$) : 어떠한 것의 합
- **미분에서 적분하기**($\int dx$) : x의 아주 작은 부분을 모두 합한 것

예를 들어 1시간을 3600초로 나눈다면 1초는 미분된 양으로 가장 작은 부분을 의미하여 1시간을 적분, 즉 3600개로 미분화된 시간을 전부 합치면 적분된 양이 1시간이 된다.

미분이 가능한 양은 변수(variable)이며 상수(constant)는 미분화 할 수 없다. 예를 들어 시간(t)의 변화에 따라 농도(C)가 변화한다면 두 변수 간의 관계는

$$C = kt \qquad (k\ :\ \text{비례상수},\ C\text{와 } t\text{는 변수임})$$

관계로 쓸 수 있으며 이를 미분화하면 $dC = kdt$로 쓸 수 있으며 일반식은 $y = ax$이다. y는 종속변수로 함수에 있어 변화하는 다른 변수의 값에 따라 종속적으로 변화하며 x는 종속변수와 관련 없이 단독으로 결정된다.

화학이나 환경학에서 보는 시간의 변화에 따른 농도의 변화 크게 3가지로 0차 반응, 1차 반응, 2차 반응으로 나눈다.

반응속도와 관련된 미분식은

- 시간과 농도의 미분식 $dt,\ dC$
- 1차 반응식에서 $\dfrac{dC}{C}$
- 2차 반응식에서 $\dfrac{dC}{C^2}$

꼴을 볼 수 있다.

- dx꼴의 적분 : $dC,\ dt$
  - 부정적분 : $\int dx = x + C$ (C : 적분상수)
  - 정적분 : $\int_a^b dx = b - a$ (구간이 a부터 b까지)

- $\frac{dx}{x}$꼴의 적분 : $\frac{dC}{C}$의 적분
  - 부정적분 : $\int \frac{dx}{x} = \ln(x) + C$ (C : 적분상수)
  - 정적분 : $\int_a^b dx = \ln b - \ln a = \ln\left(\frac{b}{a}\right)$ (구간이 a부터 b까지)

- $x^m dx$(단, $m \neq -1$)꼴의 적분 : $\frac{dC}{C^2}$의 적분
  - 부정적분 : $\int x^m dx = \frac{x^{m+1}}{m+1} + C$ (단, $m \neq -1$) (C : 적분상수)
  - 정적분 : $\int_a^b x^m dx = \left[\frac{b^{m+1}}{m+1}\right] - \left[\frac{a^{m+1}}{m+1}\right]$ (단, $m \neq -1$) (구간이 a부터 b까지)

Chapter

4

유체정역학

4.1 정지유체의 기본 성질

정지유체는 유체요소 상호 간 상대운동 없이 정지된 상태에 있는 유체 내의 힘의 평형을 다루며 이에 작용하는 힘은 압력과 중력이다. 정지유체의 기본 성질을 정리하면 그림 4-1과 같다.

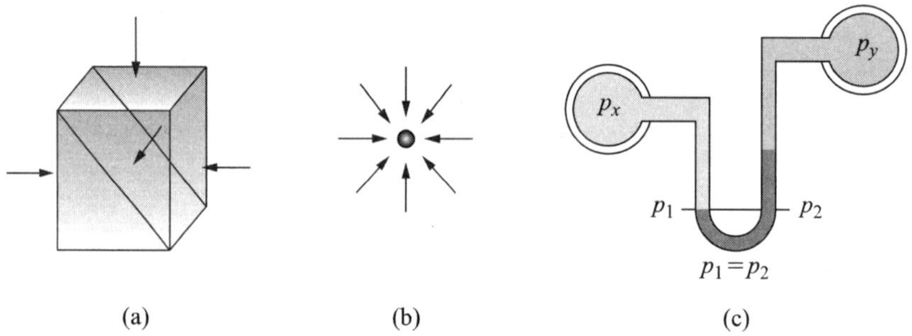

(a) 압력은 모든 면에서 수직으로 작용한다.
(b) 임의의 한 점에 작용하는 압력은 모든 방향에서 그 크기가 같다.
(c) 동일 수평면상에 있는 임의의 두 점에서의 압력은 그 크기가 같다.

그림 4-1 정지유체의 기본 성질

유체 내 힘의 평형 또는 압력을 해석하기 위해선 그림 4-2와 같은 미소체적의 개념이 필요하다. 관심 대상의 유체 체적을 V라 하고 미분화하면 dV가 되며 이를 미소체적이라 부른다. 향후 유체의 특성을 해석할 때 미소체적을 사용하기로 한다. 즉 x, y, z를 가진 체적이 있다면 이를 미분화할 경우 dx, dy, dz가 되므로 $dV = dx\,dy\,dz$가 된다.

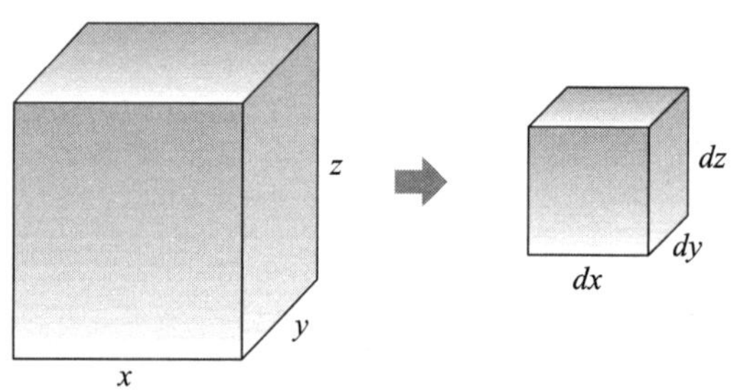

그림 4-2 미소체적(dV)의 개념

정지유체에서 미소체적 dV에 작용하는 압력은 모든 면에서 수직으로 작용하며 임의의 한 점에 작용하는 압력은 모든 방향에서 그 크기가 같다. 이를 그림 4-3에 나타내었다. 즉

$$p_x = p_y = p_z = p_s$$

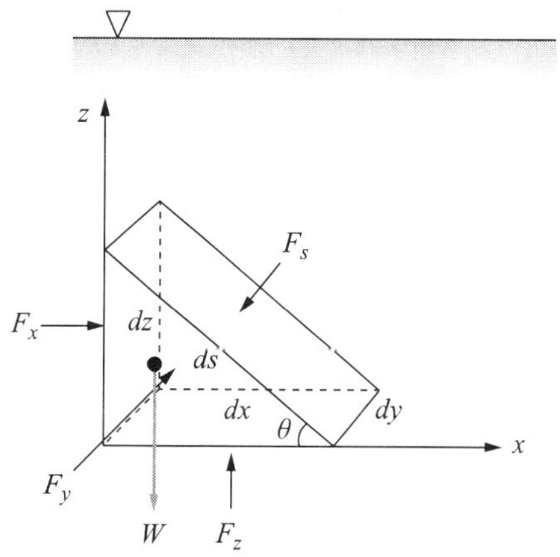

그림 4-3 한 전에 작용하는 힘과 압력

이를 증명하기 위해 미소체적 dV의 x, y, z방향으로 작용하는 힘을 F_x, F_y, F_z라고 하고 s방향의 힘을 F_s로 임의각 θ를 고려하여 x방향과 z방향의 힘의 균형식을 세우면 다음과 같다.

x축, y축, s축에 작용하는 힘은 각 방향의 면적에 수직방향으로 작용하는 표면력이며 z축에서는 표면력과 중력(W)인 체적력이 작용한다.

x방향에 대한 힘의 평형방정식은

$$\sum F_x = p_x dxdz - p_s dyds\sin\theta = 0$$

$ds \cdot \sin\theta = dz$이므로

$$p_x dxdz - p_s dydz = 0$$

$$p_x dxdz = p_s dydz$$

$$\therefore\ p_x = p_s$$

z방향에 대한 힘의 평형방정식은

$$\sum F_z = p_z dxdy - p_s dsdy\cos\theta - \frac{1}{2}\gamma dxdydv = 0$$

$ds \cdot \cos\theta = dx$이고 체적력이 미소체적으로 아주 작은 값으로 무시하면

$$p_z dxdy - p_s dxdy = 0$$

$$\therefore\ p_z = p_s$$

x와 s 및 z방향을 고려 시 $p_x = p_s = p_z$로 정지유체 속의 한 점에 작용하는 압력은 모든 방향에서 같음을 나타낸다.

또한 그림 4-4에서 밀폐된 공간에 채워진 유체에 힘을 가하면 내부로 전달된 압력은 밀폐된 공간의 각 면에 동일한 압력으로 작용하며, 이는 1653년 파스칼이 정리한 원리이다.

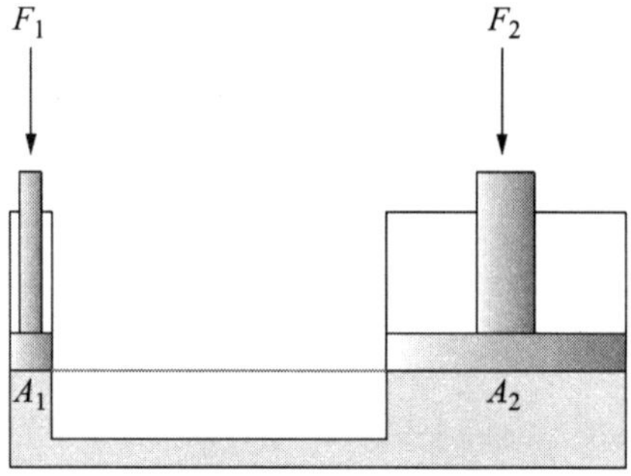

그림 4-4 파스칼의 원리

단면적 A_1인 피스톤에 F_1의 힘을 가하면 가해진 압력은 유체를 통해 단면적이 A_2인 피스톤에 힘(F_2)이 전달된다. 이를 식으로 나타내면

$$p_1 = p_2 \ \rightarrow\ \frac{F_1}{A_1} = \frac{F_2}{A_2} \ \rightarrow\ F_2 = F_1\frac{A_2}{A_1}$$

이는 1번 지점에서 좁은 면적에 작은 힘을 가하더라도 유체를 통해 힘이 전달되는 2번 지점의 단면적을 넓히면 큰 힘으로 작용할 수 있음을 나타낸다. 일반적으로 기압계 및 유압식 브레이크, 유압식 승강기 등에 사용된다.

[개념문제] **파스칼의 원리**

Q&A

예1) 피스톤 A_2의 면적이 A_1의 면적의 5배라면 힘 F_1과 F_2의 관계는?

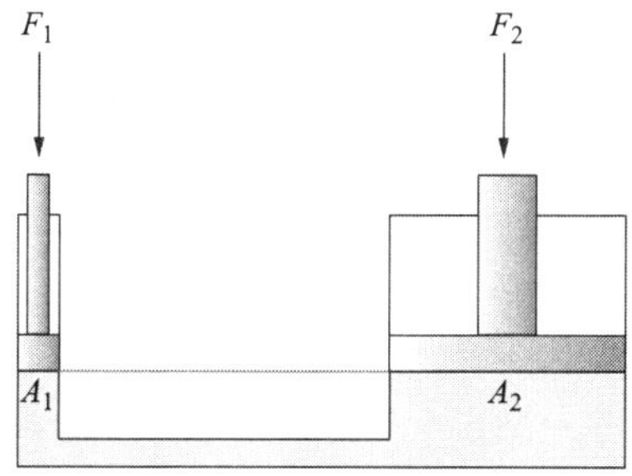

풀이

$$p_1 = p_2 \quad \rightarrow \quad \frac{F_1}{A_1} = \frac{F_2}{A_2} \quad \rightarrow \quad F_2 = F_1 \frac{A_2}{A_1}$$

$A_2 = 5A_1$이므로

$$F_2 = F_1 \frac{A_2}{A_1} = F_1 \frac{5A_1}{A_1} = 5F_1$$

$$\therefore \ F_2 = 5F_1$$

4.2 정지유체에 작용하는 힘과 압력

정지유체에 관여되는 힘은 표면력과 체적력으로 나눌 수 있다.

표면력(surface force)은 면적(A)과 관련된 힘으로 유체와 주변이 분리되는 경계면을 가로질러 작용하는 힘으로 유체요소의 표면에 수직으로 작용하거나 접선방향으로 작용한다.

기초 물리량에서 정의가 되었듯이 힘이 표면에 수직적으로 작용하면 압력(p)이 되며 접선방향으로 작용하면 전단응력(shear stress) 또는 전단력(shear force)이 된다. 정지유체에서는 유체의 상대적 운동이 없으므로 점성에 의한 전단력은 존재하지 않는다. 전단력은 5.1.2절에서 다룬다. 따라서 정지유체에 작용하는 힘은 표면력으로 압력과 중력에 의한 체적력만 존재한다.

이를 식으로 표현하면 다음과 같다.

정지유체에 작용하는 표면력은 압력 형태로 다음 식으로 표현할 수 있다.

$$p = \frac{F}{A} \quad \rightarrow \quad F = pA$$

체적력은 중력에 의한 부피(V)와 관련된 힘으로 유체에 가해지는 힘을 의미하며 다음과 같은 관계식으로 표현할 수 있다.

$$F = mg$$

$$\Downarrow \quad \rho = \frac{m}{V} \quad \rightarrow \quad m = \rho V$$

$$F = \rho V g$$

$$\Downarrow \quad \gamma = \rho g$$

$$F = \gamma V$$

유체정역학과 관련된 힘

- 표면력 : $F = pA$
- 체적력 : $F = \rho V g = \gamma V$

표면력과 관련된 힘인 압력은 단위면적을 누르는 힘으로 대기압, 계기압력, 절대압력으로 나눌 수 있다.

4.2.1 압력의 종류

지구표면은 대기로 둘러싸여 있으며 이 대기에 중력가속도가 작용하고 중력가속도에 의해 지구에 미치는 힘에 의해 생긴 압력을 대기압력(atmospheric pressure)이라 하며 atm으로 표시한다. 대기압은 지구를 둘러싸고 있는 공기에 의해 누르는 압력으로 기압계로 측정한 압력을 의미한다.

- 국소대기압은 지구의 위도에 따라 변화하는 대기압,
- 표준대기압은 지구 전체의 국소대기압을 평균한 값이다.

대기압은 1643년 토리첼리의 실험에 의해 측정되었다. 그림 4-5에서 토리첼리의 실험은 한쪽이 막힌 1 m 길이의 유리관내에 수은을 가득 채우고 수은을 넣은 용기에 연직으로 세우면 유리관속의 수은이 내려와 일정높이에서 멈추게 된다. 이때 유리관내에 위쪽은 진공상태가 되고 용기의 수은표면과 유리관내의 수은주 높이는 약 76 cm가 된다. 즉 대기가 높이 76 cm의 수은주에 미치는 압력과 같은 압력이 유리관 속의 수은표면에 미치고 있음을 알아내었다. 이 원리에 의해 대기압을 측정하는 기기를 기압계라고 한다. 수은주의 높이가 1 mm인 압력을 1토르(torr)라고 부르며 대기압은 수은주의 높이가 760 mm이므로 760 torr가 된다. 즉 수은주의 높이 1 mmHg는 torr, mb, hPa와 다음과 같은 관계를 가진다.

$$1\ \text{mmHg} = 1\ \text{torr} = 1.33\ \text{mb} = 1.33\ \text{hPa}$$

$$760\ \text{mmHg} = 10{,}332\ \text{mmH}_2\text{O}$$

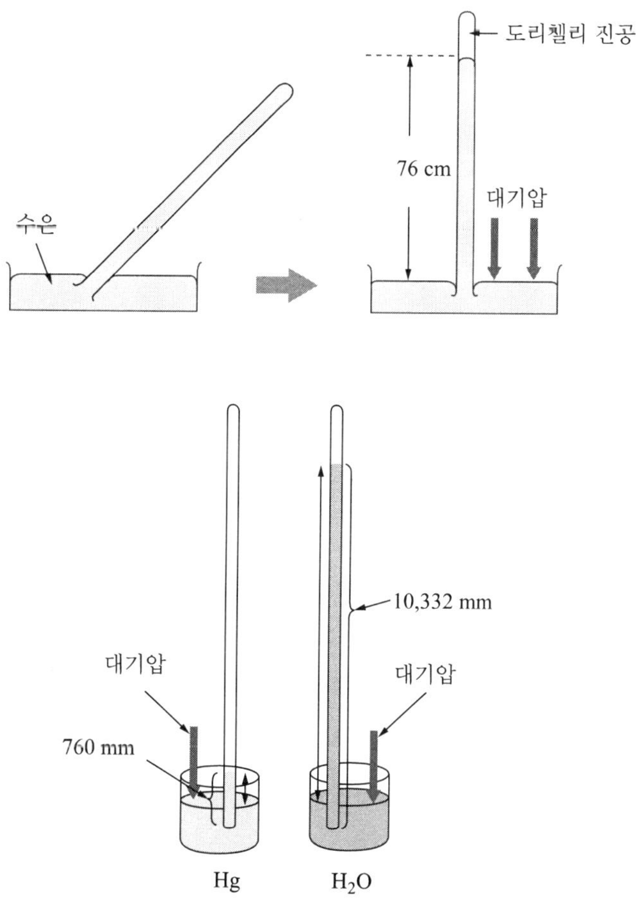

그림 4-5 토리첼리의 수은의 높이와 물의 높이

토리첼리의 실험을 통해 압력은 유체표면으로부터 길이 h에 의존함을 알 수 있다. 압력과 높이의 관계는 다음과 같다.

압력(p)과 높이(h)의 관계식은

$$F = \gamma A h \quad \Rightarrow \quad \frac{F}{A} = \gamma h = p \quad \Rightarrow \quad h = \frac{p}{\gamma}$$

의 관계를 가진다. 즉, $p = \gamma h$이고

$$h = \frac{p}{\gamma} = \frac{\left[\dfrac{\mathrm{kg_f}}{\mathrm{m^2}}\right]}{\left[\dfrac{\mathrm{kg_f}}{\mathrm{m^3}}\right]} = [\mathrm{m}]$$

로 압력을 길이의 단위로 나타낼 수 있으며 이를 두(head)라고 한다. 만약 유체가 물(A)과 수은(B)으로 달라지게 되면 h값도 달라지게 된다. 유체가 달라질 경우 다음과 같은 관계를 가진다.

A유체가 가지는 압력과 높이의 관계는

$$p_A = \gamma h_A = \rho_A g h_A$$

B유체가 가지는 압력과 높이의 관계는

$$p_B = \gamma h_B = \rho_B g h_B$$

g가 상수이면

$$\text{압력 } p_A = p_B \quad \Rightarrow \quad \rho_A h_A = \rho_B h_B$$

따라서 유체의 밀도를 알면 높이 간의 차이를 계산할 수 있다.

[개념문제] 압력 - 물기둥의 높이 환산

Q&A

예1) 1 atm은 760 mmHg이다. 이를 물기둥의 높이로 환산하시오. (단, 수은의 밀도는 $\rho_{Hg} = 13.6\ \mathrm{g/cm^3}$)

풀이 주어진 조건에서 수은의 밀도는 $\rho_{Hg} = 13.6\ \dfrac{\mathrm{g}}{\mathrm{cm^3}}$이며 이 때 수은의 높이는 760 mm이다.

또한 물의 밀도는 $\rho_{H_2O} = 1\ \dfrac{g}{cm^3}$이므로

$$\rho_A h_A = \rho_B h_B$$

$$13.6\ \frac{g}{cm^3} \times 760\ mm = 1\ \frac{g}{cm^3} \times h$$

$$h = 10{,}336\ mm$$

즉 대기압은 수은주의 높이로는 760 mm이지만 물의 높이로는 10,336 mm가 된다.

대기압은 고도에 따라 달라지며 이는 공기의 무게 때문이며 압축성유체의 기본방정식에서 다루도록 하겠다. 물과 같이 밀도가 큰 유체는 유체의 내부 압력은 높이 또는 유체 표면으로부터의 깊이에 따라 달라지게 된다.

그림 4-6에서 수중에 잠겨있는 단위면적 A에 작용하여 힘에 대해 살펴보면 단위면적 A에 작용하는 힘은 대기가 누르는 힘과 깊이 h의 물이 누르는 힘의 합이다.

이를 식으로 표현하면

$$F = F_{대기} + F_{물}$$

힘은 크게 두 가지 형태로 표현할 수 있다.

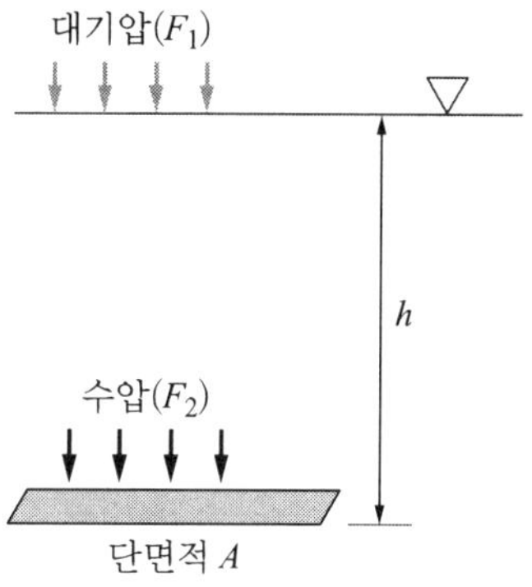

그림 4-6 수중 내 단면적 A에 작용하는 압력과 힘

뉴턴의 제2법칙을 이용하여 $F = ma$로부터 $F = mg$

$$F = mg = \rho V g = \gamma A h$$

압력을 이용한 힘 $p = \dfrac{F}{A} \rightarrow F = pA$

$$F = p_a A + \gamma A h$$

양변을 단면적 A로 나누면

$$\frac{F}{A} = p_a + \gamma h$$

$$\downarrow \quad \downarrow \quad \downarrow$$

$$p = p_a + p_{gage}$$

$$p_{abs} = p_a + p_{gage}$$

즉 수중의 단면적 A에 작용하는 압력은 대기압과 계기압력의 합으로 p_{abs}이며 absolute pressure로 절대압력이라고 하며, 대기압은 p_a로 atmospheric pressure, 계기압력은 p_{gage}로 gage pressure를 의미한다. 이때 대기압은 국소대기압을 의미하며 게이지압력(계기압력)은 국소대기압을 기준으로 하여 측정한 압력 또는 압력계로 측정한 압력으로 대기압은 계기압력으로 0이 된다. 또한 국소대기압보다 낮은 압력을 진공압(부압)이라 한다.

국소대기압, 표준대기압, 계기압력 및 절대압력의 관계는 그림 4-7과 같다.

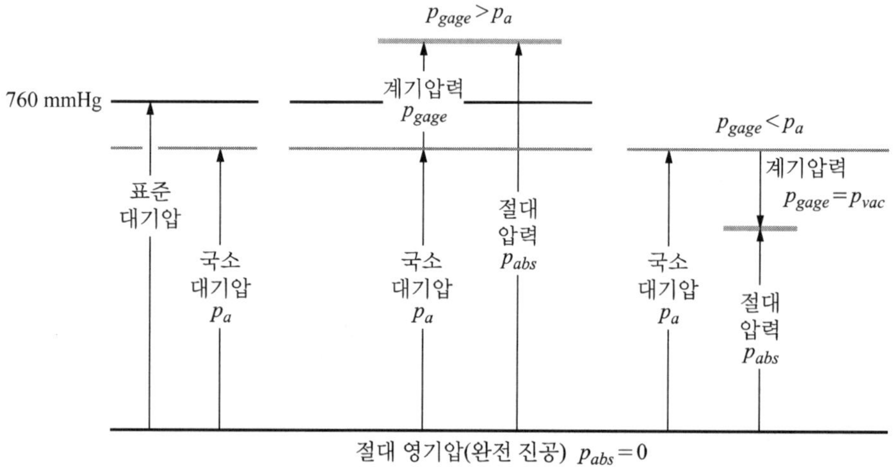

그림 4-7 표준대기압, 국소대기압(p_a), 계기압력(p_{gage}) 및 절대압력(p_{abs})의 관계

절대압력은 계기압력이 국소대기압보다 높고 낮음에 따라 두 가지 식으로 나타낼 수 있다.

$$\text{절대압력} = \text{국소대기압} + \text{계기압력}$$

만약 계기압력이 부압 즉 진공 시에는

$$\text{절대압력} = \text{국소대기압} - \text{계기압력}$$

의 관계를 가진다.

4.2.2 압력의 측정

압력을 측정하는 장치로는 대기압을 측정하는 수은기압계, 아네로이드기압계가 있으며 압력의 차이를 측정하는 부르동 압력계, 계기압력을 측정하는 액주계(manometer)로 나눌 수 있다.

1. 기압계

수은기압계(mercury barometer)는 토리첼리의 원리를 이용하여 대기압을 측정하는 기구로 프랑스의 포르탕이 만들어 포르탕 수은기압계라고도 불리운다. 수은기압계는 수은조, 부착온도계, 기압눈금 및 부척으로 이루어져 있으며 기압 눈금은 mmHg 또는 mb 단위로 되어 있다. 기압은 유리관내의 수은주의 높이로 측정한다.

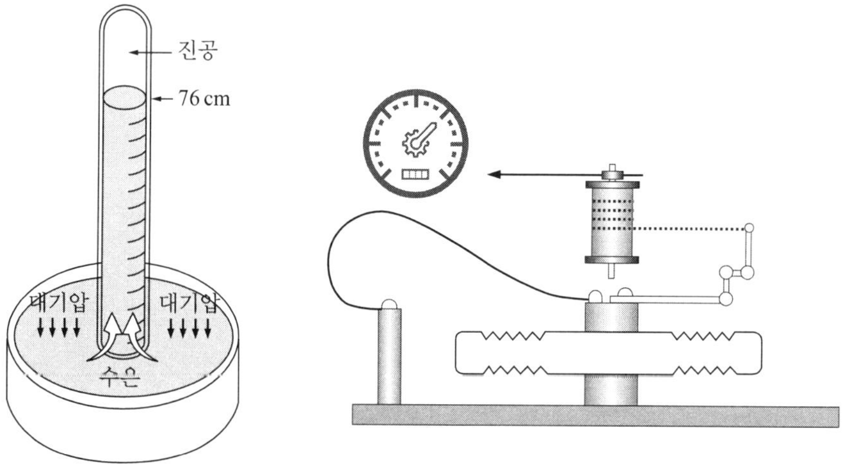

(a) 수은기압계 (b) 아네로이드기압계

그림 4-8 수은기압계와 아네로이드기압계

아네로이드기압계(aneroid barometer)는 수은과 같은 액체를 사용하지 않고 얇은 금속동판(공합) 2장을 대칭한 구조로 스프링을 넣어 대기의 압력과 평형을 이룬 구조이다. 기압이 변화하면 수축과 팽창에 의해 공합의 두께가 변하며 이를 이용하여 기압을 측정한다. 수은기압계에 비해 정밀도는 낮으나 소형이고 운반이 편리하기 때문에 선박 등에서 주로 사용한다. 그림 4-8에 수은기압계와 아네로이드기압계를 나타내었다.

2. 부르동 압력계(Bourdon pressure gauge)

부르동관 압력계는 부르동관이란 속이 빈 활 모양의 관으로 동 또는 황동제로 만들어 한쪽 끝은 고정하고 다른 쪽 끝은 폐쇄하여 압력이 가해지면 부르동관이 변형된 수치를 눈금판 위의 침으로 전달하는 압력계이다(그림 4-9). 관로나 탱크 또는 용기에 직접 설치할 수 있는 압력계로 보일러, 엔진, 펌프, 배관계, 증기, 가스, 액체의 압력표시에 널리 사용된다.

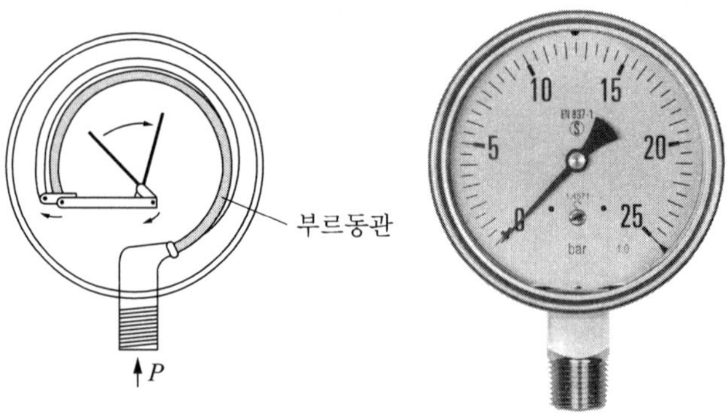

그림 4-9 부르동 압력계

3. 액주계(manometer)

유체의 압력을 측정하는 기기의 총칭으로 U형 튜브에 수은, 또는 물을 채워 그 튜브 내 상승하는 액체의 고저차를 이용하여 압력을 측정한다. 액주계의 저압 쪽을 닫힌 상태로 진공으로 하면 절대압력이 측정되며, 열린 상태로 공기와 접촉하게 되면 대기압을 받아 계기압력이 측정된다. 마노미터 내 액체는 밀도를 알고 있는 무반응성의 특성을 가져야 하며 압력이 작은 경우에는 알코올을 사용하고 압력이 높은 경우에는 수은을 사용한다. 마노미터는 계기압력을 측정하는 U자형 액주계와 두 점 간의 압력차를 이용하는 시차액주계가 있으며 그림 4-10과 그림 4-11에 나타내었다. 마노미터를 이용하여 압력을 계산 시 적용 개념은 "유체의 연속된 동일수면상의 압력은 같다"이다.

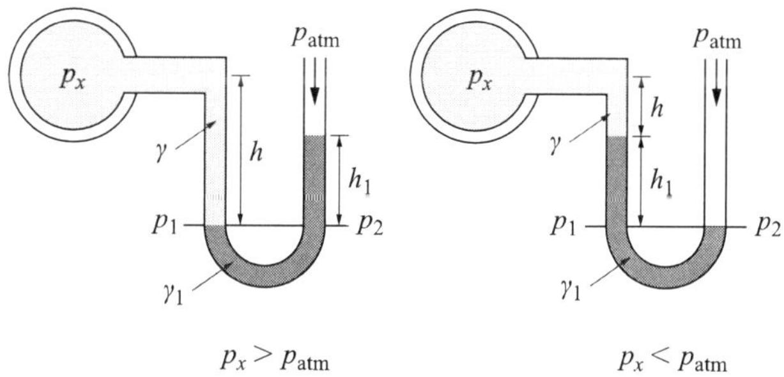

그림 4-10 U자형 마노미터

즉 마노미터를 이용할 경우 압력을 계산하는 식은 다음과 같다.

$$p = \gamma h$$

그림 4-10의 U자형 마노미터에서 p_x의 압력을 구하는 방법은 먼저 높이 h를 측정하고 "유체의 연속된 동일수면상의 압력은 같다"라는 개념을 통해 p_1과 p_2의 압력이 같음을 알 수 있다. 이를 식으로 표현하면 p_1 지점에 작용하는 압력은 p_x와 길이 h 관내의 유체의 압력의 합이 된다. p_2지점에 작용하는 압력은 관의 끝이 대기 중에 노출되어 있음으로 대기압과 길이 h 관내에서 발생하는 압력의 합이 된다. 이때 주의할 점을 대기압을 게이지압으로 표현할 경우 0이 된다는 점이다. 이를 식으로 표현하면

① $p_x > p_{atm}$

$$p_1 = p_x + \gamma h$$

$$p_2 = p_{atm} + \gamma_1 h_1$$

유체의 연속된 동일 수면상의 압력이 같음으로 $p_1 = p_2$가 된다.

$$p_x + \gamma h = p_{atm} + \gamma_1 h_1$$

$$p_x - p_{atm} = \gamma_1 h_1 - \gamma h$$

또한 $p_{atm} = 0$인 경우 p_x는 게이지압이 된다.

$$\therefore\ p_x = \gamma_1 h_1 - \gamma h$$

② $p_x < p_{\text{atm}}$

$$p_1 = p_x + \gamma h + \gamma_1 h_1$$

$$p_2 = p_{\text{atm}}$$

$p_1 = p_2$

$$p_x + \gamma h + \gamma_1 h_1 = p_{\text{atm}}$$

$$p_{\text{atm}} - p_x = \gamma h + \gamma_1 h_1$$

또한 $p_{\text{atm}} = 0$인 경우 p_x는 게이지압이 된다.

$$\therefore\ p_x = -(\gamma h + \gamma_1 h_1)$$

그림 4-11의 시차액주계에서도 유체의 연속된 동일 수면상의 압력이 같음으로 $p_1 = p_2$가 된다.

$$p_1 = p_x + \gamma h$$

$$p_2 = p_y + \gamma_1 h_1 + \gamma_2 h_2$$

$p_1 = p_2$이므로

$$p_x + \gamma h = p_y + \gamma_1 h_1 + \gamma_2 h_2$$

$$\therefore\ p_x - p_y = \gamma_1 h_1 + \gamma_2 h_2 - \gamma h$$

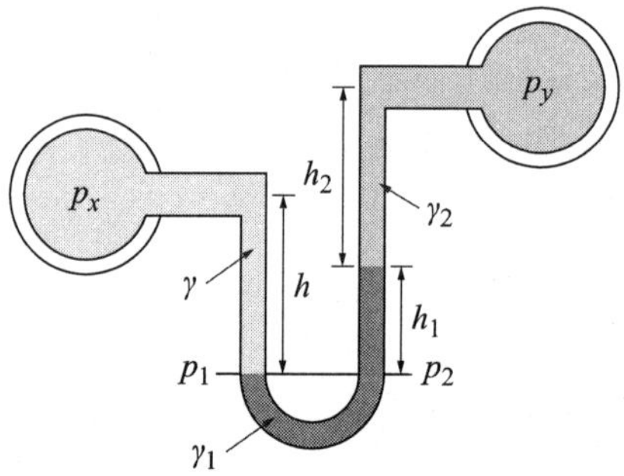

그림 4-11 시차액주계

[개념문제] **마노미터** Q&A

예1) 다음 그림의 액주계에서 게이지압 p_x는 몇 kg_f/cm^2, kPa인가? (단, $h = 0.5$ m, $h_1 = 0.8$ m, $\rho_{H_2O} = 1{,}000\ kg/m^3$, $\rho_{Hg} = 13{,}600\ kg/m^3$이다.)

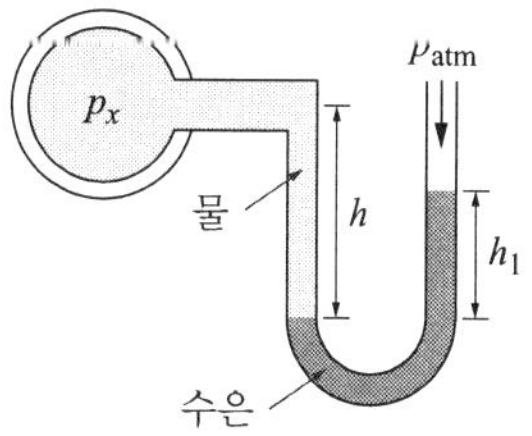

풀이

$$p_x = \gamma_1 h_1 - \gamma h$$

$$\gamma_1 = \rho_{Hg} \cdot g = 13{,}600\ \frac{kg}{m^3} \times 9.8\ \frac{m}{s^2} = 13{,}600\ \frac{kg_f}{m^3}$$

$$\left[kg \cdot 9.8\ \frac{m}{s^2} = kg_f\right]$$

$$\gamma = \rho_{H_2O} \cdot g = 1{,}000\ \frac{kg}{m^3} \times 9.8\ \frac{m}{s^2} = 1{,}000\ \frac{kg_f}{m^3}$$

$$\left[kg \cdot 9.8\ \frac{m}{s^2} = kg_f\right]$$

주) 액체의 밀도값과 비중량값은 동일하나 단위가 다름에 주의한다.

$$\therefore\ p_x = \gamma_1 h_1 - \gamma h = 13{,}600\ \frac{kg_f}{m^3} \times 0.8\ m - 1{,}000\ \frac{kg_f}{m^3} \times 0.5\ m = 10{,}308\ \frac{kg_f}{m^2}$$

$\frac{kg_f}{cm^2}$와 kPa로 단위변환을 하기 위해선 단위 간의 관계를 알아야 한다.

압력의 단위변환

1 atm = 760 Torr = 1,013 mbar (≈ 1 bar)
= 760 mmHg = 10,332 mmH_2O
= 101.3 kPa = 1,013 hPa
= 1.0332 kg_f/cm^2
= 14.7 psi (= lb_f/m^2)

(1) $p_x = 10{,}308\ \dfrac{\text{kg}_\text{f}}{\text{m}^2} = 10{,}308\ \dfrac{\text{kg}_\text{f}}{\text{m}^2} \times \left(\dfrac{\text{m}}{100\ \text{cm}}\right)^2 = 1.0308\ \dfrac{\text{kg}_\text{f}}{\text{cm}^2}$

(2) $p_x = 10{,}308\ \dfrac{\text{kg}_\text{f}}{\text{m}^2} = 10{,}308\ \dfrac{\text{kg}_\text{f}}{\text{m}^2} \times \left(\dfrac{\text{m}}{100\ \text{cm}}\right)^2 \times \dfrac{101.3\ \text{kPa}}{1.0332\ \dfrac{\text{kg}_\text{f}}{\text{cm}^2}} = 101.06\ \text{kPa}$

압력은 다양한 단위로 표현됨으로 단위변환에 주의할 필요가 있다. 위의 단위를 수은주와 수주의 길이단위로 변환한다면?

$$p_x = 1.0308\ \frac{\text{kg}_\text{f}}{\text{cm}^2} = 1.0308\ \frac{\text{kg}_\text{f}}{\text{cm}^2} \times \frac{760\ \text{mmHg}}{1.0332\ \dfrac{\text{kg}_\text{f}}{\text{cm}^2}} = 758.2\ \text{mmHg}$$

$$p_x = 1.0308\ \frac{\text{kg}_\text{f}}{\text{cm}^2} = 1.0308\ \frac{\text{kg}_\text{f}}{\text{cm}^2} \times \frac{10{,}332\ \text{mmH}_2\text{O}}{1.0332\ \dfrac{\text{kg}_\text{f}}{\text{cm}^2}} = 10{,}308\ \text{mmH}_2\text{O}$$

따라서 수은주의 높이로는 약 758 mm가 되며 수주의 높이로는 10,308 mm, 즉 10.308 m가 된다.

예2) 다음 그림에서 두 관의 압력 차이는 몇 mmHg인가? (단, 기름의 비중은 0.9이며 수은의 비중은 13.6이다.)

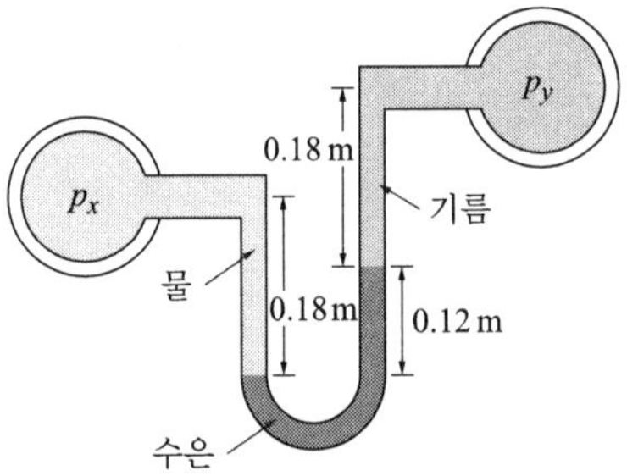

풀이 $p_x - p_y = (\gamma_1 h_1)_{수은} + (\gamma_2 h_2)_{기름} - (\gamma h)_{물}$

비중량은 밀도로부터 구할 수 있으며 비중으로부터 밀도를 구할 수 있다.

유체가 액체인 경우 비중은 $S = \dfrac{\rho}{\rho_{H_2O}} = \dfrac{\gamma}{\gamma_{H_2O}} \Rightarrow \gamma = S \times 1{,}000\ \dfrac{\text{kg}_\text{f}}{\text{m}^2}$

$(\gamma_1 h_1)_{수은} = 13.6 \times 1{,}000\ \dfrac{\text{kg}_\text{f}}{\text{m}^3} \times 0.12\ \text{m} = 1{,}632\ \dfrac{\text{kg}_\text{f}}{\text{m}^2}$

$$\Rightarrow 1{,}632\ \frac{\text{kg}_\text{f}}{\text{m}^2} \times \left(\frac{\text{m}}{100\ \text{cm}}\right)^2 \times \frac{760\ \text{mmHg}}{1.0332\ \dfrac{\text{kg}_\text{f}}{\text{cm}^2}} = 120.05\ \text{mmHg}$$

$$(\gamma_2 h_2)_{\text{기름}} = 0.9 \times 1{,}000\ \frac{\text{kg}_\text{f}}{\text{m}^3} \times 0.18\ \text{m} = 162\ \frac{\text{kg}_\text{f}}{\text{m}^2}$$

$$\Rightarrow 162\ \frac{\text{kg}_\text{f}}{\text{m}^2} \times \left(\frac{\text{m}}{100\ \text{cm}}\right)^2 \times \frac{760\ \text{mmHg}}{1.0332\ \dfrac{\text{kg}_\text{f}}{\text{cm}^2}} = 11.92\ \text{mmHg}$$

$$(\gamma h)_{\text{물}} = 1 \times 1{,}000\ \frac{\text{kg}_\text{f}}{\text{m}^3} \times 0.18\ \text{m} = 180\ \frac{\text{kg}_\text{f}}{\text{m}^2}$$

$$\Rightarrow 180\ \frac{\text{kg}_\text{f}}{\text{m}^2} \times \left(\frac{\text{m}}{100\ \text{cm}}\right)^2 \times \frac{760\ \text{mmHg}}{1.0332\ \dfrac{\text{kg}_\text{f}}{\text{cm}^2}} = 13.24\ \text{mmHg}$$

$$\therefore\ p_x - p_y = (\gamma_1 h_1)_{\text{수은}} + (\gamma_2 h_2)_{\text{기름}} - (\gamma h)_{\text{물}}$$
$$= 120.05 + 11.92 - 13.24 = 118.73\ \text{mmHg}$$

4.3 유체정역학 기본방정식

"연속되어 있는 정지유체에서 동일 수평면상의 임의의 두 점에서의 압력은 항상 같다"라는 정지유체의 기본 성질을 통해 비압축성유체인 물과 압축성유체인 공기의 압력변화를 유도해 낼 수 있다. 참고로 비압축성유체는 유체의 밀도가 온도와 압력의 영향에 대해 항상 일정한 유체를 의미하며 압축성유체는 유체의 밀도가 온도와 압력의 영향을 받는 유체이다.

압력의 영향에 따른 유체분류

- **액체(물)** : 압력(상태)이 변화하여도 밀도는 일정 ⇒ 비압축성유체
- **기체(공기)** : 압력(상태)이 변화하면 밀도도 변함 ⇒ 압축성유체

4.3.1 비압축성유체 속의 압력변화

물과 같은 비압축성유체에 미소체적을 중심으로 x축, y축, z축의 압력변화를 유도하면 다음과 같다.

1. x축에서의 압력변화

그림 4-12에서 정지유체의 체적을 dV라고 하고 x축 방향의 1과 2에 작용하는 표면력을 고려해 보면

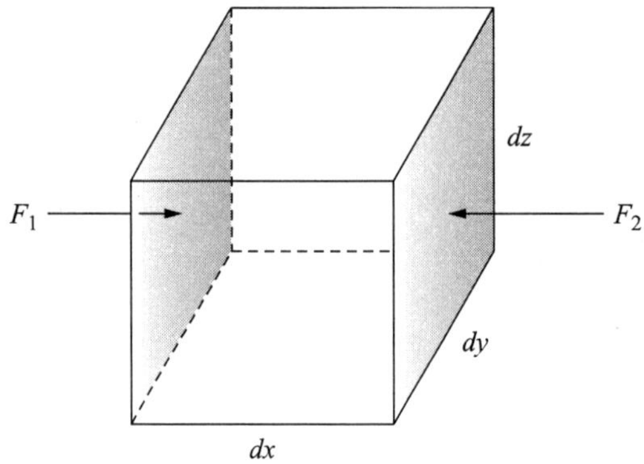

그림 4-12 미소면적($dydz$)에 작용하는 x방향의 힘

1면에 작용하는 표면력은

$$F_1 = pA = p\,dydz$$

2면에 작용하는 표면력은 1면과 2면의 거리가 dx만큼의 차이가 있으며 dx의 변화는 dp의 변화를 가져옴으로

$$F_2 = (p + dp)A = (p + dp)dydz$$

반면에 x축의 dp 변화는 y축과 z축에서도 영향을 받을 수 있음으로 편미분을 이용하여 식을 나타내면 다음과 같다.

$$F_2 = \left(p + \frac{\partial p}{\partial x}dx\right)dydz$$

즉 dp는 하나의 독립변수가 하나의 종속변수에 영향을 주는 경우이며 $\frac{\partial p}{\partial x}dx$는 둘 이상의 독립변수가 하나의 종속변수에 영향을 주는 경우라고 생각할 수 있다.

즉, 1에 작용하는 표면력은

$$F_1 = p\,dydz$$

2에 작용하는 표면력은

$$F_2 = \left(p + \frac{\partial p}{\partial x}dx\right)dydz$$

이 된다.

정지유체에서 동일 수평면상의 임의의 두 점에서의 압력은 항상 같음으로 1에 작용하는 힘(F_1)과 2에 작용하는 힘(F_2)은 같다.

$$F_1 = F_2$$

$$p\,dydz = \left(p + \frac{\partial p}{\partial x}dx\right)dydz$$

$$p\,dydz - \left(p + \frac{\partial p}{\partial x}dx\right)dydz = 0$$

$$-\frac{\partial p}{\partial x}dxdydx = 0$$

이 식에서 $dxdydz$는 dV로 미소체적이 0이 될 수 없음으로 $dp = 0$이 되어야 한다. 따라서 x방향에서 $p_1 = p_2$가 된다.

편미분 (partial differential)

독립변수가 한 개 이상인 함수의 변화 즉 종속변수 y가 두 개의 각기 다른 변량 u, v에 의해 변화하면 함수식은 다음과 같다.

$$y = f(u,\ v)$$

또한 이 함수의 간단식으로 표현하면

$$y = u \times v$$

로 쓸 수 있으며, 종속변수는 y, 독립변수 u, v 두 가지가 된다. 이를 미분화하기 위해선 독립변수가 둘이므로, 어느 하나를 상수로 간주 후 미분화하면 된다. 즉 u와 v변수에 대해

- v를 상수취급하고 u에 대해 미분화한다.

$$dy_v = v\,du \quad (1)$$

- u를 상수취급하고 v에 대해 미분화한다.

$$dy_u = u\,dv \tag{2}$$

여기에서 y 아래의 아래첨자는 미분화과정에서 상수로 취급되는 변량을 의미하며 부분적으로 미분화되어짐을 의미한다. 이때 미분화 기호를 d 대신 ∂(라운드)로 표시한다. 따라서 위의 식을 ∂로 표시하면

$$\partial y = v\partial u \quad \rightarrow \quad v = \frac{\partial y}{\partial u} \tag{3}$$

$$\partial y = u\partial v \quad \rightarrow \quad u = \frac{\partial y}{\partial v} \tag{4}$$

식 (1)에 식 (3)을 넣고 정리하면

$$dy_v = \frac{\partial y}{\partial u}du \tag{5}$$

식 (2)에 식 (4)를 넣고 정리하면

$$dy_u = \frac{\partial y}{\partial v}dv \tag{6}$$

식 (5)와 식 (6)을 편미분(partial differential)계수라고 부른다.

y의 총 변량은 이 두 조건이 동시에 만족될 때 성립함으로 u와 v가 동시에 변화하면 실질적인 dy는 다음과 같다.

$$dy = \frac{\partial y}{\partial u}du + \frac{\partial y}{\partial v}dv$$

이를 전미분(total differential)이라 부른다.

2. y축에서의 압력변화

그림 4-13에서 y축 방향의 압력변화는 x축 방향과 동일하게 구할 수 있다.
1면에 작용하는 표면력은

$$F_1 = pA = p\,dxdz$$

2면에 작용하는 표면력은 1면과 2면의 거리가 dy만큼의 차이가 있음으로 이를 반영하며 dy의 변화는 dp의 변화를 가져옴으로 이를 반영하여 식을 쓰면

$$F_2 = (p + dp)A$$

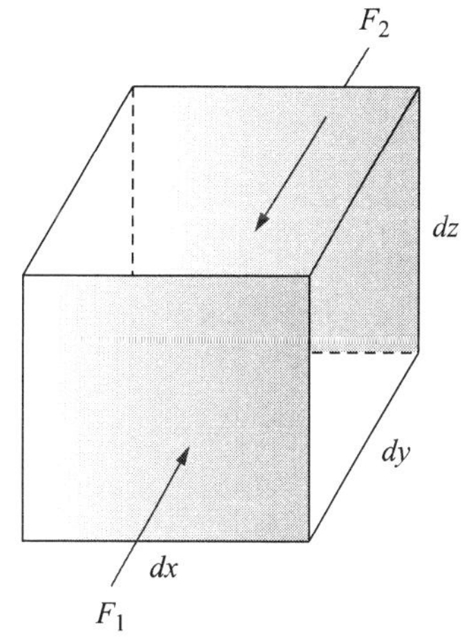

그림 4-13 미소면적($dx\,dz$)에 작용하는 y방향의 힘

반면에 x축의 dp 변화는 y축과 z축에 의해 영향을 받을 수 있음으로 편미분을 이용하면 다음과 같다.

$$F_2 = \left(p + \frac{\partial p}{\partial y}dy\right)dxdz$$

즉 dp는 하나의 독립변수가 하나의 종속변수에 영향을 주는 경우이며 $\frac{\partial p}{\partial y}dy$는 둘 이상의 독립변수가 하나의 종속변수에 영향을 주는 경우라고 생각할 수 있다.

즉 1에 작용하는 표면력은

$$F_1 = p\,dxdz$$

2에 작용하는 표면력은

$$F_2 = \left(p + \frac{\partial p}{\partial y}dy\right)dxdz$$

이 된다.

정지유체에서 동일 수평면상의 임의의 두 점에서의 압력은 항상 같음으로 1에 작용하는 힘(F_1)과 2에 작용하는 힘(F_2)은 같다.

$$F_1 = F_2$$

$$p\,dxdz = \left(p + \frac{\partial p}{\partial y}dy\right)dxdz$$

$$p\,dxdz - \left(p + \frac{\partial p}{\partial y}dy\right)dxdz = 0$$

$$-\frac{\partial p}{\partial y}dxdydx = 0$$

이 식에서 $dxdydx$는 dV로 미소체적이 0이 될 수 없음으로 y축 방향의 $dp=0$가 되어야 한다.

따라서 y축 방향에서 $p_1 = p_2$가 된다.

3. z축에서의 압력변화

그림 4-14에서 z축 방향에 작용하는 1과 2의 힘은 압력에 의한 표면력이며 3의 힘은 체적력이 영향을 줌으로

1면에 작용하는 표면력은

$$F_1 = pA = p\,dxdy$$

2면에 작용하는 표면력은

$$F_2 = \left(p + \frac{\partial p}{\partial z}dz\right)dxdy$$

3의 힘은 체적력에 의해 발생함으로

$$F_3 = mg = \rho Vg = \gamma V = \gamma dxdydz$$

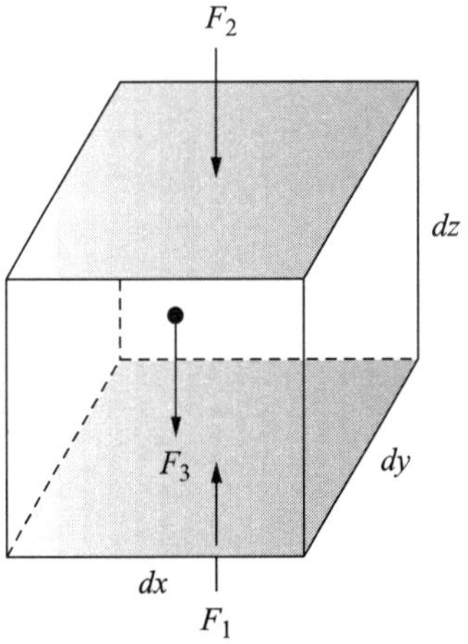

그림 4-14 미소면적($dx\,dy$)과 미소체적($dx\,dy\,dz$)에 작용하는 z축 방향의 힘

z방향에 작용하는 힘의 균형식은 다음과 같다.

$$F_1 = F_2 + F_3$$

$$p\,dxdy = \left(p + \frac{\partial p}{\partial z}dz\right)dxdy + \gamma\,dxdydz$$

$$-\frac{\partial p}{\partial z}dzdxdy - \gamma\,dxdydz = 0$$

각 항을 dV인 $dxdydz$로 나누고 재정리하면

$$\frac{dp}{dz} = -\gamma \quad \Rightarrow \quad dp = -\gamma dz$$

비압축성유체인 물에서 압력(p)과 깊이(z)는 $-$비중량(γ)의 관계를 가진다. 비압축성유체의 경우 깊이가 증가하면 압력이 증가된다(그림 4-15).

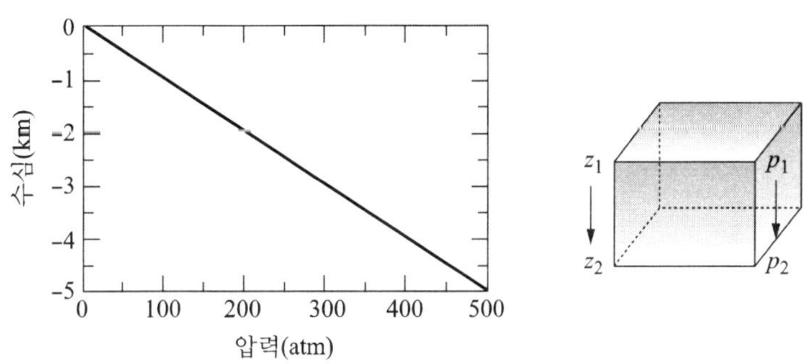

그림 4-15 비압축성유체에서 수심과 압력의 관계

$$dp = -\gamma dz$$

따라서 z는 자유표면 z_1에서 z_2까지 변한다. z_1에서의 압력을 p_1, z_2에서의 압력을 p_2라고 하며 이 경계를 기초로 정적분을 하면

$$\int_{p_1}^{p_2} dp = -\gamma \int_{z_1}^{z_2} dz$$

$$p_2 - p_1 = -\gamma(z_2 - z_1)$$

$$p_2 - p_1 = \gamma(z_1 - z_2)$$

$(z_1 - z_2)$를 비압축성유체인 물의 깊이 h라고 한다면

$$p_2 = p_1 + \gamma h$$

p_2는 절대압력(p_{abs})을 의미하며, p_1은 대기압(p_a), γh는 게이지압(p_{gage})을 의미한다. 따라서 z축 방향에 작용하는 힘을 압력의 형태로 표현하면 다음과 같다.

$$p_{abs} = p_a + p_{gage}$$

비압축성유체에서 x, y, z축에 영향을 주는 압력의 성질

- x방향 : $p_1 = p_2$
- y방향 : $p_1 = p_2$
- z방향 : $p_{abs} = p_a + p_{gage}$ (단, $p_{gage} = \gamma h$)

수심과 잠수병 (decompression illness)

액체 속에 잠겨 있는 인체나 물체가 물이나 액체의 무게로 인해 받는 압력(정수압)은 수심이 깊어질수록 증가한다. 대개 수심 10.1 m가 깊어짐에 따라 1기압씩 증가한다. 수심 100 m 깊이에서 약 10기압 정도의 수압이 작용하는 셈이다. 만일 1기압인 해수면에서 부피 10 L의 공기를 물속으로 가져간다고 생각하면 수심 10 m에서는 부피가 절반인 5 L로 줄어들고, 수심 40 m에선 5분의 1(2 L)로 쪼그라들게 된다.

또한 기체의 용해도는 주변의 압력이 높으면 증가하고 낮은 곳에서는 용해도가 감소한다. 탄산음료의 경우 압력을 가한 상태에서 뚜껑을 닫으면 높은 압력이 유지되면서 탄산의 용해도가 높아지며 뚜껑을 열면 압력이 대기압상태가 됨으로 용해도는 낮아지고 용해된 탄산은 거품으로 빠져나온다.

잠수병도 압력과 용해도의 원리가 그대로 적용된다. 공기는 질소 79%와 21%의 산소로 이루어져 있으며 잠수부가 공기통을 이용하여 호흡 시 산소와 함께 질소도 마시게 된다. 수중의 압력은 높아 호흡 시 마신 질소기체는 혈액 속에 용해되며 잠수부가 빠른 속도로 수면 위로 이동 시 압력이 낮아지고 질소기체는 혈액 중에 기포가 되면서 통증을 유발한다. 이러한 병을 잠수병이라 한다. 최근 질소로 인한 잠수병을 방지하기 위해 질소기체 대신 비활성기체인 헬륨기체를 넣어 사용한다.

물의 수심(h)와 압력(p)의 관계

- $p = \gamma_{water} \Delta h = \rho_{water} g \Delta h$
- $p_{abs} = p_a + p_{gage} \quad \Rightarrow \quad p_2 = p_1 + \gamma \Delta h$

[개념문제] **물의 수심(h)와 압력(p)의 관계**

Q&A

예1) 수압 2.5 kg_f/cm^2를 수두(물의 높이)로 환산하면 몇 m인가?

풀이 풀이1) $p = \gamma h$

여기에서 비중량은 물의 비중량이 됨으로 $\gamma_{water} = 1{,}000 \dfrac{kg_f}{m^3}$

$$h = \frac{2.5 \dfrac{kg_f}{cm^2} \times \left(\dfrac{100\ cm}{m}\right)^2}{1{,}000 \dfrac{kg_f}{m^3}} = 25\ m$$

풀이2) 단위변환을 통해 $1\ atm = 760\ mmHg = 10.33\ mH_2O = 1.033 \dfrac{kg_f}{cm^2}$

$$2.5 \frac{kg_f}{cm^2} \times \frac{10.33\ mH_2O}{1.033 \dfrac{kg_f}{cm^2}} = 25\ m$$

예2) 배수지에 4℃ 물이 15 m의 깊이로 채워져 있을 때 배수지 바닥에서 수압은 몇 kg_f/cm^2인가?

풀이 $p = \gamma h$

여기에서 비중량은 물의 비중량이 됨으로 $\gamma_{water} = 1{,}000 \dfrac{kg_f}{m^3}$

$$p = \gamma_{water} h = 1{,}000 \frac{kg_f}{m^3} \times 15\ m = 15{,}000 \frac{kg_f}{m^2}$$

$$\therefore\ 15{,}000 \frac{kg_f}{m^2} \times \left(\frac{m}{100\ cm}\right)^2 = 1.5 \frac{kg_f}{cm^2}$$

예3) 폭 4 m, 길이 6 m, 수심 10 m인 직사각형의 수조 밑바닥의 수압은 몇 kg_f/cm^2인가?

풀이 $p = \frac{F}{A} = \frac{mg}{A} = \frac{\rho V g}{A}$ 이다. 수조이므로 물의 밀도는 $\rho_{water} = 1{,}000\ \frac{\text{kg}}{\text{m}^3}$ 이며 수조의 부피는 $V = 240\ \text{m}^3$ 이다.

따라서

$$p = \frac{\rho g V}{A} = \frac{1{,}000\ \frac{\text{kg}}{\text{m}^3} \times 9.8\ \frac{\text{m}}{\text{s}^2} \times 240\ \text{m}^3}{24\ \text{m}^2} = \frac{1{,}000\ \frac{\text{kg}_\text{f}}{\text{m}^3} \times 240\ \text{m}^3}{24\ \text{m}^2} = 10{,}000\ \frac{\text{kg}_\text{f}}{\text{m}^2}$$

※ 단위에 주의할 것 : $\text{kg} \times 9.8\ \frac{\text{m}}{\text{s}^2} = \text{kg}_\text{f}$ 임.

참고로 $\text{kg} \times \frac{\text{m}}{\text{s}^2} = \text{N}$ 이며 $9.8\ \text{N} = \text{kg}_\text{f}$ 임.

단위변환을 하면

$$\therefore\ 10{,}000\ \frac{\text{kg}_\text{f}}{\text{m}^2} \times \left(\frac{1\ \text{m}}{100\ \text{cm}} \right)^2 = 1\ \frac{\text{kg}_\text{f}}{\text{cm}^2}$$

예4) 실제 수압은 10 m 깊어질 때마다 약 1기압이 높아진다. 이를 증명하시오.

풀이 $p = \gamma h$

물의 비중량은 $1{,}000\ \frac{\text{kg}_\text{f}}{\text{m}^3}$

따라서 $p = \gamma h = 1{,}000\ \frac{\text{kg}_\text{f}}{\text{m}^3} \times 10\ \text{m} = 10{,}000\ \frac{\text{kg}_\text{f}}{\text{m}^2}$

압력의 단위변환

$1\ \text{atm} = 1.0332\ \text{kg}_\text{f}/\text{cm}^2 = 10{,}332\ \text{kg}_\text{f}/\text{m}^2$

$$p = 10{,}000\ \frac{\text{kg}_\text{f}}{\text{m}^2} \times \frac{1\ \text{atm}}{10{,}332\ \frac{\text{kg}_\text{f}}{\text{m}^2}} = 0.967\ \text{atm} \approx 1\ \text{atm}$$

이론적으로는 10.33 m마다 1 atm씩 증가됨을 알 수 있다.

예5) 비중이 0.85인 액체의 자유표면으로부터 100 m 깊이의 절대압력은 몇 kg_f/m^2인가? (단, 대기압은 표준대기압이다.)

풀이 1 atm = 760 mmHg

비압축성유체이므로 $p_{abs} = p_a + p_{gage} \Rightarrow p_2 = p_1 + \gamma h$

① $p_a = 1\ \text{atm} \times \dfrac{1.033\ \dfrac{kg_f}{cm^2} \times \left(\dfrac{100\ cm}{m}\right)^2}{1\ \text{atm}} = 1.033 \times 10^4\ \dfrac{kg_f}{m^2}$

② $p_{gage} = \gamma h$

h는 주어져 있고 액체의 비중량을 구하려면 주어진 조건이 비중이므로 $S = \dfrac{\rho}{\rho_w} = \dfrac{\gamma}{\gamma_w}$의 관계를 통해 대상액체의 비중량을 구할 수 있다. 대상액체의 비중량은 밀도와 비중량을 이용하여 두 가지 방법으로 구할 수 있다.

방법1) 비중량을 이용하여 p_{gage}를 구하는 방법

물의 비중량은 1,000 $\dfrac{kg_f}{m^3}$이며, 비중 S는 0.85이므로

$$S = \frac{\gamma}{\gamma_w}$$

$$0.85 = \frac{\gamma}{1{,}000\ \dfrac{kg_f}{m^3}}$$

$$\gamma = 850\ \frac{kg_f}{m^3}$$

방법2) 밀도를 이용한 p_{gage}를 구하는 방법

$\gamma = \rho g$

물의 밀도는 1,000 $\dfrac{kg}{m^3}$이므로 대상액체의 밀도는 $S = \dfrac{\rho}{\rho_w} \Rightarrow \rho = S \times \rho_w$로 구할 수 있다.

$$\rho = S \times \rho_w = 0.85 \times 1{,}000\ \frac{kg}{m^3} = 850\ \frac{kg}{m^3}$$

$$\gamma = \rho g = 850\ \frac{kg}{m^3} \times 9.8\ \frac{m}{s^2} = 850\ \frac{kg_f}{m^2} \quad \left(\text{단, } kg_f = 9.8\ N = 9.8\ kg\frac{m}{s^2}\right)$$

물의 밀도를 이용하든 비중량을 이용하든 동일한 값을 얻음을 알 수 있다.

$$\therefore\ p_{gage} = \gamma h = 850\ \frac{kg_f}{m^3} \times 100\ m = 85{,}000\ \frac{kg_f}{m^2}$$

$$p_{abs} = p_a + p_{gage} = 10{,}330 \frac{\mathrm{kg_f}}{\mathrm{m^2}} + 85{,}000 \frac{\mathrm{kg_f}}{\mathrm{m^2}} = 95{,}330 \frac{\mathrm{kg_f}}{\mathrm{m^2}}$$

> 예6) 수심이 1 m, 5 m, 10 m, 20 m, 30 m, 40 m, 50 m, 100 m 증가될 때 수압을 atm으로 계산하고 수심에 따른 압력변화를 그림으로 그리시오. [예4) 참고]

풀이

$$수심\ 1\ \mathrm{m}:\ p = \gamma h = 1{,}000 \frac{\mathrm{kg_f}}{\mathrm{m^3}} \times 1\ \mathrm{m} = 1{,}000 \frac{\mathrm{kg_f}}{\mathrm{m^2}}$$

$$\rightarrow 1{,}000 \frac{\mathrm{kg_f}}{\mathrm{m^2}} \times \frac{\mathrm{atm}}{10{,}332 \frac{\mathrm{kg_f}}{\mathrm{m^2}}} = 0.10\ \mathrm{atm}$$

⋮

$$수심\ 100\ \mathrm{m}:\ p = \gamma h = 1{,}000 \frac{\mathrm{kg_f}}{\mathrm{m^3}} \times 100\ \mathrm{m} = 100{,}000 \frac{\mathrm{kg_f}}{\mathrm{m^2}}$$

$$\rightarrow 100{,}000 \frac{\mathrm{kg_f}}{\mathrm{m^2}} \times \frac{\mathrm{atm}}{10{,}332 \frac{\mathrm{kg_f}}{\mathrm{m^2}}} = 9.68\ \mathrm{atm}$$

수심 h(m)	수압 p(atm)
1	0.10
5	0.48
10	0.97
20	1.94
30	2.90
40	3.87
50	4.84
100	9.68

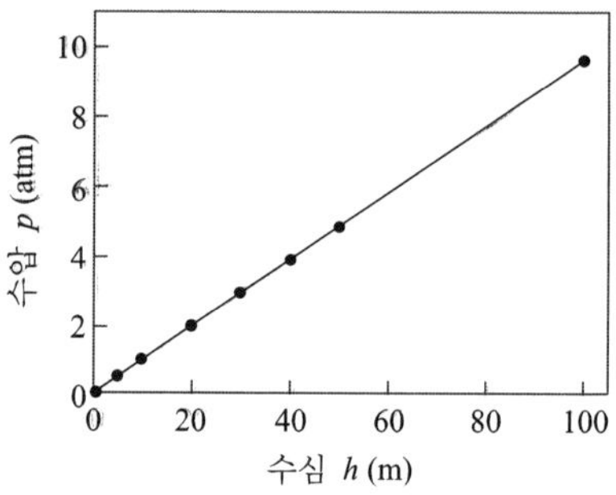

4.3.2 압축성유체속의 압력변화

그림 4-16을 보면 공기의 고도가 상승하면 (기)압력이 감소하고 반면에 공기의 고도가 하강하면 (기)압력은 증가한다. 즉 고도가 증가하면 공기의 밀도가 낮아져 하층에 비해 상층의 압력이 낮아지게 된다.

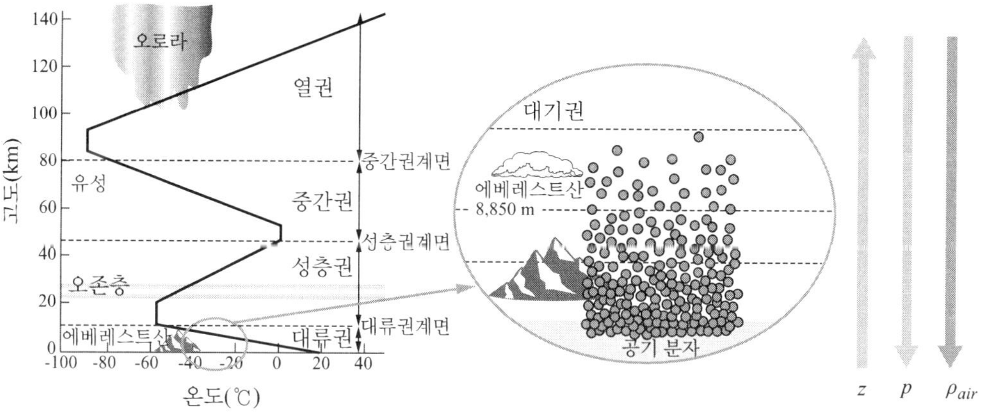

그림 4-16 고도에 따른 공기의 밀도 및 압력의 관계

공기의 흐름은 고기압에서 저기압으로 이동하려는 성질을 가짐으로 (기)압력이 큰 하층에서 상층으로 이동하려는 힘을 가지게 된다. 이를 기압경도력이라 한다(그림 4-17).

기압경도(Pressure Gradient)란 거리에 대한 기압의 변화율로

$$PG = \frac{\text{기압차이}}{\text{거리}}$$

이다. 기압경도력은 단위질량당 공기덩어리에 작용하는 힘의 크기로

$$p_n = -\frac{1}{\rho}\frac{\text{기압차이}}{\text{거리}} = -\frac{1}{\rho}\frac{\Delta p}{\Delta z}$$

이다. 여기서 음의 부호는 고기압에서 저기압으로 힘이 작용함을 나타낸다.

특정 높이(z)에 있는 공기덩어리에 작용하는 힘은 기압경도력과 중력으로 다음과 같다. 즉 z에서의 압력을 p라 하면, $z+\Delta z$에서의 압력은 $p-\Delta p$가 된다. 앞서 설명하였듯이 공기의 밀도가 하층의 공기가 상층에 비해 높음으로 하층(z)의 압력(p)은 상층($z+\Delta z$)의 압력($p-\Delta p$)보다 높게 된다.

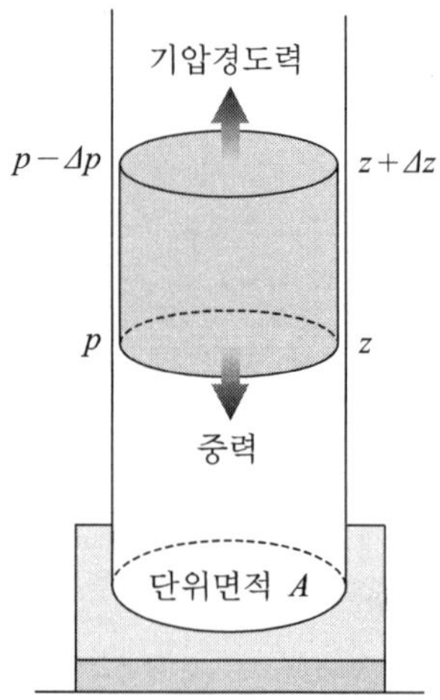

그림 4-17 기압경도력과 중력의 관계

공기는 대표적인 압축성유체이다. 압축성유체의 압력분포는 대기오염관리, 기상학, 항공학 등에 쓰이며 공기 정역학의 관점에서 압축성유체의 분포는 완전기체가 등온상태로 존재 시 압력과 기체의 비중량 간에는 보일의 법칙을 적용한다. 그림 4-18을 보면 압축성유체인 공기 중에서 지상으로부터 하늘 위로 올라가면 압력이 낮아짐을 알 수 있다.

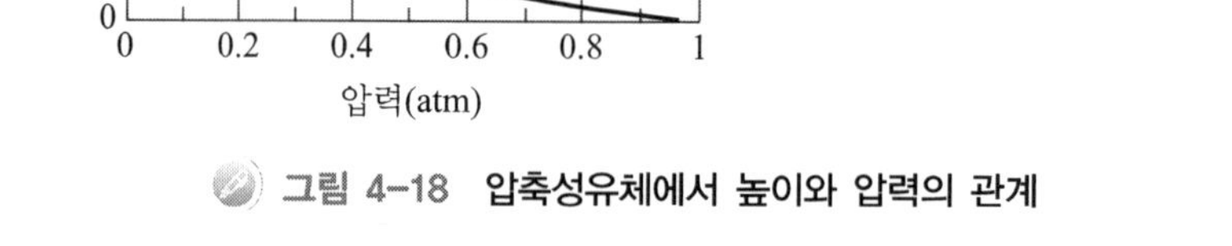

그림 4-18 압축성유체에서 높이와 압력의 관계

그림 4-18에서 볼 수 있듯이 공기 중에선 고도가 증가하면 압력(기압)은 감소하게 되므로, 압력과 고도(높이)의 관계는 반비례한다고 볼 수 있다. 단위면적이 A인 지상으로부터 높이가 z인 위치의 압력을 식으로 표현하면 다음과 같다.

$$p = \frac{F}{A} = \frac{mg}{A} = \frac{\rho Vg}{A} = \frac{\gamma Az}{A} = \gamma z$$

(단, $m = \rho V$, $V = Az$, $\rho g = \gamma$)

또한 압력과 높이는 반비례관계이므로 (−)기호를 붙인다. (−)기호는 고도의 증가에 따라 기압은 감소함을 의미하며 고도와 기압은 반비례관계임을 볼 수 있다.

$$p = -\rho g z = -\gamma z \left[\frac{\mathrm{kg_f}}{\mathrm{m}^2}\right]$$

즉 특정 높이에서 연직방향의 기압경도력과 중력은 평형관계를 이루게 되며 특정 고도(z)에서의 기압 p는 그 고도 위의 단위면적당 공기의 무게와 같음을 볼 수 있다.

위 식을 미분하고 재정리하면

$$dz = -\frac{1}{\gamma}dp$$

보일의 법칙(pV=constant)을 통하여 부피와 비중량의 관계를 식으로 표현하면

$$\gamma = \rho g = \frac{m}{V}g$$

이므로 비중량과 부피의 관계는 다음과 같다.

$$\gamma \propto \frac{1}{V}$$

따라서 보일의 법칙 $p_1V_1 = p_2V_2$의 식을 $\frac{p_1}{\gamma_1} = \frac{p_2}{\gamma_2}$로 대치하여 쓸 수 있다. 따라서 그림에서 기준면인 해수면(z_1)의 압력을 p_o라 하고 비중량을 γ_o라 하고 특정 높이 z_2에서의 압력을 p, 비중량을 γ라고 한다면 $\frac{p_1}{\gamma_1} = \frac{p_2}{\gamma_2}$ 식은 $\frac{p}{\gamma} = \frac{p_o}{\gamma_o}$로 대치할 수 있으며 특정 높이($z_2$)에서의 비중량($\gamma$)은 다음 식과 같다.

$$\gamma = p\frac{\gamma_o}{p_o}$$

본 식 $dz = -\frac{1}{\gamma}dp$에 $\gamma = p\frac{\gamma_o}{p_o}$를 대입하면

$$dz = -\frac{p_o}{p}\frac{1}{\gamma_o}dp$$

적분을 위해 재정리를 하면

$$dz = -\frac{p_o}{\gamma_o}\frac{dp}{p}$$

$z=0$일 때 $p=p_o$, $z=z$일 때 $p=p$의 조건에서 정적분하면

$$\int_0^z dz = -\frac{p_o}{\gamma_o}\int_{p_o}^{p}\frac{dp}{p}$$

$$z = -\frac{p_o}{\gamma_o}(\ln p - \ln p_o)$$

$$z = -\frac{p_o}{\gamma_o}\left(\ln\frac{p}{p_o}\right)$$

특정 높이 z에서의 p를 알기 위해 p에 대해 정리하면

$$p = p_o \exp^{\left(-z\frac{\gamma_o}{p_o}\right)}$$

공기의 높이(z)와 압력(p)의 관계

$$p = p_o \exp^{\left(-z\frac{\gamma_o}{p_o}\right)}$$

[개념문제] **고도에 따른 공기의 밀도**

Q&A

예1) 지표면으로부터 고도가 100 m, 1,000 m일 때 각 고도에서 대기의 압력은 각 몇 atm이며 밀도는 몇 kg/m^{3}인가? (단, 등온기체이며 해수면의 대기압은 1 atm이고, 온도는 0℃이다.)

풀이 공기에서 고도(z)와 압력(p)의 관계식은 다음과 같다.

$$p = p_o \exp^{\left(-z\frac{\gamma_o}{p_o}\right)}$$

먼저 해수면에서 공기의 비중량은 $\gamma_o = \rho g$이며

이 식에서 공기의 밀도는

$$\rho_{air} = \frac{m}{V} = \frac{pM}{RT} = \frac{1\ \text{atm} \times 29\ \dfrac{\text{kg}}{\text{kmol}}}{0.082\ \dfrac{\text{atm}\cdot\text{m}^3}{\text{kmol}\cdot\text{K}} \times 273\ \text{K}} = 1.3\ \frac{\text{kg}}{\text{m}^3}$$

※ 공기의 분자량은 혼합기체의 조성비에 따라 달라짐으로 이에 유의한다.

$$\therefore\ \gamma_o = \rho g = 1.3\ \frac{\text{kg}}{\text{m}^3} \times 9.8\ \frac{\text{m}}{\text{s}^2} = 1.3\ \frac{\text{kg}_\text{f}}{\text{m}^3}$$

$(1\ \text{kg}_\text{f} = 9.8\ \text{N} = 9.8\ \text{kg}\cdot\text{m/s}^2)$

또한 해수면에서 대기압은 1 atm이므로 $1\ \text{atm} = 1.0332\ \dfrac{\text{kg}_\text{f}}{\text{cm}^2}$이 된다. 따라서

$$\frac{\gamma_o}{p_o} = \frac{1.3\ \dfrac{\text{kg}_\text{f}}{\text{m}^3}}{1.0332\ \dfrac{\text{kg}_\text{f}}{\text{cm}^2} \times \left(\dfrac{100\ \text{cm}}{\text{m}}\right)^2} = 1.26 \times 10^{-4} \left(\frac{1}{\text{m}}\right)$$

(1) 100 m

$$p = p_o \exp^{\left(-z\frac{\gamma_o}{p_o}\right)} = 1\ \text{atm} \times \exp^{\left(-100\ \text{m} \times 1.26 \times 10^{-4}\ \frac{1}{\text{m}}\right)} = 0.988\ \text{atm}$$

$$\gamma = p\frac{\gamma_o}{p_o} = 0.988\ \text{atm} \times \frac{1.3\ \dfrac{\text{kg}_\text{f}}{\text{m}^3}}{1\ \text{atm}} = 1.28\ \frac{\text{kg}_\text{f}}{\text{m}^3} \quad \rightarrow \quad \rho = 1.28\ \frac{\text{kg}}{\text{m}^3}$$

단, $\gamma = \rho g \quad \Rightarrow \quad \rho = \dfrac{\gamma}{g}$

$$\rho = \frac{1.28\ \dfrac{\text{kg}_\text{f}}{\text{m}^3} \times \dfrac{9.8\ \text{N}}{\text{kg}_\text{f}} \times \dfrac{\text{kg}\dfrac{\text{m}}{\text{s}^2}}{\text{N}}}{9.8\ \dfrac{\text{m}}{\text{s}^2}} = 1.28\ \frac{\text{kg}}{\text{m}^3}$$

(2) 1,000 m

$$p = p_o \exp^{\left(-z\frac{\gamma_o}{p_o}\right)} = 1\ \text{atm} \times \exp^{\left(-1{,}000\ \text{m} \times 1.26 \times 10^{-4}\ \frac{1}{\text{m}}\right)} = 0.882\ \text{atm}$$

$$\gamma = p\frac{\gamma_o}{p_o} = 0.882\ \text{atm} \times \frac{1.3\ \dfrac{\text{kg}_\text{f}}{\text{m}^3}}{1\ \text{atm}} = 1.15\ \frac{\text{kg}_\text{f}}{\text{m}^3} \quad \rightarrow \quad \rho = 1.15\ \frac{\text{kg}}{\text{m}^3}$$

Chapter

5

유체동역학

유체동역학이란 운동하고 있는 유체의 입자 사이에 서로 상호력이 작용할 때 유체의 운동을 다루는 역학으로 유체가 흐름에 따라 일어나는 압력의 변화와 힘에 관한 현상을 다룬다. 유체정역학과의 차이점은 유체의 속도 유무이다.

5.1 유체의 흐름

유체가 흐른다는 것은 유체가 속도를 가지는 것이다. 속도는 시간의 변화에 따른 변위의 변화를 의미한다. 일반적으로 유체의 흐름형태는 정상류와 비정상류, 등류와 비등류, 1차, 2차, 3차원 흐름과 층류와 난류의 흐름으로 구분할 수 있다.

5.1.1 유체흐름의 종류

1. 정상류와 비정상류

정상류(steady flow)는 유동장 내의 어느 임의의 한 점에 있어서 유동조건이 시간에 관계없이 항상 일정한 흐름을 의미한다. 유동장(flow field)이란 유체가 이동하는 장소이며 유동조건은 밀도, 압력, 온도가 있다. 정상류의 흐름특성을 식으로 표현하면 다음과 같다.

$$\frac{\partial \rho}{\partial t} = 0, \qquad \frac{\partial T}{\partial t} = 0, \qquad \frac{\partial p}{\partial t} = 0$$

즉 시간의 변화에 따라 밀도의 변화가 없거나 온도, 압력의 변화가 없는 유체를 의미한다.

비정상류(unsteady flow)는 유동장 내의 임의의 한 점에 있어서 유동조건이 시간에 따라서 변화하는 흐름으로 시간의 변화에 따라 밀도, 압력, 온도 등의 유동조건이 변화하는 흐름이다. 식으로 표현하면 다음과 같다.

$$\frac{\partial \rho}{\partial t} \neq 0, \qquad \frac{\partial T}{\partial t} \neq 0, \qquad \frac{\partial p}{\partial t} \neq 0$$

2. 등류와 비등류

등류(uniform flow)는 유동상태에서 거리의 변화(ds)에 관계없이 속도가 항상 일정한 흐름을 의미하며, **비등류**(nonuniform flow)는 유동상태에서 거리의 변화에 따라 속도의 변화가 있는 흐름을 의미한다.

3. 1차원, 2차원, 3차원 흐름

1차원 흐름은 수학적으로 정의된 한 개의 유선만을 따르는 흐름으로 모든 물성과 유동특성(속도, 밀도, 압력, 온도 등)이 하나의 공간좌표와 시간의 함수로 표시될 수 있는 유동이며,

2차원 흐름은 한 개의 유동면으로만 정의될 수 있는 유동장흐름으로 유체의 모든 물성과 유동특성을 2개의 공간좌표(x, y)와 시간의 함수로 표시할 수 있는 유동이고,

3차원 흐름은 하나의 체적요소의 공간으로서만이 정의될 수 있는 흐름으로 모든 물성과 유동특성을 3개의 공간좌표(x, y, z)와 시간의 함수로 표시할 수 있는 유동을 말한다.

5.1.2 유체흐름과 점성

1. 점성(viscosity)

유체동역학 즉 속도를 가지는 유체흐름에서 점성은 매우 중요한 의미를 가진다. 예를 들어 보통의 물엿은 물에 비하여 끈적거리므로 흐르기 힘들며, 이때 기름은 물보다 점성이 크다고 한다. 그림 5-1을 보면 유체가 하강 시 아래로는 중력이 작용하며 위쪽으로는 점성력이 작용하고 수직면에 가까울수록 느린 하강속도를 보이며 멀어질수록 빠른 하강속도를 보인다. 여기서 **점성**(viscosity)은 보통 끈적거림의 정도, 유체흐름에 대한 내부저항을 의미한다. 즉 운동하고 있는 유체에 있어서 서로 인접하고 있는 층 사이에 미끄럼이 생기면 항상 마찰이 발생하게 된다. 즉 점성은 유체의 성질로 유체마찰을 의미하며 유체층 사이에 상대운동이 일어날 때 이 상대운동을 방해하는 성질을 말한다.

그림 5-1 유체의 하강속도와 중력 및 점성력 간의 관계

점성력(viscous force)은 분자와 분자 사이에 작용하는 인력 및 반발력의 균형을 깨고자 할 때 나타나는 힘 효과로 다음 식과 같다.

$$\text{점성력} = \text{분자 간의 임의효과} \times \text{속도}$$

흐름이 있는 평면에 작용하는 점성력의 법칙이 바로 뉴턴의 점성법칙(Newton's law of viscosity)이다.

그림 5-2와 같이 두 개의 평판을 설치하여 아래쪽은 고정하고 단위면적이 A인 위쪽 평판을 힘 F로 이동하면 고정평판과 이동평판 사이 유체속도는 위쪽 이동평판에 접촉하는 유체속도는 부착판 속도 u와 같고 고정평판쪽 유체속도는 0이 되며 이동평판과 고정평판 간의 속도구배는 직선이 된다.

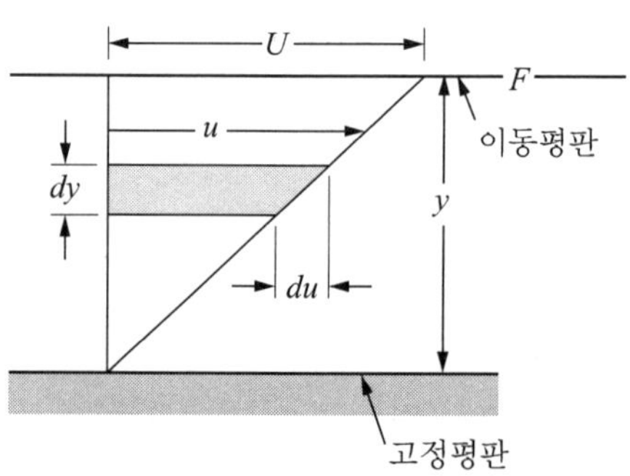

그림 5-2 이동평판과 고정평판 사이의 유체흐름

평판에 가해지는 힘(F)과 가상면상(A)의 관계는 가상면상에서 접선방향으로 작용하는 힘으로 정의할 수 있으며 이를 전단력(τ) 또는 전단응력이라 부른다.

$$\text{전단력} = \text{분자 간의 임의효과} \times \text{전단변형률}$$

여기에서 분자 간의 임의효과를 점성계수(μ)로 대치하고 전단변형률$\left(\frac{du}{dy}\right)$을 식으로 표현하면

$$\tau = \frac{F}{A} = \mu\frac{du}{dy}$$

즉 전단력은 τ 기호로 표현하며 "타우"라고 읽는다. 이 때 주의할 점은 전단력과 압력의 식이 $p = \frac{F}{A}$, $\tau = \frac{F}{A}$로 동일하나 힘의 방향이 다르다는 점이다. 그러나 압력은 힘의 방향이 단면적(A)에 수직방향으로 작용하며 전단력은 힘의 방향이 단면적(A)에 접선방향으로 작용한다는 점이다.

전단력식을 점성계수 μ에 대해 재정리하면

$$\tau = \frac{F}{A} = \mu\frac{du}{dy} \quad \Rightarrow \quad \mu = \frac{F}{A}\frac{dy}{du}$$

점성계수 μ는 절대점도(absolute viscosity, dynamic viscosity)라고도 불리우며 SI단위는 다음과 같다.

- SI 기본단위 : $\mu = \frac{F}{A}\frac{dy}{du} = \frac{ma}{A}\frac{dy}{du}\left[\frac{\mathrm{kg \cdot m/s^2}}{\mathrm{m^2}} \cdot \frac{\mathrm{m}}{\mathrm{m/s}} = \frac{\mathrm{kg}}{\mathrm{m \cdot s}}\right]$
- SI 유도단위 : $\mu = \frac{F}{A}\frac{dy}{du}\left[\frac{\mathrm{N}}{\mathrm{m^2}} \cdot \frac{\mathrm{m}}{\mathrm{m/s}} = \mathrm{Pa \cdot s}\right]$

즉 점성계수의 SI단위는 $\left[\frac{\mathrm{kg}}{\mathrm{m \cdot s}}\right]$ 또는 $[\mathrm{Pa \cdot s}]$이다.

점성계수는 CGS단위계로 표현할 수 있으며 이를 포아즈(poise)라 부른다. poise와 CGS는 다음과 같은 관계를 가진다.

$$1\ \mathrm{poise} = 1\ \frac{\mathrm{g}}{\mathrm{cm \cdot s}}$$

절대점도인 점성계수를 밀도로 나누어 주면 이를 운동점도, 동점도 또는 동점성계수(kinematic viscosity, ν)가 된다. 절대점도는 중력을 고려하지 않으며 동점도는 중력의

존재 하에 나타내는 점도로 액체인 경우 주로 동점도를 사용한다.

$$동점성계수(\nu) = \frac{점성계수(\mu)}{밀도(\rho)}$$

동점성계수의 단위는 SI 기본단위와 CGS단위로 나타내는데, 이를 스토크(stoke)라 부른다.

- SI 기본단위 : $\nu = \frac{\mu}{\rho} \Rightarrow \left[\frac{\frac{kg}{m \cdot s}}{\frac{kg}{m^3}}\right] = \left[\frac{m^2}{s}\right]$
- CGS단위 : $1\,stoke = 1\,\frac{cm^2}{s}$

2. 전단력과 속도구배의 관계

전단변형률$\left(\frac{du}{dy}\right)$은 다른 말로 속도구배라고도 하며 전단력과 속도구배의 관계는 그림 5-3과 같다.

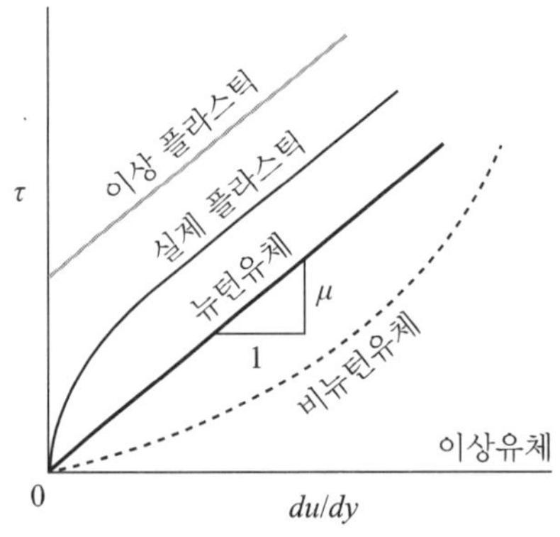

그림 5-3 전단력과 속도구배의 관계

전단력과 속도구배의 관계를 통해 뉴턴유체, 비뉴턴유체, 이상유체를 정의할 수 있다.

- **뉴턴유체**는 점성계수(μ)가 속도구배에 관계없이 일정한 값을 갖는 유체로 τ가 du/dy만의 함수로 나타나며 전단력(τ)과 속도구배(du/dy)가 선형적 관계를 가진다. 특히 물, 공기, 기름 등과 같이 공학에서 다루는 대부분의 유체가 이에 해당된다.

- **비뉴턴유체**는 가해진 전단력 τ와 속도구배 du/dy 사이에는 비선형의 관계를 가지며 대표적인 유체는 플라스틱 물질, 프린트 잉크 등이 있다.
- **이상유체**(ideal fluid)는 비점성유체로 마찰이 없음을 나타낸다.

3. 점성계수와 온도와의 관계

점성계수와 농점성계수는 온도에 의한 영향을 받으며 유체의 종류에 따라 영향 정도가 달라진다.

- 액체는 온도가 상승하면 분자 간 응집력이 감소하므로 점성계수가 감소한다.
- 기체는 온도가 상승하면 분자 간 운동량 교환이 더욱 활발해져 점성계수는 증가한다.

액체와 기체의 온도의 변화에 따른 점성계수의 변화와 동점성계수의 변화를 그림 5-4에 나타내었으며 물과 공기의 온도에 따른 점성계수를 표 5-1에 나타내었다.

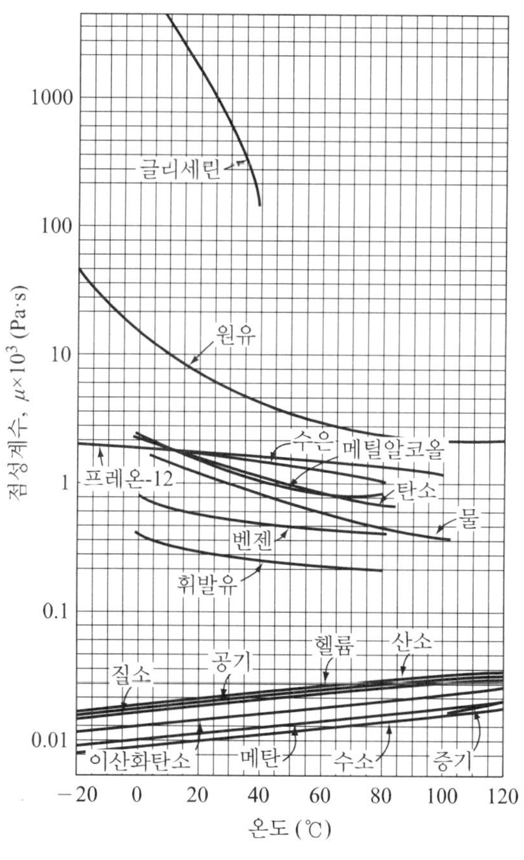

(a)

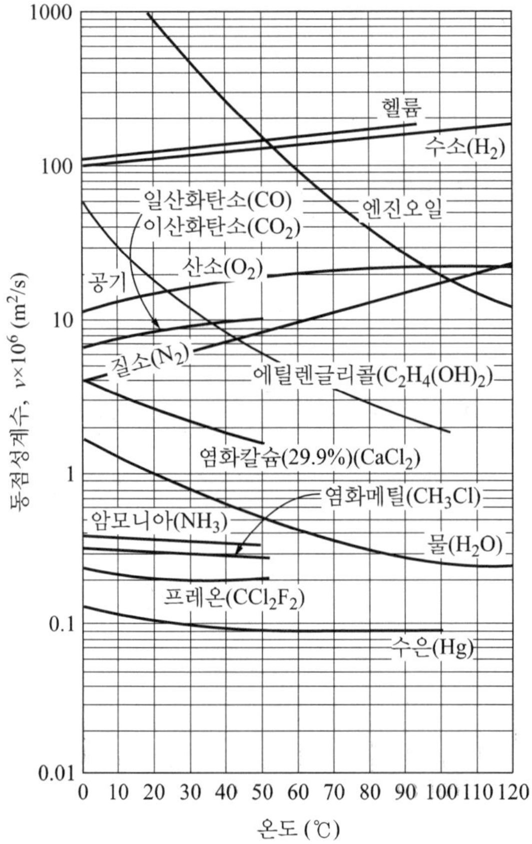

(b)

그림 5-4 액체와 기체에서 온도에 따른 점성계수와 동점성계수의 변화

표 5-1 물과 공기의 온도에 따른 점성계수의 변화

온도 (℃)	$\mu \times 10^{-6}$ (물) SI단위(Pa·s)	$\mu \times 10^{-6}$ (공기) SI단위(Pa·s)
0	1793.63	17.456
10	1296.44	17.848
20	993.41	18.240
40	792.38	19.123
60	471.67	19.97
80	352.06	20.790

점성계수(μ)와 동점성계수(ν)의 환산인자

- 점성계수의 SI단위 : $\dfrac{\text{kg}}{\text{m}\cdot\text{sec}} = \dfrac{\text{N}\cdot\text{sec}}{\text{m}^2} = \text{Pa}\cdot\text{sec}$
- $1\ \text{poise} = 1\ \dfrac{\text{g}}{\text{cm}\cdot\text{s}} = 0.1\ \dfrac{\text{kg}}{\text{m}\cdot\text{s}} = 100\ \text{centipoise}(\text{cP})$
- $1\ \text{stoke} = 1\ \dfrac{\text{cm}^2}{\text{s}}$

[개념문제] 점성계수와 동점성계수

Q&A

예1) 100 cP는 몇 kg/m·sec?

풀이 $1\ \text{poise} = 1\ \dfrac{\text{g}}{\text{cm}\cdot\text{s}} = 0.1\ \dfrac{\text{kg}}{\text{m}\cdot\text{s}} = 100\ \text{centipoise}(\text{cP})$ 이므로

$$100\ \text{cP} \times \frac{0.1\ \dfrac{\text{kg}}{\text{m}\cdot\text{sec}}}{100\ \text{cP}} = 0.1\ \frac{\text{kg}}{\text{m}\cdot\text{sec}}$$

예2) 유체의 운동을 결정하는 점도에 대한 설명으로 옳지 않은 것은?

① 온도가 증가하면 대개 액체의 점도는 감소한다.
② 온도가 감소하면 대개 기체의 점도는 감소한다.
③ 액체의 점도는 기체에 비해 아주 크며, 대개 분자량이 증가하면 증가한다.
④ 온도에 따른 액체의 운동점도의 변화폭은 절대점도의 경우보다 넓다.

풀이 온도에 따른 액체의 운동점도의 변화폭은 절대점도의 경우보다 좁다. 답 ④

예3) 표준상태에서 공기의 점성계수가 1.64×10^{-5} kg/m·sec이다. 다음 질문에 답하시오.

(1) 동점성계수는 몇 m^2/sec인가?
(2) 동점성계수는 몇 stokes인가?

풀이 (1) $\nu = \dfrac{\mu}{\rho_{air}}$

표준상태의 공기의 밀도는 약 $1.295\ \dfrac{\text{kg}}{\text{m}^3}$ 이다.

(단, 공기의 밀도는 공기의 구성성분에 따라 달라짐에 유의한다.)

$$\nu = \frac{\mu}{\rho_{air}} = \frac{1.64\times10^{-5}\ \frac{\text{kg}}{\text{m}\cdot\text{sec}}}{1.295\ \frac{\text{kg}}{\text{m}^3}} = 1.27\times10^{-5}\ \frac{\text{m}^2}{\text{sec}}$$

(2) $\text{stokes}\left(=\frac{\text{cm}^2}{\text{sec}}\right)$이므로

$$\nu = 1.27\times10^{-5}\ \frac{\text{kg}}{\text{m}^2} = 1.27\times10^{-5}\ \frac{\text{m}^2}{\text{sec}}\times\left(\frac{100\ \text{cm}}{\text{m}}\right)^2 = 0.127\ \frac{\text{cm}^2}{\text{sec}}$$

$$= 0.127\ \text{stokes}$$

예4) 간격 0.5 cm의 평행평판 사이에 점성계수 0.04 poise인 액체가 가득차 있다. 한쪽 평판을 고정하고 다른 쪽의 평판을 2 m/sec의 속도로 움직이고 있을 때 공정판에 작용하는 전단응력은 몇 g_f/cm^2인가?

풀이 기본식 $\tau = \frac{F}{A} = \mu\frac{du}{dy}$

주어진 조건에서 $dy = 0.5$ cm, $du = 2$ m/sec, $\mu = 0.04$ poise $= 0.04\ \frac{\text{g}}{\text{cm}\cdot\text{sec}}$이다.

단위를 CGS로 통일하면 $du = 2\ \frac{\text{m}}{\text{sec}} = 2\ \frac{\text{m}}{\text{sec}}\times\frac{100\ \text{cm}}{\text{m}} = 200\ \frac{\text{cm}}{\text{sec}}$

$$\tau = \mu\frac{du}{dy} = 0.04\frac{\text{g}}{\text{cm}\cdot\text{sec}}\times\frac{200\ \text{cm/sec}}{0.5\ \text{cm}} = 16\ \frac{\text{g}}{\text{cm}\cdot\text{sec}^2}$$

전단응력의 단위인 $\frac{\text{g}_\text{f}}{\text{cm}^2}$로 풀어야 함으로

$\text{kg}_\text{f} = 9.8\ \text{N} = 9.8\ \text{kg}\frac{\text{m}}{\text{sec}^2}$이므로 이를 CGS단위로 변환하면

$$\text{kg}_\text{f} = 9.8\ \text{kg}\frac{\text{m}}{\text{sec}^2}$$

$$1{,}000\ \text{g}_\text{f} = 9.8\ \text{kg}\frac{\text{m}}{\text{sec}^2}\times\frac{1{,}000\ \text{g}}{\text{kg}}\times\frac{100\ \text{cm}}{\text{m}}$$

$$\therefore\ \text{g}_\text{f} = 980\ \frac{\text{g}\cdot\text{cm}}{\text{sec}^2}\ \Rightarrow\ \text{g} = \text{g}_\text{f}\frac{\text{sec}^2}{980\ \text{cm}}$$

즉 질량(g)과 중량(g_f)와는 다음 관계를 가진다.

$$\text{g} = \text{g}_\text{f}\frac{\text{sec}^2}{980\ \text{cm}}$$

따라서 전단응력의 분자항에서 질량을 중량으로 단위변환을 하면

$$\tau = 16\,\frac{\mathrm{g}}{\mathrm{cm}\cdot\mathrm{sec}^2} \times \frac{\mathrm{g_f}\,\dfrac{\mathrm{sec}^2}{980\ \mathrm{cm}}}{\mathrm{g}} = 0.016\,\frac{\mathrm{g_f}}{\mathrm{cm}^2}$$

5.1.3 층류와 난류

유체의 흐름은 층류(laminar flow)와 난류(turbulent flow)로 구분할 수 있다.

- **층류**란 층유체가 흐트러지지 않고 유선을 따라 규칙으로 움직이는 것으로 유체의 각 요소가 시공간적으로 균일화된 흐름을 의미한다.
- **난류**는 유체의 흐름이 시공간적으로 불규칙하게 흐르는 흐름이다. 또한 층류와 난류가 혼합되어 흐르는 흐름을 천이류(transitional flow)라 한다

층류는 유속이 느리거나 점성이 클 경우 나타나며 꿀과 같이 점성이 큰 물질이 흐를 경우 층류에 가깝다고 볼 수 있다. 또한 큰 폭을 가진 강물이 완만하게 흐르고 물의 흐름 속에 있는 임의의 물 분자가 각 분자 상호 간의 위치가 물의 흐름에 따라 변화하지 않는 상태이다. 난류는 대부분의 자연계의 유체에서 나타나는 현상으로 물이나 공기의 흐름이 빠르고 유선을 이루는 분자들이 층간에 상호교환하고 불규칙적인 운동이 나타난다. 그림 5-5는 층류와 난류의 흐름형태를 보여준다. 지상에서 바람이 불 경우 지상 1 km 이하의 대기는 지표면과의 마찰 때문에 불규칙적인 운동을 하는 이는 난류 형태이며 지상 1 km 상공의 대기 흐름은 규칙적인 층류적 흐름을 보여준다.

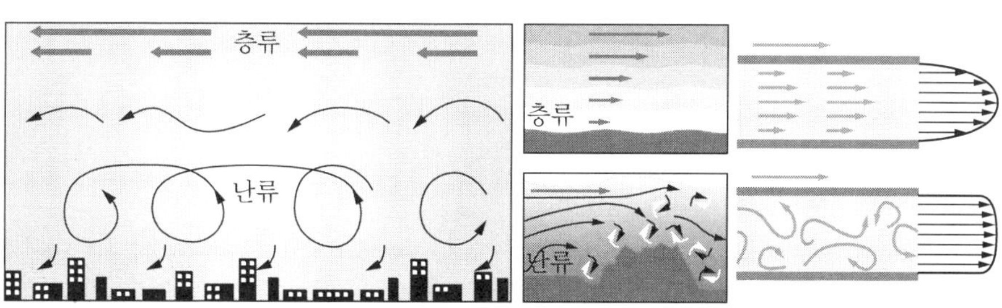

그림 5-5 층류와 난류의 흐름

층류와 난류이론을 처음으로 제안한 사람은 레이놀즈(Osborne Reynolds, 1883)이다. 그림 5-6을 보면 레이놀즈는 물이 가득한 수조에 투명한 관을 연결하고 밸브를 부착하여 물의 흐름을 조절하였으며 물의 흐름 특성을 알기 위해 물감이 흐를 수 있는

장치를 부착하여 투명한 관내에 물감이 흐를 수 있도록 하였다.

즉 레이놀즈는 밸브(A)의 열림을 조절하여 유속(v)을 조절하였으며 투명관의 직경(D)의 크기, 수조 내의 유체의 밀도(ρ)와 점도(μ)를 달리하여 투명관내의 유체의 흐름특성을 관찰하였다. 이를 통해 관성력과 점성력을 정의하였다. 관성력(inertial force)은 외부의 힘을 받아 가속되는 관찰자가 외부 힘을 받지 않는 대상을 보면 마치 힘을 받아 움직이는 것처럼 보이는데 이를 관성력이라 하며 점성력(viscous force)은 움직이는 점성유체의 접선으로부터 발생되는 힘을 의미한다. 레이놀즈는 점성력과 관성력의 비로 층류와 난류를 구별하는 무차원수를 만들었으며 이를 레이놀즈수(Reynolds number)라 한다.

$$Re = \frac{\text{관성력}}{\text{점성력}} = \frac{\rho v D}{\mu}$$

ρ는 유체의 밀도이며, v는 유체의 속도, D는 관의 직경, μ는 유체의 점성계수를 의미한다. 점성계수를 밀도로 나누면 동점성계수가 되는데 Re수는 동점성계수로 나타날 수 있다. 즉 동점성계수 $\nu = \frac{\mu}{\rho}$ 이므로

$$Re = \frac{vD}{\nu}$$

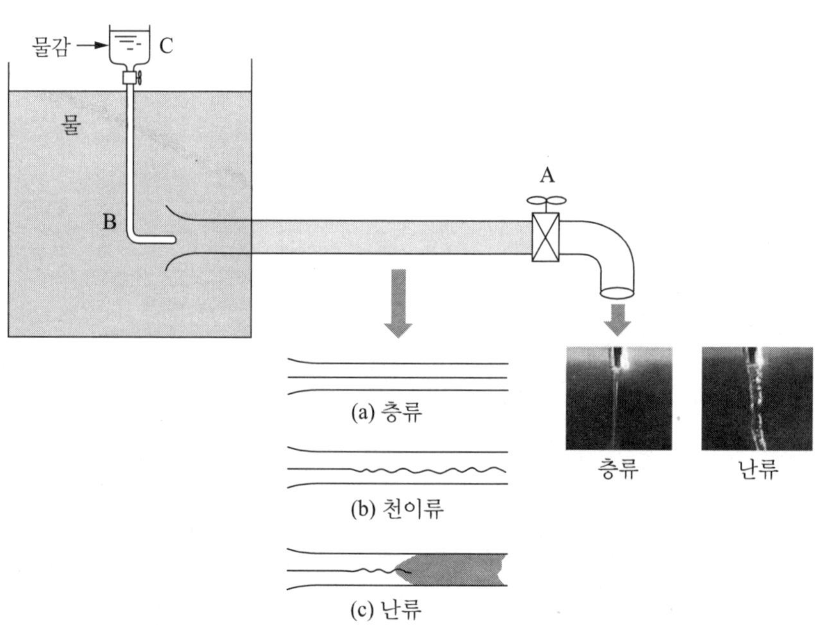

그림 5-6 레이놀즈의 층류, 천이류, 난류의 실험방법

1. *Re* 수의 해석

관성력이 점성력보다 아주 커지면 Re수는 커지며 이때 유체의 흐름은 난류가 되며 관성력보다 점성력이 커지면 층류적 흐름이 된다. 일반적으로 Re수의 크기에 따라 층류, 천이류, 난류로 유체의 흐름을 구분한다. 즉 계산된 Re수에 따른 유체의 흐름 특성은 다음과 같다.

층 류 : $Re \leq 2,000$

난 류 : $Re \geq 4,000$

천이류 : $2,000 < Re < 4,000$

레이놀즈(*Re*)수

- $Re = \dfrac{\text{관성력}}{\text{점성력}} = \dfrac{\rho v D}{\mu} = \dfrac{vD}{\nu}$ (단, $\nu = \dfrac{\mu}{\rho}$)

- 흐름평가
  - 층 류 : $Re \leq 2000$
  - 난 류 : $Re \geq 4000$
  - 천이류 : $2000 < Re < 4000$

[개념문제] **레이놀즈수**

Q&A

예1) 유체흐름에서 레이놀즈수(Reynolds Number)에 관한 설명으로 옳지 않은 것은?

① $\dfrac{\text{관성력}}{\text{점성력}}$ 으로 나타낼 수 있다.

② 무차원의 수이다.

③ $\dfrac{(\text{유체밀도}\times\text{유속}\times\text{유체흐름관의 직경})}{\text{유체점도}}$ 으로 나타낼 수 있다.

④ $\dfrac{\text{점성계수}}{\text{밀도}}$ 로 나타낼 수 있다.

풀이 $\dfrac{\text{점성계수}}{\text{밀도}}$ = 동점성계수임. 답 ④

> 예2) 직경이 50 cm인 관에서 유체의 흐름속도가 4 m/sec로 유체가 흐르고 있다. 이 유체의 점도가 1.5 centipoise라고 할 때 이 유체의 흐름을 평가하시오. (단, 유체의 밀도는 1.3 kg/m^{3}이며, 흐름평가는 2,100을 기준으로 한다.)

풀이 기본식 $Re = \dfrac{\rho v D}{\mu} = \dfrac{vD}{\nu}$

주어진 조건으로부터 단위를 SI단위로 통일시킨다.

$$D = 50\ \mathrm{cm} = 0.5\ \mathrm{m}, \qquad v = 4\ \frac{\mathrm{m}}{\mathrm{sec}}, \qquad \rho = 1.3\ \frac{\mathrm{kg}}{\mathrm{m}^3}$$

$$\mu = 1.5\ \mathrm{centipoise} = 1.5 \times \frac{\mathrm{poise}}{100\ \mathrm{centipoise}} \times \frac{\dfrac{\mathrm{g}}{\mathrm{cm \cdot sec}} \times \dfrac{\mathrm{kg}}{1{,}000\ \mathrm{g}} \times \dfrac{100\ \mathrm{cm}}{\mathrm{m}}}{\mathrm{poise}}$$

$$= 1.5 \times 10^{-3}\ \frac{\mathrm{kg}}{\mathrm{m \cdot sec}}$$

주의 : 점성계수의 단위에 주의한다.

$$\therefore\ Re = \frac{\rho v D}{\mu} = \frac{1.3\ \dfrac{\mathrm{kg}}{\mathrm{m}^3} \times 4\ \dfrac{\mathrm{m}}{\mathrm{sec}} \times 0.5\ \mathrm{m}}{1.5 \times 10^{-3}\ \dfrac{\mathrm{kg}}{\mathrm{m \cdot sec}}} = 1733$$

층류와 난류의 평가기준이 2000이므로 Re가 2000보다 낮아 층류흐름 상태임.

> 예3) 높이 40 cm, 폭 60 cm인 장방형 덕트에 배기가스가 200 m^3/hr로 공급되고 있다. 이 배기가스의 점도가 1.84×10^{-5} kg/m·sec, 밀도는 1.3 kg/m^{3}일 때 레이놀즈수(Reynolds Number)는?

풀이 $Re = \dfrac{\rho v D}{\mu}$

① v를 구하기 위해선 $Q = Av \;\Rightarrow\; v = \dfrac{Q}{A}$

주어진 조건에서 $H = 0.4$ m, $W = 0.6$ m이므로 장방형 덕트의 면적 $A = 0.24$ m

$$Q = 200\ \frac{\mathrm{m}^3}{\mathrm{hr}} = 200\ \frac{\mathrm{m}^3}{\mathrm{hr}} \times \frac{\mathrm{hr}}{60\ \mathrm{min}} \times \frac{\mathrm{min}}{60\ \mathrm{sec}} = 0.056\ \frac{\mathrm{m}^3}{\mathrm{sec}}$$

$$Q = Av \;\Rightarrow\; v = \frac{Q}{A} = \frac{0.056\ \dfrac{\mathrm{m}^3}{\mathrm{sec}}}{0.24\ \mathrm{m}^2} = 0.23\ \frac{\mathrm{m}}{\mathrm{sec}}$$

② $\rho = 1.3\ \dfrac{\mathrm{kg}}{\mathrm{m}^3}$

③ D의 경우 원형관은 직경을 사용하면 되나 방형관의 경우 유체의 흐름을 고려한 상당직경(D_e : equivalent diameter)을 계산하여야 한다.

$$D_e = \frac{2 \times 가로 \times 세로}{(가로 + 세로)} = \frac{2 \times 0.6 \times 0.4}{0.6 + 0.4} = 0.48\ \mathrm{m}$$

$$\therefore\ Re = \frac{\rho v D}{\mu} = \frac{1.3\ \dfrac{\mathrm{kg}}{\mathrm{m}^3} \times 0.231\ \dfrac{\mathrm{m}}{\mathrm{sec}} \times 0.48\ \mathrm{m}}{1.84 \times 10^{-5}\ \dfrac{\mathrm{kg}}{\mathrm{m \cdot sec}}} = 7{,}834$$

Re값이 7,834로 4,000보다 큼으로 난류흐름 형태이다.

예4) 1기압, 20℃일 때 공기의 동점도계수 $\nu = 1.5 \times 10^{-5}\ \mathrm{m^2/sec}$이다. 관의 지름 50 mm로 하면 그 관로의 풍속은 몇 m/sec인가? (단, 레이놀즈수는 3.5×10^4이다.)

풀이 $Re = \dfrac{vD}{\nu}$

주어진 조건에서 $D = 50\ \mathrm{mm} = 50\ \mathrm{mm} \times \dfrac{\mathrm{m}}{1{,}000\ \mathrm{mm}} = 0.05\ \mathrm{m}$

$\nu = 1.5 \times 10^{-5}\ \mathrm{m^2/sec}$

$Re = 3.5 \times 10^4$

$$\therefore\ Re = \frac{vD}{\nu} \Rightarrow v = Re \times \frac{\nu}{D} = 3.5 \times 10^4 \times \frac{1.5 \times 10^{-5}\ \dfrac{\mathrm{m}^2}{\mathrm{sec}}}{0.05\ \mathrm{m}} = 10.5\ \frac{\mathrm{m}}{\mathrm{sec}}$$

예5) 0.8 mm의 액적(구)이 $1.5 \times 10^{-2}\ \mathrm{m/sec}$로 자유 침강한다면 레이놀즈수($Re$)는? (단, 공기밀도는 $1.2\ \mathrm{kg/m^3}$, 점도는 $1.8 \times 10^{-5}\ \mathrm{kg/m \cdot sec}$이다.)

풀이 $Re = \dfrac{\rho v D}{\mu}$

주어진 조건에서 $D = 0.8\ \mathrm{mm} = 0.8\ \mathrm{mm} \times \dfrac{\mathrm{m}}{1{,}000\ \mathrm{mm}} = 8 \times 10^{-4}\ \mathrm{m}$

$$\therefore\ Re = \frac{\rho v D}{\mu} = \frac{1.2\ \dfrac{\mathrm{kg}}{\mathrm{m}^3} \times 1.5 \times 10^{-2}\ \dfrac{\mathrm{m}}{\mathrm{sec}} \times 8 \times 10^{-4}\ \mathrm{m}}{1.8 \times 10^{-5}\ \dfrac{\mathrm{kg}}{\mathrm{m \cdot sec}}} = 0.8$$

2. 마찰계수(f)와 레이놀즈수(Re)와 상대조도(ε/D)의 관계

실제유체가 관내를 흐를 때 흐름의 형태, 관 벽의 거칠기에 따라 발생되는 마찰력 즉 마찰계수는 달라진다. 이를 실용 상용관을 대상으로 유체의 흐름은 난류이며, 매끈한 관, 거친 관 등 관 벽의 거칠기를 고려한 경험식을 도표로 만든 것을 무디선도

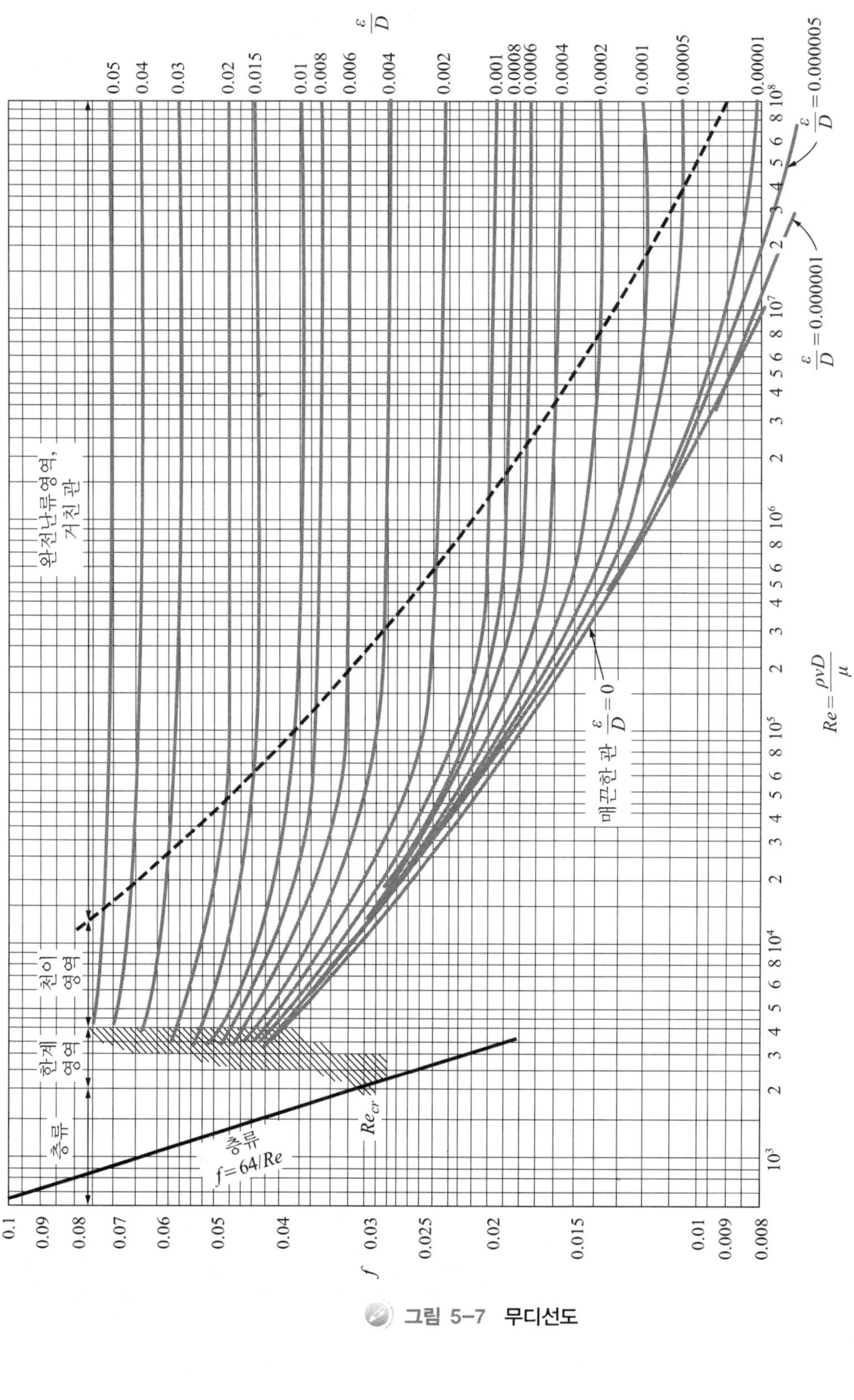

층류
한계 영역
천이 영역
완전난류영역, 거친 관
층류 $f=64/Re$
Re_{cr}
매끄러운 관 $\frac{\varepsilon}{D}=0$
$\frac{\varepsilon}{D}=0.000001$
$\frac{\varepsilon}{D}=0.000005$
$\frac{\varepsilon}{D}$
$Re=\frac{\rho v D}{\mu}$
f
0.05
0.04
0.03
0.02
0.015
0.01
0.008
0.006
0.004
0.002
0.001
0.0008
0.0006
0.0004
0.0002
0.0001
0.00005
0.00001
0.1
0.09
0.08
0.07
0.06
0.05
0.04
0.03
0.025
0.02
0.015
0.01
0.009
0.008
10^3
10^4
10^5
10^6
10^7
10^8

그림 5-7 무디선도

(moody diagram)라고 하며 그림 5-7에 나타내었다. 실용 상용관에서 x축은 레이놀즈수(Re)이며 y축의 왼쪽은 마찰계수(f), 오른쪽은 조도계수 또는 상대조도$\left(\frac{\epsilon}{D}\right)$로 매끈함의 정도를 나타낸다. ϵ은 관의 조도이며 D는 관의 직경이다. 조도란 표면의 거칠기(roughness)의 정도로 가공에 사용되는 공구나 가공법, 표면의 긁힌 홈 등에 의해 생긴다. 그림 5-7에서 그래프의 맨 아래쪽은 매끈한 관으로 상대조도가 0이 된다. 만약 관이 매우 매끈하고 레이놀즈수는 7×10^4이라면 마찰계수는 약 0.019가 된다. 무디선도를 통해 레이놀즈수로부터 마찰계수를 구할 수 있으며 마찰계수로부터 레이놀즈수를 예측할 수 있다.

유체의 흐름에 따른 Re수와 마찰손실계수 f의 관계는

원 관내 층류로 $Re < 2{,}000$일 경우 $f = \frac{64}{Re}$이며

$Re > 2{,}000$ 큰 천이류 또는 난류 형태일 때에는 $f = f\left(Re,\ \frac{\epsilon}{D}\right)$로

거친 관일 경우 상대조도$\left(\frac{\epsilon}{D}\right)$만의 함수이며, 매끈한 관은 Re만의 함수로 나타내 수 있다.

[개념문제] **마찰계수**

Q&A

예1) 지름이 25 cm인 아연도금 강관내를 시간당 500 m^{3}의 유량으로 물이 흐르고 있을 때 마찰계수는 얼마인가? (단, 아연도금 강관의 조도는 0.015 cm이며 물의 점성계수 0.001 kg/m·sec이다.)

풀이 상대조도는 $\frac{\epsilon}{D} = \frac{0.015\ \text{cm}}{25\ \text{cm}} = 6 \times 10^{-4}$

$Re = \frac{\rho v D}{\mu}$에서 $\rho = 1{,}000\ \frac{\text{kg}}{\text{m}^3}$

$$v = \frac{Q}{A} = \frac{500\ \frac{\text{m}^3}{\text{hr}} \times \frac{\text{hr}}{3{,}600\ \text{s}}}{\frac{\pi \times (0.25\ \text{m})^2}{4}} = 2.83\ \frac{\text{m}}{\text{s}}$$

$$\mu = 0.001\ \frac{\text{kg}}{\text{m} \cdot \text{s}}$$

$$\therefore\ Re = \frac{\rho v D}{\mu} = \frac{1{,}000\ \dfrac{\text{kg}}{\text{m}^3} \times 2.83\ \dfrac{\text{m}}{\text{s}} \times 0.25\ \text{m}}{0.001\ \dfrac{\text{kg}}{\text{m} \cdot \text{s}}} = 707{,}500$$

전형적인 난류형태이며 상대조도(y축 오른쪽) 0.0006과 레이놀즈수(x축) 7×10^{-5}과 만나는 점이 약 0.0178이다. 따라서 마찰계수 $f = 0.0178$이다.

5.1.4 관내의 유체흐름과 유속분포

1차원 유동에서 이상유체와 실제유체의 관내의 유체흐름 차이를 그림 5-8에 나타내었다. 이상유체의 경우 마찰력 즉 점성력이 존재하지 않음으로 위치에 상관없이 균일한 흐름을 가진다. 반면에 관내를 흐르는 실제유체는 점성력(마찰력)을 가지게 됨으로 점성력이 가장 작은 관내 중앙에서는 가장 빠르고 점성력이 가장 큰 관 벽에서는 가장 느린 흐름을 가지게 된다. 원형관내 실제유체의 유속분포는 원형관내 위치, 즉 반지름(dr)의 위치에 따라 달라짐을 알 수 있다.

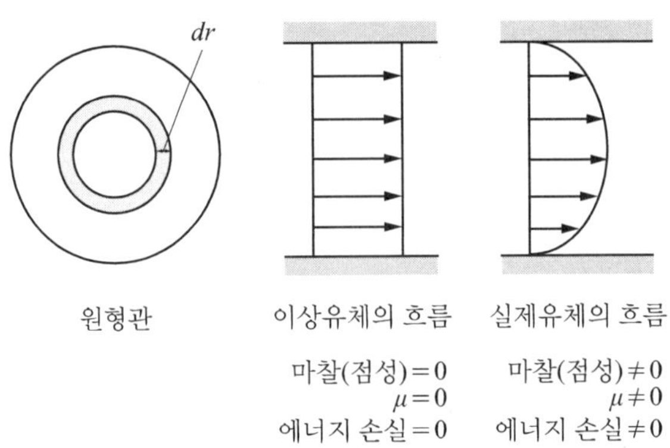

그림 5-8 이상유체와 실체유체의 흐름 분포도

반지름이 r_o인 원형관내에서 유체흐름에 따른 유속분포를 알기 위해선 관내의 미소체적 $dA\,dl$에 대한 힘의 균형식을 세우면 다음과 같다. 원형관내를 흐르는 유체의 흐름이 정상류이고, 층류상태에서 가속도가 없고 외력만 존재한다면 미소한 유체요소에 작용하는 전 외력의 합은 0이 된다.

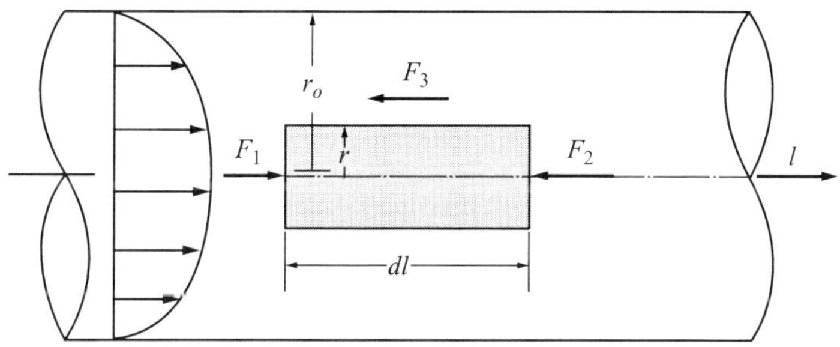

그림 5-9 원형관내 미소체적 $dA\,dl$에 작용하는 힘

미소체적 $dA\,dl$에 작용하는 힘의 균형식은

$$F_1 = F_2 + F_3 \quad \Rightarrow \quad F_1 - F_2 - F_3 = 0$$

F_1과 F_2는 표면력으로 힘이 단위면적에 수직방향으로 작용함으로 압력을 이용하여 다음과 같은 식으로 표현할 수 있다.

$$F_1 = p\,dA$$

$$F_2 = \left(p + \frac{\partial p}{\partial l}dl\right)dA$$

F_3 힘 역시 표면력이나 표면에 접선방향으로 작용함으로 전단력을 이용해야 한다.

$$F_3 = \tau dA'$$

여기서 주의할 점은 F_1과 F_2가 작용하는 면적 dA로 πr^2이 되며 F_3가 작용하는 면적 dA'로 $2\pi r dl$이 된다는 점이다.

미소체적 $dA\,dl$에 대하여 힘의 균형식을 세우면

$$p\,dA - \left(p + \frac{\partial p}{\partial l}dl\right)dA - \tau dA' = 0$$

$$-\frac{\partial p}{\partial l}dl\,dA - \tau dA' = 0$$

각 항을 미소체적 $dA\,dl$로 나누면

$$-\frac{\partial p}{\partial l} - \tau\frac{dA'}{dA\,dl} = 0$$

$$\downarrow \quad dA = \pi r^2$$

$$\downarrow \quad dA' = 2\pi r dl$$

$$-\frac{dp}{dl} - \tau\frac{2\pi r dl}{\pi r^2 dl} = 0$$

이를 전단력 τ로 재정리하면

$$\tau = -\frac{dp}{dl}\frac{r}{2}$$

전단력 τ는 반경 r의 함수이며 전단력은 관의 중심에서는 0이 되며, 관 벽에서는 최대가 된다. 또한 이 식은 층류와 난류에서 모두 사용할 수 있다.

전단력(τ)식

- $\tau = -\frac{dp}{dl}\frac{r}{2}$
- $\tau = \mu\frac{du}{dy}$ (뉴턴의 점성법칙)

1. 원형관내 층류흐름에서 속도분포와 전단력의 관계

원형관내에 점성유체가 정상류이며 층류형태의 흐름을 가질 때 유체의 속도와 압력손실 간의 관계를 이론적으로 구할 수 있다. 그림 5-10에서 반지름이 r_o인 원형관내의 반지름이 r인 지점의 속도를 구할 수 있으며 관의 중심에서 전단력(τ)은 0이 됨으로 유속은 최대($v_{\max}$)가 되며 관 벽에서 전단력의 최대가 됨으로 관 벽에서의 유속은 0이 된다.

전단력은 미소체적에 작용하는 힘의 균형식과 뉴턴의 점성법칙을 통하여 구할 수 있다. 이 전단력은 같은 크기를 가짐으로 다음과 같이 정리할 수 있다.

뉴턴의 점성법칙 $\tau = \mu\frac{du}{dy}$에서 dy 대신 dr로 대치를 하고 du 대신 dv로 대치를 하면 $\tau = -\mu\frac{dv}{dr}$로 쓸 수 있으며 여기서 (−)기호는 원형관의 반경 r이 증가 시 속도는 감소함을 의미한다.

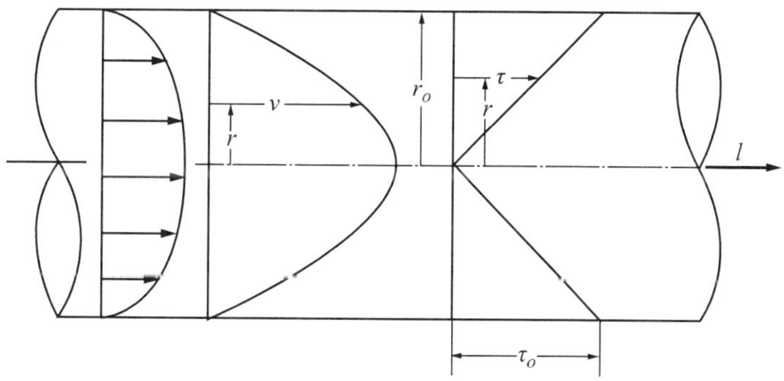

그림 5-10 원형관에서 속도분포와 전단력분포의 관계

따라서 전단력식은

$$\tau - -\frac{dp}{dl}\frac{r}{2} - -\mu\frac{dv}{dr}$$

$$\frac{dv}{dr} = \frac{r}{2\mu}\frac{dp}{dl}$$

위 식을 부정적분하면

$$dv = \frac{1}{2\mu}\frac{dp}{dl}r\,dr$$

$$\int dv = \frac{1}{2\mu}\frac{dp}{dl}r\int dr$$

$$v = \frac{1}{2\mu}\left(\frac{dp}{dl}\right)\frac{r^2}{2} + C$$

실제흐름에서 벽면속도는 항상 0이므로 $r = r_o$인 경우 $v = 0$이 된다.

$$0 = \frac{1}{2\mu}\left(\frac{dp}{dl}\right)\frac{r_o^2}{2} + C \quad\rightarrow\quad C = -\frac{1}{2\mu}\left(\frac{dp}{dl}\right)\frac{r_o^2}{2}$$

$$v = \frac{1}{2\mu}\left(\frac{dp}{dl}\right)\frac{r^2}{2} - \frac{1}{2\mu}\left(\frac{dp}{dl}\right)\frac{r_o^2}{2}$$

$$v = \frac{1}{4\mu}\left(\frac{dp}{dl}\right)(r^2 - r_o^2)$$

$$\therefore\ v = -\frac{1}{4\mu}\left(\frac{dp}{dl}\right)(r_o^2 - r^2) \leftarrow \text{수평원관 흐름에서의 층류속도분포식}$$

$\left(\frac{dp}{dl}\right)$는 관 길이 l의 변화에 따른 압력손실을 Δp라 하면 $\left(\frac{dp}{dl}\right) = -\frac{\Delta p}{l}$로 쓸 수 있다.

$$\therefore\ v = \frac{1}{4\mu}\left(\frac{\Delta p}{l}\right)(r_o^2 - r^2)$$

원형관내의 유체속도식

$$v = \frac{1}{4\mu}\left(\frac{\Delta p}{l}\right)(r_o^2 - r^2)$$

본 식은 특정 위치의 r에서 유체의 속도 v를 구할 수 있는 식이다.

그림 5-11을 보면 관내의 유체흐름에서 가운데 위치인 $r=0$인 지점에서의 유체속도 v는

$$v = \frac{1}{4\mu}\left(\frac{\Delta p}{l}\right)(r_o^2 - 0) = \frac{1}{4\mu}\left(\frac{\Delta p}{l}\right)(r_o^2)$$

이 되며 최대속도(v_{max})값을 가지며 벽면 지역인 $r=r_o$인 지점에서의 유체속도 v는

$$v = \frac{1}{4\mu}\left(\frac{\Delta p}{l}\right)(r_o^2 - r_o^2) = 0$$

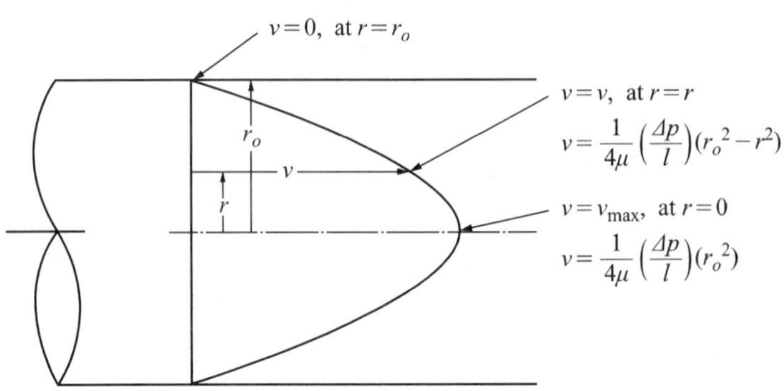

그림 5-11 원형관내 층류 흐름에서 반지름 r의 위치에 따른 속도식

가 된다. 예를 들어 r_o가 10 cm인 원형관에서 $r=5$ cm인 지점의 유체속도는 $v=\frac{1}{4\mu}\left(\frac{\Delta p}{l}\right)(10^2-5^2)$이 된다.

$$v = \frac{1}{4\mu}\left(\frac{\Delta p}{l}\right)(r_o^2-r^2)$$

5.2 유체의 압력손실식

유체가 일정한 길이와 직경을 가진 관내를 흐를 때 유체의 점성저항에 의해 에너지 손실이 발생하며 이러한 에너지손실은 마찰손실과 형상손실에 의해 발생한다. 에너지 손실은 손실수두, 압력손실로 나타낼 수 있으며 이 장에서는 Hagen-Poiseuille식, Dary-Weisbach식, Hanzen-Williams식 및 기타 형상에 따른 압력손실식에 대해 정리하였다.

5.2.1 Hagen-Poiseuille식

원형관내에 점성유체와 같은 실제유체가 층류로 흐를 때 속도분포와 유량 및 압력손실의 관계를 구할 수 있다.

그림 5-12와 같은 반지름이 r_o인 원형관에서 미소반지름 dr의 동심원대를 통과하는 유량은

$$Q = Av$$

특정위치의 반지름 r에서의 속도는 $v=\frac{1}{4\mu}\left(\frac{\Delta p}{l}\right)(r_o^2-r^2)$이고 dr의 동심원대의 면적을 통과하는 $A=2\pi r dr$이 된다.

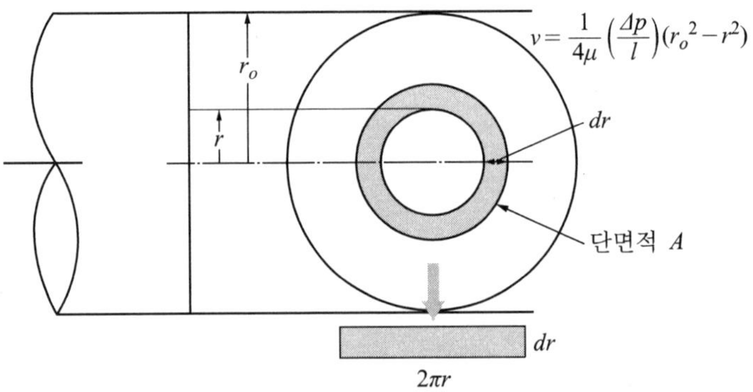

그림 5-12 원형관내 층류 흐름에서 반지름 r의 위치의 미소면적과 속도

따라서 원형관내로 통과하는 유량 Q는

$$
\begin{aligned}
Q &= A v \\
&= 2\pi r dr \cdot -\frac{1}{4\mu}\frac{dp}{dl}\left(r_o^2 - r^2\right) \\
&= -\frac{\pi}{2\mu}\frac{dp}{dl}\left(r_o^2 - r^2\right) r dr
\end{aligned}
$$

$r=0$에서 $r=r_o$ 반지름까지 정적분하면

$$
\begin{aligned}
Q &= -\frac{\pi}{2\mu}\frac{dp}{dl}\left(r_o^2 - r^2\right) r \int_o^{r_o} dr \\
&= -\frac{\pi}{2\mu}\frac{dp}{dl}\left(r_o^2 r \int_o^{r_o} dr - r^3 \int_o^{r_o} dr\right) \\
&= -\frac{\pi}{2\mu}\frac{dp}{dl}\left(r_o^2 \cdot \frac{r_o^2}{2} - \frac{r_o^4}{4}\right) \\
&= -\frac{\pi}{2\mu}\frac{dp}{dl} \cdot \frac{r_o^4}{4} \\
&= -\frac{\pi}{8\mu}\frac{dp}{dl} \cdot r_o^4
\end{aligned}
$$

$\left(\frac{dp}{dl}\right)$는 관 길이 l의 변화에 따른 압력손실을 Δp라 하면 $\left(\frac{dp}{dl}\right) = -\frac{\Delta p}{l}$로 쓸 수 있다.

$$Q = \frac{\pi}{8\mu}\frac{\Delta p}{l} \cdot r_o^4 \Rightarrow \Delta p = Q \cdot \frac{8\mu}{\pi} \cdot \frac{l}{r_o^4}$$

여기에서 μ는 유체의 점성계수이며 Δp는 관의 길이 l에서 점성에 의한 압력손실이며 μ는 유체의 점성계수이다. 이를 하겐 - 포아젤(Hagen-Poiseuille)식이라 부르며 수평 원형관내의 정상류, 층류의 점성유체가 유동 시 적용되며 이때의 압력손실은 유량(Q), 관의 길이(l)와 유체의 점성(μ)에 비례하고 관의 반경(r_o)의 4제곱에 반비례함을 볼 수 있다.

반지름 r_o를 지름 d로 바꾸면 $d=2r_o$이므로 $r_o = \frac{d}{2}$

$$\therefore Q = \frac{\pi}{128\mu}\frac{\Delta p}{l} \cdot d^4 = \frac{\Delta p \pi d^4}{128\mu l} \Rightarrow \Delta p = Q \cdot \frac{128\mu}{\pi} \cdot \frac{l}{d^4}$$

유체유량과 압력손실식 : 하겐 - 포아젤 방정식

- 원형관의 반지름(r_o)를 사용한 경우

$$Q = \frac{\pi}{8\mu}\frac{\Delta p}{l} \cdot r_o^4 \Rightarrow \Delta p = Q \cdot \frac{8\mu}{\pi} \cdot \frac{l}{r_o^4}$$

- 원형관의 지름(d)를 사용한 경우

$$Q = \frac{\Delta p \pi d^4}{128\mu l} \Rightarrow \Delta p = Q \cdot \frac{128\mu}{\pi} \cdot \frac{l}{d^4}$$

Δp : 유체점성에 의한 압력손실

[개념문제] 하겐 - 포아젤 방정식

Q&A

예1) 지름이 5 cm이고 길이가 10 m인 원형관으로 점성계수가 0.6 poise인 유체가 0.5 m^3/s의 유량으로 흐른다면 이 유체를 수송하는 필요한 유체기계의 압력은 몇 kPa인가?

풀이 주어진 조건에서 유량과 압력변화에 대한 문제이므로

$Q = \frac{\Delta p \pi d^4}{128\mu l} \Rightarrow \Delta p = Q \cdot \frac{128\mu}{\pi} \cdot \frac{l}{d^4}$ 식을 이용하며 단위변화에 주의한다.

모든 단위는 SI단위를 사용한다.

$$Q = 0.5\ \frac{\text{m}^3}{\text{s}}$$

$$d = 5\ \text{cm} = 0.05\ \text{m}$$

$$l = 10\ \text{m}$$

$$\mu = 0.6\ \text{poise} = 0.6\ \text{poise} \times \frac{1\ \dfrac{\text{g}}{\text{cm}\cdot\text{s}} \times \dfrac{\text{kg}}{1{,}000\ \text{g}} \times \dfrac{100\ \text{cm}}{\text{m}}}{\text{poise}} = 0.06\ \frac{\text{kg}}{\text{m}\cdot\text{s}}$$

$$\Delta p = Q \cdot \frac{128\mu}{\pi} \cdot \frac{l}{d^4} = 0.5\ \frac{\text{m}^3}{\text{s}} \times \frac{128 \times 0.06\ \dfrac{\text{kg}}{\text{m}\cdot\text{s}}}{\pi} \times \frac{10\ \text{m}}{(0.05\ \text{m})^4}$$

$$= 1{,}955{,}695 \left[\frac{\dfrac{\text{m}^3}{\text{s}} \times \dfrac{\text{kg}}{\text{m}\cdot\text{s}} \times \text{m}}{\text{m}^4} = \frac{\text{kg}\dfrac{\text{m}}{\text{s}^2}}{\text{m}^2}\right]$$

$$= 1{,}955{,}695 \left[\frac{\text{N}}{\text{m}^2}\right]$$

$$\therefore\ \Delta p = 1{,}955{,}695 \left[\frac{\text{N}}{\text{m}^2}\right] = 1{,}955{,}695 \left[\frac{\text{N}}{\text{m}^2}\right] \times \frac{\text{Pa}}{\left[\dfrac{\text{N}}{\text{m}^2}\right]} \times \frac{\text{kPa}}{1{,}000\ \text{Pa}} = 1955.7\ \text{kPa}$$

예2) 점성계수가 0.6 poise인 유체가 지름 5 cm, 길이 10 m인 원형관 속에 흐른다. 원형관의 출구와 입구의 압력차가 14,675 mmHg라면 유량은 몇 m^3/s인가? (단, 흐름은 정상류이며 층류이다.)

풀이 $$Q = \frac{\Delta p \pi d^4}{128\mu l}$$

$$d = 5\ \text{cm} = 0.05\ \text{m}$$

$$l = 10\ \text{m}$$

$$\mu = 0.6\ \text{poise} = 0.6\ \text{poise} \times \frac{1\dfrac{\text{g}}{\text{cm}\cdot\text{s}} \times \dfrac{\text{kg}}{1{,}000\ \text{g}} \times \dfrac{100\ \text{cm}}{\text{m}}}{\text{poise}} = 0.06\ \frac{\text{kg}}{\text{m}\cdot\text{s}}$$

$$\Delta p = 14{,}675\ \text{mmHg} = 14{,}675\ \text{mmHg} \times \frac{101.3\ \text{kPa}}{760\ \text{mmHg}} \times \frac{1{,}000\ \text{Pa}}{\text{kPa}} \times \frac{\left[\dfrac{\text{N}}{\text{m}^2}\right]}{\text{Pa}}$$

$$= 1{,}956{,}023 \left[\frac{\text{N}}{\text{m}^2}\right] = 1{,}956{,}023 \left[\frac{\text{kg}}{\text{m}\cdot\text{s}^2}\right]$$

$$\therefore\ Q = \frac{\Delta p \pi d^4}{128\mu l} = \frac{1{,}956{,}023\ \dfrac{\text{kg}}{\text{m}\cdot\text{s}^2} \times \pi \times (0.05\ \text{m})^4}{128 \times 0.06\ \dfrac{\text{kg}}{\text{m}\cdot\text{s}} \times 10\ \text{m}} = 0.5\ \frac{\text{m}^3}{\text{s}}$$

5.2.2 Darcy-Weisbach식

하겐 - 포아젤 방정식의 경우 유체의 점성에 의한 압력손실 형태라면, Darcy-Weisbach 식에 따르면 유체가 원형관 등의 통로를 흐르거나 장치를 통과할 때 관내 마찰에 의해 압력손실 현상이 일어난다. 즉 실제유체의 압력손실의 원인은 유체의 점성 때문에 유체가 흐르는 과정에서 마찰력이 발생하며 또는 유체입자와 관내를 흐르는 동안 관내의 마찰력에 의해 발생한다. 이때 발생된 마찰력은 열에너지로 변화되며 손실에너지가 발생하게 되는데 이를 압력손실, 또는 손실수두라고 정의한다.

그림 5-13에서 지름 d인 원형관에 비중량이 γ이고 점성계수가 μ인 유체가 1점에서 2점으로 길이 l만큼 이동한다면 1점과 2점 사이의 손실수두는 Δh만큼 측정된다. 이 때 발생하는 압력손실(Δp)은 다음과 같이 정의된다.

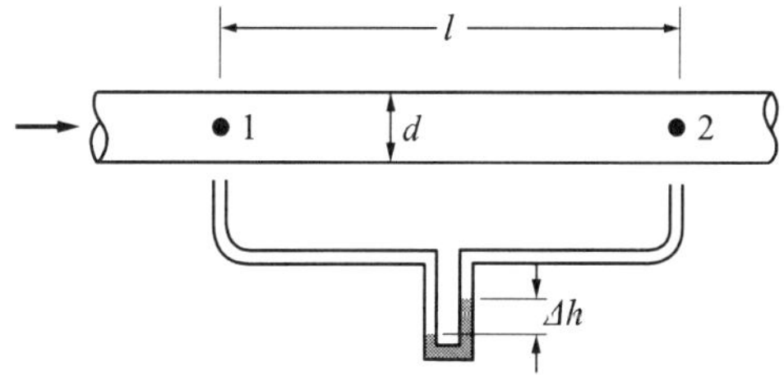

그림 5-13 두 점 간의 손실수두(Δh)

손실수두(Δh)와 압력손실(Δp)의 관계는 다음과 같다. $p = \gamma h$의 관계를 가지므로 즉, 1점과 2점 사이의 압력손실은

$$\Delta p = p_1 - p_2 = \gamma \Delta h$$

이 식에서 압력(p_1, p_2)는 정압형태의 압력이다.

Hagen-Poiseuille식으로부터

$$Q = Av = \frac{\pi}{8\mu}\frac{\Delta p}{l} \cdot r_o^4$$

이 식에서 $A = \pi \cdot r_o^2$이므로 $v = \frac{1}{8\mu}\frac{\Delta p}{l} \cdot r_o^2$이 되며 Δp로 재정리하면

$$\Delta p = \frac{8\mu l v}{r_o^2}$$

이다. 즉, 유체가 관의 길이 l만큼 이동시 발생하는 Δp는 다음과 같이 두 가지 식으로 표현할 수 있다.

$$\Delta p = \gamma \Delta h$$

$$\Delta p = \frac{8\mu l v}{r_o^2}$$

따라서 $\Delta p = \frac{8\mu l v}{r_o^2} = \gamma \Delta h$의 관계를 가지며 Δh로 재정리하면

$$\Delta h = \frac{8\mu l v}{\gamma r_o^2}$$

여기에서 $\gamma = \rho g$이며 $r_o = \frac{d}{2}$이므로 위 식에 대입하고 재정리하면

$$\Delta h = \frac{8\mu l v}{\gamma r_o^2} = \frac{8\mu l v}{\rho g \left(\frac{d}{2}\right)^2} = \frac{32\mu l v}{\rho g d^2}$$

여기서 분자, 분모에 $2v$를 곱하고 재정리하면

$$\Delta h = \frac{32\mu l v \times 2v}{\rho g d^2 \times 2v} = 64\left(\frac{\mu}{\rho v d}\right)\left(\frac{l}{d}\right)\left(\frac{v^2}{2g}\right)$$

또한 $Re = \frac{\rho v d}{\mu}$이므로

$$\Delta h = 64\left(\frac{1}{Re}\right)\left(\frac{l}{d}\right)\left(\frac{v^2}{2g}\right)$$

Re수와 마찰손실계수 f는 무디선도에서 볼 수 있듯이 유체의 흐름과 관내조잡도 또는 조도에 따라 달라진다. 유체의 흐름이 층류라고 가정 시 Re수와 마찰손실계수 f의 관계는 다음과 같다.

$$f = \frac{64}{Re}$$

따라서 $\Delta h = f\left(\frac{l}{d}\right)\left(\frac{v^2}{2g}\right)$로 이 식을 Darcy-Weisbach의 마찰손실수두(head loss) 식

또는 Fanning의 방정식이라고 부른다. 이를 압력손실식으로 나타내면 $\Delta p = \gamma \Delta h$이므로

$$\Delta p = \gamma \Delta h = \gamma \times f\left(\frac{l}{d}\right)\left(\frac{v^2}{2g}\right) = f\left(\frac{l}{d}\right)\left(\frac{\gamma v^2}{2g}\right)$$

f는 마찰손실계수로 무차원계수이며 $\frac{l}{d}$은 관의 특성이며 $\frac{\gamma v^2}{2g}$는 유체의 동압(p_v)을 의미한다. 유체의 동압에 대해서는 베르누이정리에서 다룬다.

유체속도와 압력손실식 : Darcy-Weisbach식

$$\Delta p = f\frac{l}{d}\frac{\gamma v^2}{2g} \quad (\text{단, } f : \text{마찰계수})$$

Δp : 관 벽의 마찰력에 의한 압력손실

압력손실(Δp)와 손실수두(Δh)의 단위

- 압력손실의 단위는 두 점 간의 압력의 차이나 Darcy-Weisbach식을 이용하든 압력의 단위체계인 단위면적당 힘인 [N/m^2]이 사용된다.

$$\Delta p = \gamma \Delta h \quad \rightarrow \quad \text{단위해석 : } \left[\frac{\mathrm{kg_f}}{\mathrm{m^3}}\right][\mathrm{m}] \rightarrow \left[\frac{\mathrm{kg_f}}{\mathrm{m^2}}\right] \rightarrow \left[\frac{\mathrm{N}}{\mathrm{m^2}}\right]$$

$$\Delta p = f\frac{l}{d}\frac{\gamma v^2}{2g} \quad \rightarrow \quad \text{단위해석 : } \left[\frac{\mathrm{m}}{\mathrm{m}}\right]\left[\frac{\frac{\mathrm{kg_f}}{\mathrm{m^3}}\frac{\mathrm{m^2}}{\mathrm{s^2}}}{\frac{\mathrm{m}}{\mathrm{s^2}}}\right] \rightarrow \left[\frac{\mathrm{kg_f}}{\mathrm{m^2}}\right] \rightarrow \left[\frac{\mathrm{N}}{\mathrm{m^2}}\right]$$

- 반면에 손실수두는 길이의 단위인 [m]를 사용한다. 길이의 단위이지만 마노미터의 원리에 따라 압력손실의 개념을 가짐을 잊지 말아야 한다.

$$\Delta h = \frac{\Delta p}{\gamma} \quad \rightarrow \quad \left[\frac{\frac{\mathrm{N}}{\mathrm{m^3}}}{\frac{\mathrm{N}}{\mathrm{m^2}}}\right] \rightarrow [\mathrm{m}]$$

[개념문제] 덕트형상에 따른 압력손실

원형 및 장방형 직선덕트의 압력손실식

- 원형 직선덕트 : $\Delta p = 4f\frac{l}{d}\frac{\gamma v^2}{2g} \rightarrow \Delta p = \lambda\frac{l}{d}\frac{\gamma v^2}{2g}$ [mmH$_2$O]
- 장방형 직선덕트 : $\Delta p = f\frac{l}{D_o}\frac{\gamma v^2}{2g}$ [mmH$_2$O] (단, $D_o = \frac{2ab}{a+b}$)

예1) 튀김집 주방환기구에서 옥상까지 10 m의 길이로 양철직관 환기장치를 하려고 한다. 이 가로는 300 mm, 세로는 450 mm의 장방형 관에 100 m^3/min 표준공기가 흐른다고 가정할 때 이 양철직관(10 m)의 마찰압력손실(mmH$_2$O)은? (단, 마찰계수(f) = 0.03이고, 압력손실은 다음 식을 사용한다.)

$$\Delta p = f \times \frac{l}{D} \times \frac{\gamma v^2}{2g}$$

풀이 주어진 조건에서

$f = 0.03$, $l = 10$ m, 공기의 비중량(γ) $= 1.29\ \frac{\text{kg}_\text{f}}{\text{m}^3}$

$$Q = Av \rightarrow v = \frac{Q}{A} = \frac{100\ \frac{\text{m}^3}{\text{min}} \times \frac{\text{min}}{60\ \text{sec}}}{0.3\ \text{m} \times 0.45\ \text{m}} = 12.35\ \frac{\text{m}}{\text{sec}}$$

$$D_o = D = \frac{2ab}{a+b} = \frac{2 \times 0.3\ \text{m} \times 0.45\ \text{m}}{0.3\ \text{m} + 0.45\ \text{m}} = 0.36\ \text{m}$$

$$\therefore \Delta p = f \times \frac{l}{D} \times \frac{\gamma v^2}{2g} = 0.03 \times \frac{10\ \text{m}}{0.36\ \text{m}} \times \frac{1.29\ \frac{\text{kg}_\text{f}}{\text{m}^3} \times \left(12.35\ \frac{\text{m}}{\text{sec}}\right)^2}{2 \times 9.8\ \frac{\text{m}}{\text{sec}^2}}$$

$$= 8.37\ \text{mmH}_2\text{O}$$

예2) 높이 100 m, 직경이 1 m인 덕트에서 260℃의 배출가스가 12,000 Sm^3/hr로 토출될 때 덕트의 마찰손실(mmH$_2$O)은? (단, 마찰계수는 $\lambda = 0.06$, 표준상태의 공기밀도는 1.3 kg/m^3)

풀이 $\Delta p = 4f\frac{l}{d}\frac{\gamma v^2}{2g} \rightarrow \Delta p = \lambda\frac{l}{d}\frac{\gamma v^2}{2g}$ [mmH$_2$O]

주어진 조건에서 $4f = \lambda = 0.06$, $l = 100$ m

① $Q = 12{,}000\ \dfrac{\text{Sm}^3}{\text{hr}} \times \dfrac{\text{hr}}{60\ \text{min}} \times \dfrac{\text{min}}{60\ \text{sec}} = 3.33\ \dfrac{\text{Sm}^3}{\text{sec}}$ 이므로

$$Q = Av \quad \rightarrow \quad v = \frac{Q}{A} = \frac{3.33\ \dfrac{\text{Sm}^3}{\text{sec}}}{\dfrac{\pi}{4} \times 1^2} = 4.24\ \frac{\text{m}}{\text{sec}}$$

② 표준상태의 공기밀도는 $1.3\ \dfrac{\text{kg}}{\text{m}^3}$ 이므로 이를 260℃의 공기밀도로 온도보정을 하면 $1.3\ \dfrac{\text{kg}}{\text{m}^3} \times \dfrac{273}{273+260} = 0.67\ \dfrac{\text{kg}}{\text{m}^3}$ 따라서 공기의 비중량은 $\gamma = 0.67\ \dfrac{\text{kg}_\text{f}}{\text{m}^3}$

$$\therefore\ \Delta p = \lambda \frac{l}{d} \frac{\gamma v^2}{2g} = 0.06 \times \frac{100}{1} \times \frac{0.67\ \dfrac{\text{kg}_\text{f}}{\text{m}^3} \times \left(4.24\ \dfrac{\text{m}}{\text{sec}}\right)^2}{2 \times 9.8\ \dfrac{\text{m}}{\text{sec}^2}} = 3.69\ \text{mmH}_2\text{O}$$

5.2.3 Hazen-Williams식

하젠-윌리암스식은 Hagen-Poiseuille식과 Dary-Weisbach식처럼 유도된 식이 아니며 경험식의 형태이다. 하젠-윌리암스식은 비교적 큰 관, 관의 직경이 5 cm보다 크거나 유속이 3 m/s보다 작은 경우 사용되며 일반적으로 상수도 시스템의 설계에 많이 사용되는 식이다. Dary-Weisbach식과 같이 유체흐름과 관의 상대조도 변화에 따른 마찰손실계수를 직접 사용하지 않으며 관의 특성에 적합한 새로운 상수를 사용하여 압력손실 또는 손실수두를 간단히 구할 수 있도록 한 식이다. 관의 재질별 하젠-윌리암스 조도계수를 표 5-2에서 나타내었다.

$$\Delta p = 6.174 \times 10^5 \times \frac{Q^{1.85}}{C^{1.85} \times D^{4.87}} \times L$$

Δp : 마찰압력손실($\text{kg}_\text{f}/\text{cm}^2$)

C : 하젠-윌리암스의 조도계수

D : 배관 직경(mm)

Q : 유량(L/min)

L : 길이(m)

표 5-2 관의 재질별 하겐-윌리암스 조도계수

재료	C
아연철	120
유리	140
납	130～140
플라스틱	140～150
강철, 신품	140～150
리벳 강철	110
주석	130
나무관	120
구리	120
토관	110
소방호스	110～140

5.3 베르누이방정식

5.3.1 오일러방정식

오일러(Euler)운동방정식이란 유체 입자들에 작용하는 표면력으로서 전단응력은 작용하지 않고 수직응력인 압력만 작용할 때 유체 입자의 운동을 지배하는 뉴턴의 운동법칙이다. 오일러방정식은 다음과 같이 유도할 수 있다.

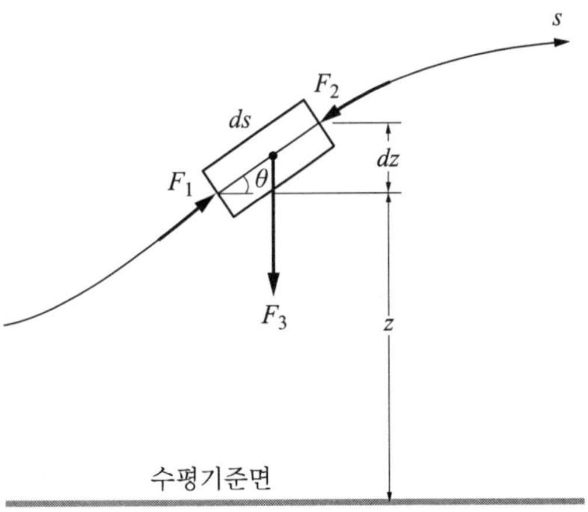

1. 그림에서 수평기준면으로부터 z높이에서 임의의 유체가 v의 속도로 s방향으로 흐른다면 이 유체에 작용하는 힘은 뉴턴의 제2법칙에 따라

$$F = dm \cdot a$$

여기서 질량 m은

$$dm = \rho V = \rho dAds$$

가속도 a는 $a = \frac{ds}{dt} = \frac{dv}{ds}\frac{ds}{dt}$로 변형할 수 있으면 $\frac{ds}{dt}$는 $\frac{거리}{시간}$이므로 속도 v로 대치할 수 있다. 따라서 가속도 a는

$$a = v\frac{dv}{ds}$$

따라서 s방향으로 작용하는 힘 F는

$$F = \rho dAds \cdot v\frac{dv}{ds} = \rho dA \cdot vdv \tag{5-1}$$

2. 그림에서 인의의 한 유선 s를 따라 흐르는 유체의 미소체적($V = dAds$)을 중심으로 힘의 균형식을 세우면

$$F_1 = F_2 + F_3$$

즉 F_1과 F_2는 표면력으로 수직응력인 압력으로 나타낼 수 있다. 즉

$$F_1 = pdA$$

$$F_2 = (p + dp)dA$$

로 나타낼 수 있다. 또한 F_3는 체적력으로 중력과 같으며 다음 식으로 표현된다.

$$F_3 = dm \cdot g$$

체적력에서 주의할 점으로 F_3의 힘에 각 θ를 고려해야 한다. 각 θ를 고려한 체적력은 다음과 같다.

$$F_3 = dm \cdot g \cdot \sin\theta$$

따라서 $dm = \rho V = \rho dAds$, $\sin\theta = \dfrac{dz}{ds}$

$$\text{따라서 } F_3 = \rho dAds \cdot g \cdot \frac{dz}{ds} = \rho \cdot g \cdot dAdz$$

즉 체적요소에 작용하는 힘의 합($\sum F$)은

$$\begin{aligned}\sum F &= F_1 - F_2 - F_3 \\ &= pdA - (p + dp)dA - \rho g dAdz \\ &= -dpdA - \rho g dAdz \qquad (5\text{-}2)\end{aligned}$$

즉 유선방향 s에 대한 힘인 식 (5-1)과 체적요소에 작용하는 힘인 식 (5-2)는 같다.

$$\rho dA \cdot vdv = -dpdA - \rho g dAdz$$

$$\rho dA \cdot vdv + dpdA + \rho g dAdz = 0$$

각 항을 ρdA로 나누면

$$\frac{dp}{\rho} + vdv + gdz = 0$$

이 식이 1차원 흐름에 대한 오일러의 운동방정식이며 각 항을 ds로 나누고 재정리하면 오일러의 운동방정식을 다음과 같이 나타낼 수 있다.

$$\frac{1}{\rho}\frac{dp}{ds} + v\frac{dv}{ds} + g\frac{dz}{ds} = 0$$

5.3.2 베르누이방정식의 개념

베르누이방정식은 오일러방정식을 적분함으로써 얻을 수 있다. 즉 오일러방정식 $\dfrac{dp}{\rho} + vdv + gdz = 0$에서 각 항을 g로 나누어 주면 다음과 같이 식이 변형될 수 있다.

$$\frac{dp}{\rho \cdot g} + \frac{vdv}{g} + dz = 0$$

$\rho g = \gamma$이므로

$$\frac{dp}{\gamma} + \frac{vdv}{g} + dz = 0$$

이를 적분하면

$$\frac{1}{\gamma}\int dp + \frac{1}{g}\int vdv + \int dz = 0$$

$$\frac{p}{\gamma} + \frac{v^2}{2g} + z = C$$

vdv꼴의 적분하기

기본 적분식은 $\int x^m dx = \dfrac{x^{m+1}}{m+1} + C$이면 (단, $m \neq 1$)

따라서 $\int v^1 dv = \dfrac{v^{1+1}}{1+1} + C = \dfrac{v^2}{2} + C$

이 식을 베르누이방정식이라 부르며 "임의의 두 점은 같은 유선상에 존재하며, 마찰이 없고 정상상태의 비압축유체의 흐름"의 조건하에서 유도되었으므로 이 조건을 만족할 경우 사용할 수 있다.

1. 베르누이방정식의 각 항의 개념 정리

$$\frac{p}{\gamma} + \frac{v^2}{2g} + z = C$$

① 각 항의 SI단위를 보면 모두 길이의 단위인 [m]를 갖는다.

$$\frac{p}{\gamma} \rightarrow \left[\frac{\frac{\mathrm{N}}{\mathrm{m}^2}}{\frac{\mathrm{N}}{\mathrm{m}^3}}\right] = [\mathrm{m}], \qquad \frac{v^2}{2g} \rightarrow \left[\frac{\frac{\mathrm{m}^2}{\mathrm{s}^2}}{\frac{\mathrm{m}}{\mathrm{s}^2}}\right] = [\mathrm{m}], \qquad z \rightarrow [\mathrm{m}]$$

② 각 항이 가지는 실제 단위의 의미는 ①항에서

$$\frac{p}{\gamma} \rightarrow \left[\frac{\frac{\mathrm{N}}{\mathrm{m}^2}}{\frac{\mathrm{N}}{\mathrm{m}^3}}\right] = \left[\frac{\mathrm{N}}{\mathrm{m}^2}\frac{\mathrm{m}^3}{\mathrm{N}}\right] = \left[\frac{\mathrm{N} \cdot \mathrm{m}}{\mathrm{N}}\right] = \left[\frac{\mathrm{J}}{\mathrm{N}}\right]$$

이므로 각 항이 갖는 실제의 단위는 단위중량당 에너지의 개념이 된다. 따라서 베르누이방정식은 단위체계에 따라 길이[m]와 압력[N] 형태 두 가지 형태로 쓸 수 있다.

첫째, 길이의 단위로 쓰면 다음과 같으며 이를 수두(head)라 부른다.

$$\frac{p}{\gamma} + \frac{v^2}{2g} + z = C \quad \rightarrow \quad \text{압력수두} + \text{속도수두} + \text{위치수두} = C$$

둘째, 압력의 단위로 쓸 수 있다. 즉 각 항에 비중량(γ)을 곱하면

$$p + \frac{\gamma v^2}{2g} + z\gamma = C$$

$$p \rightarrow \left[\frac{\mathrm{N}}{\mathrm{m}^2}\right], \qquad \frac{\gamma v^2}{2g} \rightarrow \left[\frac{\frac{\mathrm{N}}{\mathrm{m}^3}\frac{\mathrm{m}^2}{\mathrm{s}^2}}{\frac{\mathrm{m}}{\mathrm{s}^2}}\right] = \left[\frac{\mathrm{N}}{\mathrm{m}^2}\right],$$

$$z\gamma \rightarrow \left[\mathrm{m}\frac{\mathrm{N}}{\mathrm{m}^3}\right] = \left[\frac{\mathrm{N}}{\mathrm{m}^2}\right]$$

또한 비중량 γ를 ρg로 대치하면

$$p + \frac{\rho v^2}{2} + \rho g z = C$$

수두 및 압력 형태의 베르누이방정식

- **수두형태** : $\frac{p}{\gamma} + \frac{v^2}{2g} + z = C$
- **압력형태** : $p + \frac{\gamma v^2}{2g} + z\gamma = C \rightarrow p + \frac{\rho v^2}{2} + \rho g z = C$

③ C는 적분상수이나 전수두, 총에너지의 의미를 가진다.

만일 한 유선상의 두 점, 즉 1점과 2점 사이의 베르누이방정식은

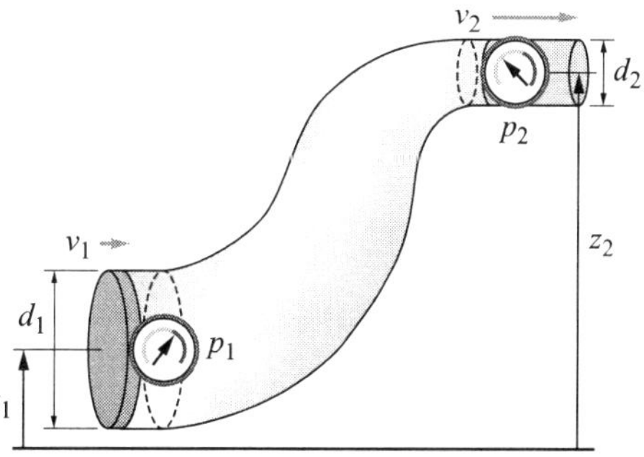

수두형태 : $\dfrac{p_1}{\gamma} + \dfrac{v_1^2}{2g} + z_1 = \dfrac{p_2}{\gamma} + \dfrac{v_2^2}{2g} + z_2$

압력형태 : 비중량 사용 시 $p_1 + \dfrac{\gamma v_1^2}{2g} + z_1\gamma = p_2 + \dfrac{\gamma v_2^2}{2g} + z_2\gamma$

밀도 사용 시 $p_1 + \dfrac{\rho v_1^2}{2} + \rho g z_1 = p_2 + \dfrac{\rho v_2^2}{2} + \rho g z_2$

베르누이방정식의 전수두(total head)

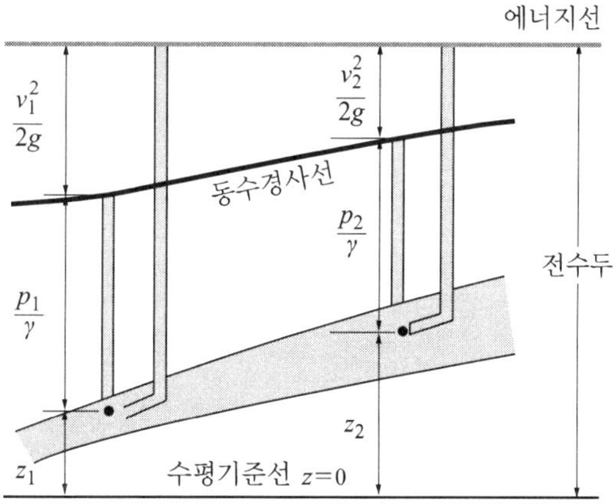

에너지선(energy grade line) = 위치수두 + 압력수두 + 속도수두
= 전수두(total head)

동수경사선(hydraulic grade line) = 위치수두 + 압력수두

5.3.3 실제유체에서 베르누이방정식

이상유체는 점성이 없음으로 유체가 1점에서 2점 사이로 이동 시 베르누이방정식은

$$\frac{p_1}{\gamma} + \frac{v_1^2}{2g} + z_1 = \frac{p_2}{\gamma} + \frac{v_2^2}{2g} + z_2$$

의 관계를 가진다.

반면에 실제유체는 유체의 점성으로 인하여 유체가 흐르는 과정에서 점성력 즉 마찰력이 발생하며 이 마찰력에 의해 에너지손실이 일어나게 된다. 이러한 손실에너지를 압력손실 또는 손실수두라고 한다. 압력손실 또는 손실수두는 유체입자와 수로 간의 마찰력 및 유체입자 간 마찰력에 의해 발생한다.

따라서 실제유체에서 베르누이방정식을 사용 시 압력손실과 손실수두를 고려해야 한다. 즉 유체가 1점에서 2점으로 이동 시 이동과정에서 압력손실 및 손실수두가 일어남으로 손실된 에너지는 2점에 더하여 주면 된다. 단 압력손실은 Δp로 표시하며 손실수두는 Δh로 표시하며 압력손실의 경우 각 항의 단위가 압력단위$\left(\frac{\mathrm{N}}{\mathrm{m}^2}\right)$를 가지며 손실수두의 경우 각 항의 단위는 미터(m)임에 주의해야 한다.

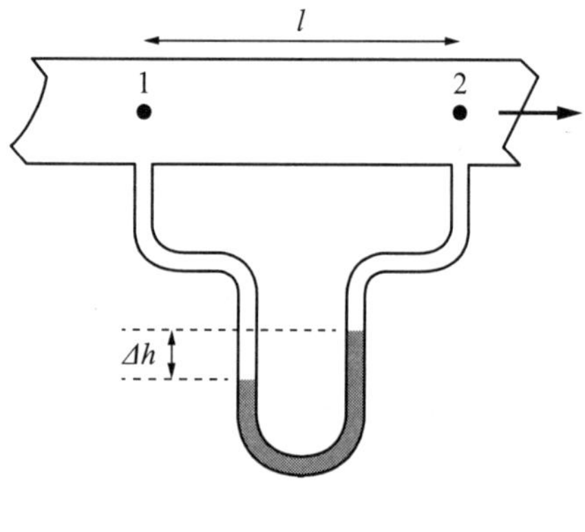

압력손실과 베르누이방정식

$$p_1 + \frac{\gamma v_1^2}{2g} + z_1\gamma = p_2 + \frac{\gamma v_2^2}{2g} + z_2\gamma + \Delta p$$

$$p_1 + \frac{\rho v_1^2}{2} + \rho g z_1 = p_2 + \frac{\rho v_2^2}{2} + \rho g z_2 + \Delta p$$

손실수두와 베르누이방정식

$$\frac{p_1}{\gamma}+\frac{v_1^2}{2g}+z_1=\frac{p_2}{\gamma}+\frac{v_2^2}{2g}+z_2+\Delta h$$

압력손실과 손실수두의 관계

$\Delta p=\frac{F}{A}=\frac{mg}{A}=\frac{\rho Vg}{A}=\frac{\gamma A\Delta h}{A}=\gamma\Delta h$로 $\Delta p=\gamma\Delta h$

압력손실식 (Darcy-Weisbach식)

$$\Delta p=p_1-p_2=\gamma\Delta h=f\frac{l}{d}\frac{\gamma v^2}{2g}$$

5.3.4 정압, 동압 및 전압

베르누이방정식은 수질 분야에서는 주로 수두형태의 베르누이방정식을 주로 사용한다. 즉

$$\frac{p_1}{\gamma}+\frac{v_1^2}{2g}+z_1=\frac{p_2}{\gamma}+\frac{v_2^2}{2g}+z_2+\Delta h$$

반면에 대기 분야에서는 압력형태의 베르누이방정식을 활용한다.

$$p_1+\frac{\gamma v_1^2}{2g}+z_1\gamma=p_2+\frac{\gamma v_2^2}{2g}+z_2\gamma+\Delta p$$

대기 분야에서는 베르누이방정식이 정압, 동압, 전압형태로 응용된다.

예를 들어 덕트에서 유체가 1점에서 2점으로 이동 시 실제유체에선 점성력에 의해 압력손실이 발생하며 이를 베르누이식으로 쓰면 다음과 같다.

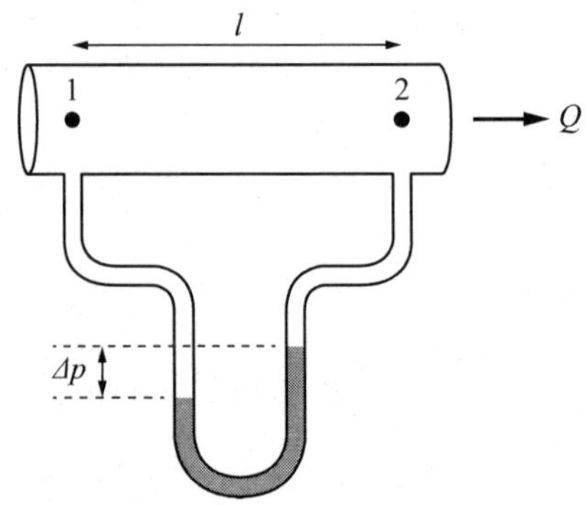

$$p_1 + \frac{\gamma v_1^2}{2g} + z_1\gamma = p_2 + \frac{\gamma v_2^2}{2g} + z_2\gamma + \Delta p$$

기체에선 위치에너지항을 무시할 수 있음으로

$$\begin{array}{ccccccccc} p_1 & + & \frac{\gamma v_1^2}{2g} & = & p_2 & + & \frac{\gamma v_2^2}{2g} & + & \Delta p \\ \Downarrow & & \Downarrow & & \Downarrow & & \Downarrow & & \Downarrow \\ p_{s1} & + & p_{v1} & = & p_{s2} & + & p_{v2} & + & \Delta p \end{array}$$

여기서 p_s는 정압, p_v는 동압이라 부르며 정압과 동압의 합을 전압(p_t)라 부른다. 즉 정압+동압=전압이 된다.

$$p_s + p_v = p_t \quad (\text{단, } p_v = \frac{\gamma v^2}{2g})$$

1. 정압(p_s)

① 유체부분에 압축작용을 하며 모든 방향에 동일크기의 압력으로 작용 (시설내 잠재에너지)

② 동압과 관련없이 독립적으로 발생하여 유체를 압축/팽창시킴

③ 관의 벽면에서 측정

④ 유체흐름에 직각으로 작용

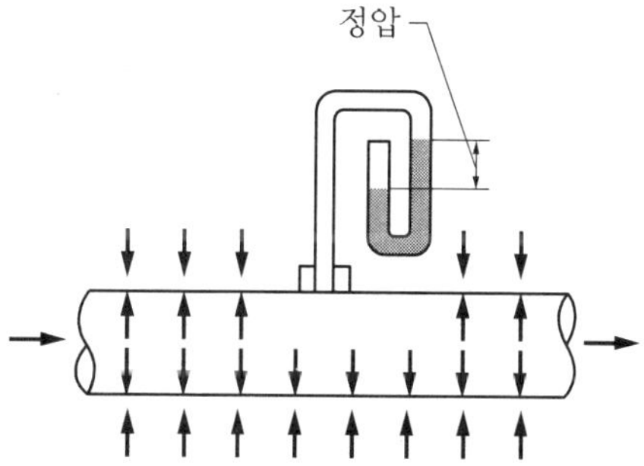

2. 동압(p_v)

① 속도압(velocity pressure)라고도 함

② 유동방향으로 작용하는 단위체적의 유체가 갖는 운동에너지

③ 전압을 특정 후 정압과의 차이로 구함

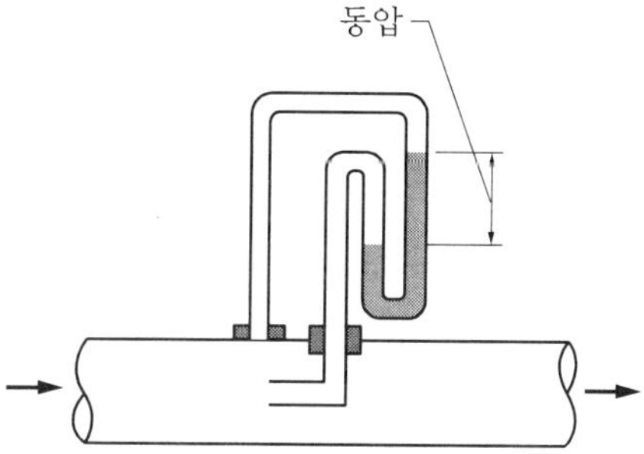

3. 전압(p_t)

① 관로내 정압과 동압의 총합

② 시설내의 필요한 총 에너지를 압력단위로 표현한 값

③ 정압은 유체가 흐르는 방향으로 작용하는 동압과 흐름에 직각방향으로 작용하는 정압을 포함하는 압력임

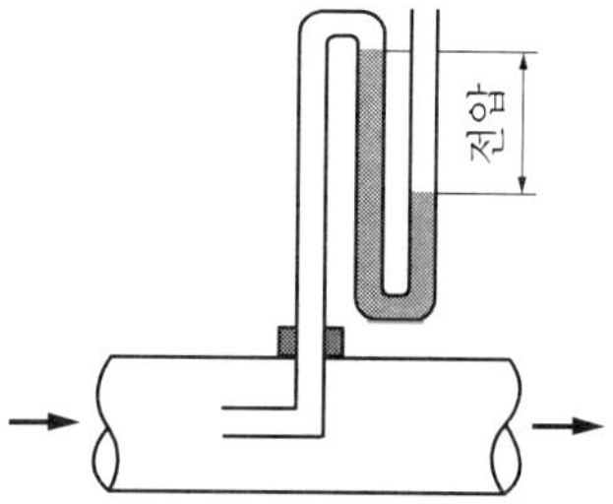

동압과 유속의 관계

- $p_v = \dfrac{\gamma v^2}{2g} \Rightarrow v = \left(\dfrac{2g p_v}{\gamma}\right)^{\frac{1}{2}}$

  p_v : 동압 [mmH_2O 또는 kg_f/m^2]

  g : 중력가속도 [$9.8\ m/s^2$]

  γ : 덕트 내를 흐르는 유체의 비중량 [kg_f/m^3]

- 표준공기라고 가정할 때 속도(v)와 동압(p_v)은 다음과 같은 관계를 가진다.

$$v = 0.043\sqrt{p_v}$$

단, v는 [m/s], p_v는 [mmH_2O]의 단위를 갖는다.

[개념문제] **동압과 유속**

Q&A

예1) 1기압, 15℃인 공기의 비중량은 $1.225\ kg_f/m^3$이다. 이 공기가 송풍관에서 15 m/sec의 속도로 흐른다면 속도압은?

풀이

$$p_v = \frac{\gamma v^2}{2g} = \frac{1.225\ \dfrac{kg_f}{m^3} \times 15\ \dfrac{m}{sec}}{2 \times 9.8\ \dfrac{m}{sec^2}} = 0.9375\ mmH_2O$$

Chapter

6

유체 연속방정식과 물질수지

6.1 물질수지

물질수지(mass balance, material balance)란 질량보존의 법칙을 바탕으로 만들어진 개념으로 질량보존의 법칙은 질량 또는 에너지는 창조되거나 없어지지 않으며, 전체유입질량은 전체유출질량과 항상 같아 어떤 계의 경계면에서 일어나는 유입량과 유출량은 동일하며, 화학반응에서도 반응에 관여하는 물질의 질량의 합은 항상 반응생성물의 질량의 합과도 같다라는 법칙이다.

6.1.1 공정과 계의 정의

물질수지 개념은 환경공학 분야의 공정에 대한 분석이나, 환경오염물질의 거동 분석 등에 많이 사용되고 있다.

공정(Process)은 어떤 일정한 물질에 대한 일련의 물리적 조작이나 물리적, 화학적 변화(조작 operation, 처리 treatment)를 의미하며 공정에 대해 물질수지를 취하려면 계와 경계를 정해야 한다(그림 6-1).

- **계**(system) : 우리가 관심의 대상으로 어떤 부분을 택하였을 때 그 부분.
- **외계**(surrounding) : 계 이외의 부분
- **경계**(system boundary) : 계와 외계를 구분하는 부분

예를 들어 폐수처리장 전체를 계로 정한다면 울타리는 계의 경계 또는 폐수처리장의 일부분, 즉 폭기조를 계로 정할 수도 있다.

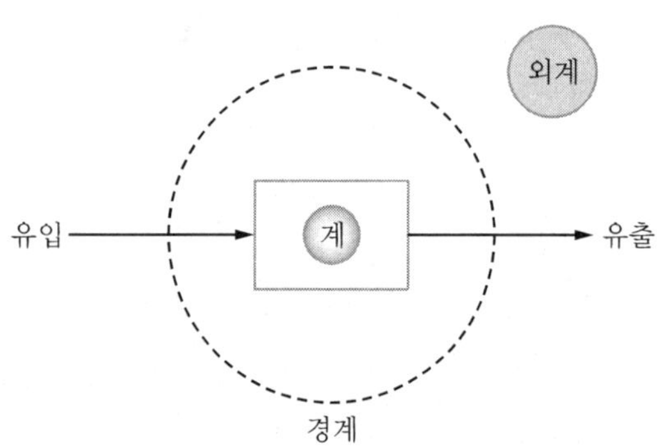

그림 6-1 계와 외계 및 경계

결국 물질수지란 계와 그 주변사이의 물질의 흐름을 다루는 것으로 계의 종류로는

- **고립계**(isolated system) : 계의 경계를 통한 질량 및 에너지의 이동이 존재하지 않는 계
- **닫힌계**(closed system/non flow system) : 계의 경계를 통한 에너지 이동의 여부와 관계없이 질량의 이동이 존재하지 않는 계
- **개방계**(open system/flow system) : 계의 경계를 통한 에너지 이동의 여부와 관계없이 질량의 이동이 존재하는 계
- **단열계**(adiabatic system) : 계의 경계를 통하여 열의 형태로 에너지가 이동하지 않는 계

또한 물질의 흐름형태에 따라 공정을 다음과 같이 분류한다.

- **회분식공정**(batch process)은 닫힌계로 필요한 원료를 일시에 도입한 다음 일정한 시간동안 필요한 조작을 수행한 뒤 생성물을 일시에 배출하는 공정
- **연속식공정**(continuous process)은 개방계로 공정조작의 수행 중 계속하여 물질의 도입 및 배출이 행해지는 공정이며 대부분의 화학공정이 이에 속한다.
- **반회분식공정**(semi-batch process)은 도입 또는 배출 흐름의 하나만 존재하는 공정 즉 반응물을 유입시키면서 연속적으로 생성물을 얻거나 또는 이와 반대되는 공정을 의미한다.

상태에 따른 분류

- **정상상태 공정** : 시간이 변화하여도 다른 물리량(온도, 압력, 부피, 유속)의 변화가 존재하지 않는 공정이며
- **비정상상태 공정** : 시간의 변화에 따라 다른 물리량(온도, 압력, 부피, 유속)도 변화하는 공정을 의미한다.

6.1.2 물질수지식의 개념

질량보존의 법칙에 따르면 "계에 들어오는 질량과 계에서 나가는 질량의 차는 계 내에 축적되거나 혹은 계내의 화학반응에 의해 생성·소멸하는 질량과 같다."이다. 즉 어떤 계(system)를 중심으로 유입되는 물질의 질량(유입량)과 유출되는 물질의 질량(유출량) 사이의 차이는 계의 경계 내부에 축적되거나 소멸되는 물질의 질량(축적량)과 같다. 이를 식으로 표현하면

축적(소멸) 질량 = 유입 질량 − 유출 질량

으로 각 항이 갖는 SI단위는 $\left[\frac{\text{kg}}{\text{sec}}\right]$으로 시간당 질량으로 표현되며 MLT 차원은 MT^{-1}이 된다.

그림 6-2에서 부피가 V인 어떤 계에 유입량(Q_{in}는 유입유량, C_{in}는 유입농도), 유출량(Q_{out}는 유출유량, C_{out}는 유출농도), 그리고 계내의 축적량이 그림과 같다면 물질수지식은 다음과 같다.

유입량 = 축적량 + 유출량

따라서 축적량=유입량−유출량이 된다. 이를 식으로 표현하면

$$V\frac{dC}{dt} = M_{in} - M_{out} = Q_{in}C_{in} - Q_{out}C_{out}$$

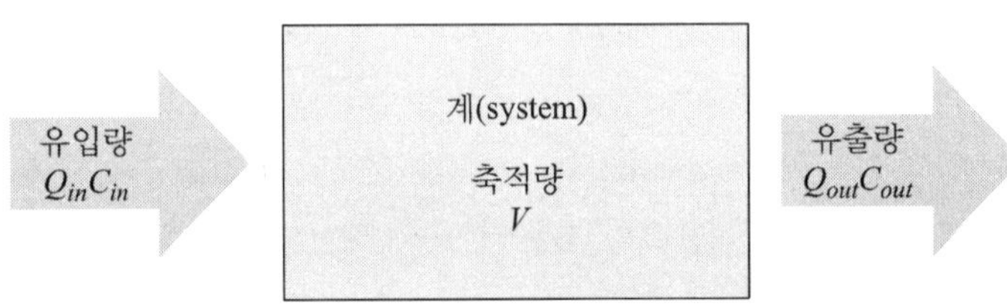

그림 6-2 계내 유입량과 유출량

6.1.3 1차원 연속방정식

유체의 연속방정식은 물질수지를 기초로 1차원, 2차원, 3차원 흐름의 연속방정식으로 구분한다.

x축 방향으로 v의 속도로 유체가 이동 시 1차원 정상류흐름에 대한 연속방정식은 아래의 과정을 통하여 유도할 수 있다.

그림 6-3에서 질량보존의 법칙에 따라 1번 지점의 질량(m_1)과 2번 지점의 질량(m_2)는 같다. 따라서 질량을 밀도로 표현하면

$$m_1 = m_2$$

$$\downarrow \quad m = \rho V$$

$$\rho_1 V_1 = \rho_2 V_2$$

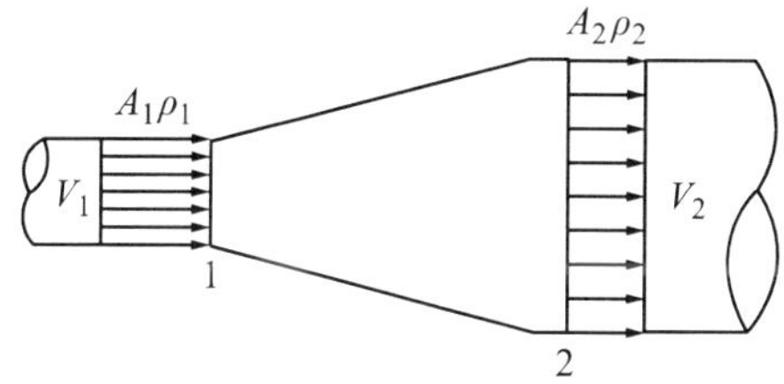

그림 6-3 유관내 정상 흐름

시간당 이동되는 질량을 표현하기 위해 양변을 시간으로 나누면

$$\frac{\rho_1 V_1}{t} = \frac{\rho_2 V_2}{t}$$

$$\downarrow \quad V = Al$$

$$\frac{\rho_1 A_1 l_1}{t} = \frac{\rho_2 A_2 l_2}{t}$$

$$\downarrow \quad v = \frac{l}{t}$$

$$\rho_1 A_1 v_1 = \rho_2 A_2 v_2$$

따라서 1차원 흐름의 연속방정식은

- 질량유량식은 $\rho_1 A_1 v_1 = \rho_2 A_2 v_2$이고 SI단위는 $\left[\frac{\mathrm{kg}}{\mathrm{sec}}\right]$이고
- 중량유량식은 양변에 g를 곱하여 $\rho_1 g A_1 v_1 = \rho_2 g A_2 v_2$가 되고
  이는 $\gamma_1 A_1 v_1 = \gamma_2 A_2 v_2$로 쓸 수 있으며 공학단위계로는 $\left[\frac{\mathrm{kg_f}}{\mathrm{sec}}\right]$가 된다.

만약 질량유량식과 중량유량식에서 밀도(ρ)와 비중량(γ)이 1번 지점과 2번 지점에서 동일하다면 각 항은 소거될 수 있음으로 부피유량식 $Q = Av$를 얻을 수 있다.

$$Q = Av \left[\frac{\mathrm{m^3}}{\mathrm{sec}}\right]$$

일반적으로 부피유량을 유량 Q로 부른다. 따라서 유량은 $Q = Av$로 쓰며 이 때 주의할 점은 1점과 2점은 밀도와 비중량이 같다는 가정 하에서 쓸 수 있다. 일반적으로 수질 분야에서는 물이 비압축성유체이므로 $Q = Av$를 써도 되나 대기 분야에서 1번 지점과 2번 지점의 상태 즉 온도와 압력이 변한다면 $Q = Av$를 쓸 수 없으며 부피유량을 쓸 경우 보일과 샤를의 법칙을 이용하여 부피보정이 필요함으로 질량유량을 쓰는 것이 바람직하다. 그러나 대기 분야에서도 1번 지점과 2번 지점의 온도와 압력 등의 상태가 동일하다면 $Q = Av$를 써도 무방하다.

물질수지식을 사용할 때 시간의 변화에 따른 물질의 양을 질량으로 표현함으로 물질수지식의 각 항은 두 가지로 표현할 수 있다.

$$\text{농도 } C\text{를 사용하는 경우 : } QC = AvC\left[\frac{\text{kg}}{\text{sec}}\right]$$

$$\text{밀도 } \rho\text{를 사용하는 경우 : } \rho Av\left[\frac{\text{kg}}{\text{sec}}\right]$$

따라서 물질수지식을 만들 때 밀도 또는 질량농도를 사용해도 무방하다.

6.1.4 2, 3차원 연속방정식

그림 6-4에서 미소체적이 $dxdydz$인 계에 유체의 밀도가 ρ인 물질이 x방향으로 v의 속도로 유입되며, y방향으로 u의 속도로, z방향으로 w의 속도로 유입되고 유출된다면 미소체적에 작용하는 물질수지식을 세우면

축적량 = 유입량 − 유출량이므로

$$V\frac{dC}{dt} = M_{in} - M_{out}$$

축적량에서 $V = dxdydz$이고 시간(dt)의 변화에 따른 농도(dC)의 변화는 x축뿐만 아니라 y축과 z축의 영향을 받게 됨으로 d보다는 편미분인 ∂를 쓰는 것이 바람직하다.

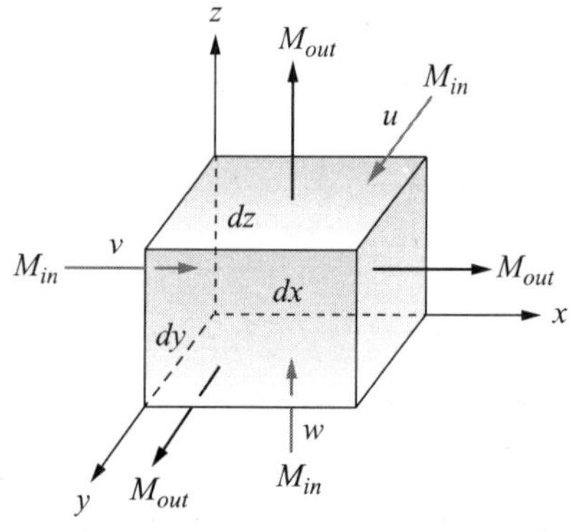

그림 6-4 미소체적의 물질수지

따라서

$$\text{축적량} = dxdydz\frac{\partial C}{\partial t}$$

유입량은 x, y, z방향을 고려하여 각 방향별 미소면적과 속도를 고려하여 다음과 같이 구할 수 있다.

밀도를 이용 시 유입량의 기본식은 ρAv이다. 여기에서 단위면적 A로 통과하는 물질 ρ는 v의 속도를 가지고 이동한다. 즉 ρv의 단위를 고려해 보면 $\left[\frac{\text{kg}}{\text{m}^3}\frac{\text{m}}{\text{s}}\right] = \left[\frac{\text{kg}}{\text{m}^2\text{s}}\right]$를 가지며 이는 단위시간당 단위면적을 이동하는 물질량이라는 의미를 가진다. 따라서

x축 방향의 유입량은 $\rho dydzv$

y축 방향의 유입량은 $\rho dxdzu$

z축 방향의 유입량은 $\rho dxdyw$

x, y, z방향의 총유입량(M_{in})

$$M_{in} = \rho dydzv + \rho dxdzu + \rho dxdyw$$

유출량은 마찬가지로 x, y, z방향을 고려하며, dx, dy, dz에 따른 mass flux량도 고려해야 한다.

x축 방향의 유출량은 $\left[\rho v + \frac{\partial(\rho v)}{\partial x}dx\right]dydz$

y축 방향의 유출량은 $\left[\rho u + \frac{\partial(\rho u)}{\partial y}dy\right]dxdz$

z축 방향의 유출량은 $\left[\rho w + \frac{\partial(\rho w)}{\partial z}dz\right]dxdy$

x, y, z방향의 총유출량(M_{out})

$$M_{out} = \left[\rho v + \frac{\partial(\rho v)}{\partial x}dx\right]dydz + \left[\rho u + \frac{\partial(\rho u)}{\partial y}dy\right]dxdz + \left[\rho w + \frac{\partial(\rho w)}{\partial z}dz\right]dxdy$$

물질수지식에 축적량, 총유입량, 총유출량을 넣고 미소체적($dxdydz$)으로 각 항을

나누고 재정리하면

$$-\frac{\partial \rho}{\partial t} = \frac{\partial (\rho v)}{\partial x} + \frac{\partial (\rho u)}{\partial y} + \frac{\partial (\rho w)}{\partial z}$$

이 식이 3차원 유체흐름의 연속방정식이며, 정상류와 비정상류 그리고 압축성과 비압축성유체에 무관하게 사용할 수 있다.

3차원 유체흐름의 연속방정식

$$-\frac{\partial \rho}{\partial t} = \frac{\partial (\rho v)}{\partial x} + \frac{\partial (\rho u)}{\partial y} + \frac{\partial (\rho w)}{\partial z}$$

3차원 유체흐름의 연속방정식은 유체흐름 및 유체상태 및 유체종류에 따라 변환될 수 있다.

1. 조건 1 : 정상상태$\left(\frac{\partial \rho}{\partial t} = 0\right)$

① 비압축성유체

비압축성유체는 밀도의 변화가 없음으로 각 항의 밀도는 상수화 취급됨으로 소거될 수 있다.

3차원 흐름(x, y, z축) : $\frac{\partial v}{\partial x} + \frac{\partial u}{\partial y} + \frac{\partial w}{\partial z} = 0$

2차원 흐름(x, y축) : $\frac{\partial v}{\partial x} + \frac{\partial u}{\partial y} = 0$

1차원 흐름(x축) : $\frac{\partial v}{\partial x} = 0$

② 압축성유체

압축성유체는 밀도가 온도와 압력의 영향을 받는 변수이므로 소거될 수 없다.

3차원 흐름(x, y, z축) : $\frac{\partial (\rho v)}{\partial x} + \frac{\partial (\rho u)}{\partial y} + \frac{\partial (\rho w)}{\partial z} = 0$

2차원 흐름(x, y축) : $\frac{\partial(\rho v)}{\partial x} + \frac{\partial(\rho u)}{\partial y} = 0$

1차원 흐름(x축) : $\frac{\partial(\rho v)}{\partial x} = 0$

2. 조건 2 : 비정상상태$\left(\frac{\partial \rho}{\partial t} \neq 0\right)$

① 비압축성유체

비압축성유체는 밀도의 변화가 없음으로 각 항의 밀도는 상수화 취급됨으로 소거될 수 있다.

3차원 흐름(x, y, z축) : $\frac{\partial v}{\partial x} + \frac{\partial u}{\partial y} + \frac{\partial w}{\partial z} = 0$

2차원 흐름(x, y축) : $\frac{\partial v}{\partial x} + \frac{\partial u}{\partial y} = 0$

1차원 흐름(x축) : $\frac{\partial v}{\partial x} = 0$

② 압축성유체

압축성유체는 밀도가 온도와 압력의 영향을 받는 변수이므로 소거될 수 없다.

3차원 흐름(x, y, z축) : $\frac{\partial(\rho v)}{\partial x} + \frac{\partial(\rho u)}{\partial y} + \frac{\partial(\rho w)}{\partial z} = -\frac{\partial \rho}{\partial t}$

2차원 흐름(x, y축) : $\frac{\partial(\rho v)}{\partial x} + \frac{\partial(\rho u)}{\partial y} = -\frac{\partial \rho}{\partial t}$

1차원 흐름(x축) : $\frac{\partial(\rho v)}{\partial x} = -\frac{\partial \rho}{\partial t}$

6.2 물질수지의 응용

6.2.1 정상상태와 비정상상태의 물질수지식

물질수지식은 정상상태와 비정상상태로 나누어 표현할 수 있다.

정상상태와 비정상상태는 시간의 변화에 따른 농도의 변화가 0인 경우는 정상상태, 0이 아닌 경우는 비정상상태라 한다.

$$\text{정상상태 : } \frac{dC}{dt} = 0$$

$$\text{비정상상태 : } \frac{dC}{dt} \neq 0$$

기본 물질수지식으로부터

$$V\frac{dC}{dt} = M_{in} - M_{out} = Q_{in}C_{in} - Q_{out}C_{out}$$

정상상태의 물질수지식은

축적량항의 $\frac{dC}{dt} = 0$가 됨으로 $Q_{in}C_{in} = Q_{out}C_{out}$되고

이 식에서 $Q_{in} = Q_{out}$이라면

$$0 = M_{in} - M_{out} \rightarrow M_{in} = M_{out}$$

$$0 = Q_{in}C_{in} - Q_{out}C_{out} \rightarrow Q_{in}C_{in} = Q_{out}C_{out}$$

비정상상태의 물질수지식은

$$V\frac{dC}{dt} = Q_{in}C_{in} - Q_{out}C_{out}$$

만약 $Q_{in} = Q_{out}$이고 유출농도 C_{out}는 계내의 농도 C와 같다고 하면 비정상상태의 물질수지식은

$$\therefore\ V\frac{dC}{dt} = Q(C_{in} - C)$$

정상상태와 비정상상태의 물질수지식

- **정상상태** : $QC_{in} = QC_{out}$
- **비정상상태** : $V\frac{dC}{dt} = Q(C_{in} - C)$

비정상상태의 물질수지식 풀기

$$V\frac{dC}{dt} = Q(C_{in} - C)$$

t시간 후 계내의 농도를 계산하기 위해 $t=0$일 때 $C=C_o$이고 $t=t$일 때 $C=C_t$의 경계조건에서 정적분하면

$$\frac{dC}{C_{in} - C} = \frac{Q}{V}dt$$

$$\int_{C_o}^{C_t}\frac{dC}{C_{in} - C} = \frac{Q}{V}\int_0^t dt$$

$$\ln(C_{in} - C_t) - \ln(C_{in} - C_o) = -\frac{Q}{V}\times t$$

$$\ln\left(\frac{C_{in} - C_t}{C_{in} - C_o}\right) = -\frac{Q}{V}t$$

$$\frac{C_{in} - C_t}{C_{in} - C_o} = e^{-\frac{Q}{V}t}$$

$$C_{in} - C_t = (C_{in} - C_o)e^{-\frac{Q}{V}t}$$

$$C_{in} - C_t = (C_{in} - C_o)e^{-\frac{Q}{V}t}$$

$$\therefore\ C_t = C_{in}\left(1 - e^{-\frac{Q}{V}t}\right) + C_o e^{-\frac{Q}{V}t}$$

6.2.2 물질수지와 상자모델

상자모델은 대기와 수질 분야에서 많이 사용하는 모델로 계내의 오염물질이 고르게 분포되어 있는 반응기에서 사용할 수 있다. 계내의 임의 공간을 V라고 할 때 공간내의 임의 오염물질의 초기농도를 C_i라고 하고 외기의 농도를 C_o, 계내 공간내 시간에 따른 오염물질의 농도를 C로 표현하면 상자모델은 유입, 유출이 없는 경우와 있는 경우로 나누어 정리할 수 있다.

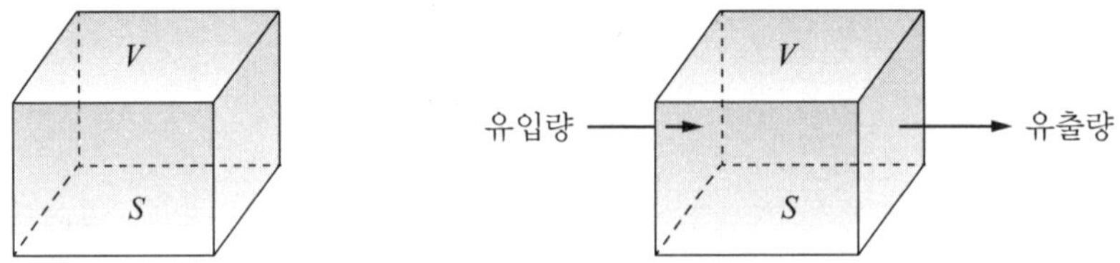

(a) 유입량과 유출량이 없는 경우 (b) 유입량과 유출량이 있는 경우

그림 6-5 상자모델

1. 유입량과 유출량이 없는 경우

그림 6-5(a)에서 부피 V인 계를 중심으로 유입량과 유출량이 없는 경우 계내의 시간에 따른 농도의 변화는 배출량(S)에 비례함으로 기본 물질수지식은

$$\text{축적량} = \text{유입량} - \text{유출량} + \text{배출량}$$

에서 유입량과 유출량이 0이므로

$$\text{축적량} = \text{배출량}$$

이 된다.

$$\frac{d(VC)}{dt} = S\text{에서 } V\frac{dC}{dt} + C\frac{dV}{dt} = S\text{이 된다.}$$

여기에서 시간에 따른 부피의 변화는 0이므로

$$V\frac{dC}{dt} = S\text{이 된다.}$$

이를 $t=0$일 때 공간 내 $C=C_i$, $t=t$일 때 공간 내 $C=C_t$라고 하면

$$dC = \frac{S}{V}dt \quad \rightarrow \quad \int_{C_i}^{C_t} dC = \frac{S}{V}\int_0^t dt$$

즉 계내의 유입, 유출량이 없이 계내의 농도가 계에서 발생하는 배출원에 의존한다면 t시간 후의 계내의 농도(C_t')는 다음과 같다.

$$\therefore \ C_t = C_i + \frac{S}{V}t$$

2. 유입량과 유출량이 있는 경우

그림 6-5(b)와 같이 유입량과 유출량이 있는 경우에는 물질수지식은

축적량 = 유입량 − 유출량 + 배출량

이 되며 유입유량과 유출유량이 동일하다면

$$V\frac{dC}{dt} - QC_o - QC + S$$

양변을 V로 나누고 재정리하면

$$\frac{dC}{dt} = \frac{QC_o + S}{V} - \frac{QC}{V}$$

$\dfrac{QC_o + S}{V} = a$, $\dfrac{Q}{V} = b$로 대치하면

$$\frac{dC}{dt} = a - bC$$

$$\frac{dC}{a - bC} = dt$$

이를 $t=0$일 때 공간 내 $C=C_i$, $t=t$일 때 공간 내 $C=C_t$라고 하면

$$\int_{C_i}^{C_t} \frac{dC}{a - bC} = \int_0^t dt$$

$$-\frac{1}{b}\ln\left(\frac{a-bC_t}{a-bC_i}\right) = t \quad\rightarrow\quad \frac{a-bC_t}{a-bC_i} = e^{-bt}$$

$$\frac{a-bC_t}{a-bC_i} = e^{-bt} \quad\rightarrow\quad a-bC_t = (a-bC_i)e^{-bt}$$

$$C_t = \frac{a}{b} - \frac{(a-bC_i)e^{-bt}}{b} = \frac{a}{b}(1-e^{-bt}) + C_i e^{-bt}$$

대치된 $a = \dfrac{QC_o + S}{V}$, $b = \dfrac{Q}{V}$를 넣고 재정리하면

$$\therefore\ C_t = C_i e^{-\frac{Q}{V}t} + \frac{S + QC_o}{Q}\left(1 - e^{-\frac{Q}{V}t}\right)$$

즉 유입량과 유출량이 있는 경우 t시간 후의 농도(C_t)은 위 식과 같으며 $t=0$일 때 농도는 계내의 초기 농도(C_i)와 같으며 $t\rightarrow\infty$인 경우 $C = \dfrac{S+QC_o}{Q}$가 된다.

[개념문제] 상자모델

Q&A

예1) 실내온도가 30℃이고 체적이 100 m^{3}인 복사실에서 오존이 시간당 100 mg으로 연속 배출되고 있다. 8시간 후 복사실의 오존농도는 몇 mg/m^{3}인가? (단, 복사기 사용 전 초기 오존농도는 10 ppm이다.)

풀이 1 atm, 30℃에서 초기 오존농도를 mg/m^{3}으로 고치면 (3.4.4절 참고)

$$\left[\frac{\text{mg}}{\text{m}^3}\right] = \text{ppm} \times \frac{M_p p}{RT} = 10\ \text{ppm} \times \frac{48\ \dfrac{\text{kg}}{\text{kmol}} \times 1\ \text{atm}}{0.082\ \dfrac{\text{atm}\cdot\text{m}^3}{\text{kmol}\cdot\text{K}} \times (273+30)\ \text{K}} = 19.3\ \frac{\text{mg}}{\text{m}^3}$$

$$C_t = C_i + \frac{S}{V}t = 19.3\ \frac{\text{mg}}{\text{m}^3} + \frac{100\ \dfrac{\text{mg}}{\text{hr}}}{100\ \text{m}^3} \times 8\ \text{hr} = 27.3\ \frac{\text{mg}}{\text{m}^3}$$

예2) 예1)에서 깨끗한 공기가 복사실로 시간당 120 m^{3}이 유입된다면 1시간 후의 농도는 몇 mg/m^{3}인가? (단, 다른 모든 조건은 동일하며 유입유량과 유출유량 동일함.)

풀이 초기농도(C_o)를 mg/m^3으로 고치면

$$\left[\frac{\mathrm{mg}}{\mathrm{m}^3}\right] = \mathrm{ppm} \times \frac{M_p p}{RT} = 10\ \mathrm{ppm} \times \frac{48\ \frac{\mathrm{kg}}{\mathrm{kmol}} \times 1\ \mathrm{atm}}{0.082\ \frac{\mathrm{atm \cdot m^3}}{\mathrm{kmol \cdot K}} \times (273+30)\ \mathrm{K}} = 19.3\ \frac{\mathrm{mg}}{\mathrm{m}^3}$$

$$\begin{aligned} C_t &= C_i e^{-\frac{Q}{V}t} + \frac{S+QC_o}{Q}\left(1-e^{-\frac{Q}{V}t}\right) \\ &= 19.3\ \frac{\mathrm{mg}}{\mathrm{m}^3} \times e^{-\frac{120\ \mathrm{m^3/hr}}{100\ \mathrm{m^3}} \times 1\ \mathrm{hr}} \\ &\quad + \frac{100\ \mathrm{mg/hr} + 120\ \mathrm{m^3/hr} \times 0\ \mathrm{mg/m^3}}{120\ \mathrm{m^3/hr}}\left(1-e^{-\frac{120\ \mathrm{m^3/hr}}{100\ \mathrm{m^3}} \times 1\ \mathrm{hr}}\right) \\ &= 6.4\ \frac{\mathrm{mg}}{\mathrm{m}^3} \end{aligned}$$

6.2.3 물질수지와 효율

1차원 물질수지식을 통해 방지시설의 효율을 계산할 수 있으며 그림 6-6에서 방지시설을 중심으로 유입농도(C_i), 유출농도(C_o) 및 유입유량(Q_i), 유출유량(Q_o)을 고려하여 효율(η) 및 통과율(P)을 계산할 수 있다.

$$\text{유입량 } M_i = C_i \times Q_i$$

$$\text{유출량 } M_o = C_o \times Q_o$$

또한 M_a는 축적된 양 또는 제거된 양을 의미하며 C_a는 축적된 농도 또는 제거된 농도이다.

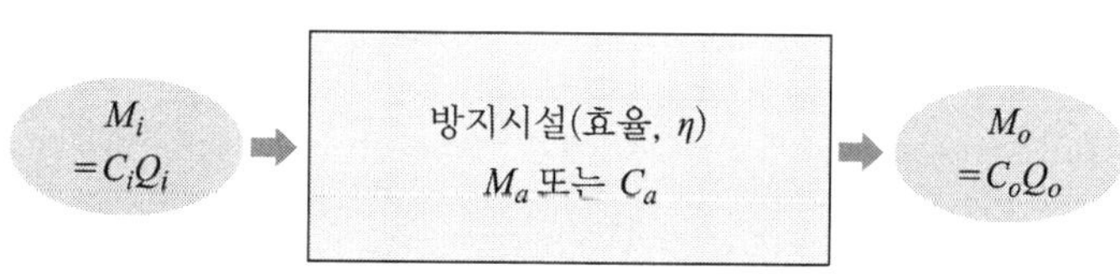

그림 6-6 효율과 통과율

1. 질량농도로 효율식은

$$\eta(\%) = \left(\frac{M_i - M_o}{M_i}\right) \times 100 = \left(1 - \frac{M_o}{M_i}\right) \times 100$$

또한 $M_a = M_i - M_o$

$$\eta(\%) = \left(\frac{M_a}{M_i}\right) \times 100$$로 쓸 수도 있다.

여기서 $\dfrac{M_o}{M_i}$는 방지시설을 통과한 양으로 P로 쓰면

$$\eta(\%) = (1 - P) \times 100 \quad \rightarrow \quad P(\%) = 100 - \eta$$

2. 유량과 농도를 고려 시

$$\eta(\%) = \left(\frac{C_iO_i - C_oQ_o}{C_iQ_i}\right) \times 100 = \left(1 - \frac{C_oQ_o}{C_iQ_i}\right) \times 100$$

3. 유입유량(Q_i)과 유출유량(Q_o)이 같다면

$$\eta(\%) = \left(\frac{C_i - C_o}{C_i}\right) \times 100 = \left(1 - \frac{C_o}{C_i}\right) \times 100$$

효율과 통과율

- 효율 : $\eta(\%) = \left(\dfrac{M_i - M_o}{M_i}\right) \times 100 = \left(1 - \dfrac{M_o}{M_i}\right) \times 100$

  $\eta(\%) = \left(\dfrac{C_iO_i - C_oQ_o}{C_iQ_i}\right) \times 100 = \left(1 - \dfrac{C_oQ_o}{C_iQ_i}\right) \times 100$
- 통과율 : $P(\%) = 100 - \eta = \left(\dfrac{M_o}{M_i}\right) \times 100 = \dfrac{C_oQ_o}{C_iQ_i} \times 100$

[개념문제] 효율과 통과율

Q&A

예1) 집진장치의 입구 농도와 유입가스량이 각 6 g/m^3, 10 m^3/hr이며, 출구 농도와 출구배출가스량이 0.5 g/m^3, 12 m^3/hr일 때 이 집진장치의 효율과 통과율은?

풀이

$$\eta(\%) = \left(1 - \frac{C_o Q_o}{C_i Q_i}\right) \times 100 = \left(1 - \frac{0.5 \times 12}{6 \times 10}\right) \times 100 = 90\%$$

$$P(\%) = 100 - \eta = 100 - 90 = 10\%$$

예2) 출구가스의 함진농도가 0.2 g/m^{3}이고 먼지의 통과율이 1%라면 입구의 함진가스농도는 몇 g/m^3?

풀이 ① 통과율을 이용

$$\eta(\%) = \left(1 - \frac{M_o}{M_i}\right) \times 100, \quad P(\%) = 100 - \eta \text{이므로}$$

$$P(\%) = 100 - \eta = 100 - \left(1 - \frac{M_o}{M_i}\right) \times 100 = \left(\frac{M_o}{M_i}\right) \times 100 = \frac{C_o Q_o}{C_i Q_i} \times 100$$

유입유량과 유출유량이 같다면

$$P(\%) = \frac{C_o}{C_i} \times 100 \qquad \therefore\ 1\% = \frac{0.2}{C_i} \times 100 \ \rightarrow\ C_i = 20\ \frac{\text{g}}{\text{m}^3}$$

② 효율을 이용

$$\eta(\%) = \left(1 - \frac{C_o}{C_i}\right) \times 100 \ \rightarrow\ 99\% = \left(1 - \frac{0.2}{C_i}\right) \times 100 \ \rightarrow\ \therefore\ C_i = 20\ \frac{\text{g}}{\text{m}^3}$$

예3) Cyclone 집진장치에서 처리가스량 Q에 대하여 그 원추하부에서 10%의 외부 공기가 새어 들어갈 때 집진율은 80%이었다. 이 때 먼지통과율은 공기가 새지 않을 때에 2배에 상당한다고 하면 공기가 새지 않을 경우의 집진율은 얼마가 되는가?

풀이 통과율은 $P(\%) = 100 - \eta$이므로

원추하부에서 10%의 공기가 유입될 때

$$P_1 = 100 - 80 = 20\%$$

원추하부에서 10%의 공기가 유입되지 않을 때

먼지통과율은 공기가 새지 않을 때에 2배에 상당 :

$$2P_2 = P_1 = 20\% \rightarrow P_2 = 10\%$$

즉 공기가 새지 않는 경우의 집진율은

$$\therefore \ \eta = 100 - P = 100 - 10 = 90\%$$

예4) 배출가스량이 4,000 m^3/hr이고, 가스온도가 200℃, 압력이 600 mmHg, 함진농도가 10 g/m^3인 배출가스를 처리하는 집진장치에서 출구의 함진농도를 0.5 g/Nm^3로 하기 위하여 필요한 집진율은 약 몇 %인가?

풀이 효율 기본식 $\eta(\%) = \left(1 - \frac{C_o Q_o}{C_i Q_i}\right) \times 100$에서

주어진 조건에서 유입유량과 유출유량은 동일하나 온도와 압력조건이 다름으로 이에 대한 보정이 필요한 문제이다.

유입조건 : $C_i = 10 \ \frac{\text{g}}{\text{m}^3}$, $Q_i = 4{,}000 \ \frac{\text{m}^3}{\text{hr}}$ (at 200℃, 600 mmHg)

출구조건 : $C_o = 0.5 \ \frac{\text{g}}{\text{Nm}^3}$

이며 부피가 표준상태이다. 따라서 출구의 유량부피를 표준상태로 보정해야 한다. 온도가 낮아짐으로 부피는 작아지며 압력은 높아짐으로 부피는 작아진다.

$$Q_o = 4{,}000 \ \frac{\text{m}^3}{\text{hr}} \times \frac{273}{273+200} \times \frac{600}{760} = 1{,}823 \ \frac{\text{Nm}^3}{\text{hr}}$$

$$\therefore \ \eta(\%) = \left(1 - \frac{C_o Q_o}{C_i Q_i}\right) \times 100 = \left(1 - \frac{0.5 \ \frac{\text{g}}{\text{Nm}^3} \times 1{,}823 \ \frac{\text{Nm}^3}{\text{hr}}}{10 \ \frac{\text{g}}{\text{m}^3} \times 4{,}000 \ \frac{\text{m}^3}{\text{hr}}}\right) \times 100 = 97.7\%$$

만약 위 조건에서 출구의 농도가 입구의 농도의 상태와 동일하다면

$$\therefore \ \eta(\%) = \left(1 - \frac{C_o Q_o}{C_i Q_i}\right) \times 100 = \left(1 - \frac{0.5 \ \frac{\text{g}}{\text{m}^3} \times 4{,}000 \ \frac{\text{m}^3}{\text{hr}}}{10 \ \frac{\text{g}}{\text{m}^3} \times 4{,}000 \ \frac{\text{m}^3}{\text{hr}}}\right) \times 100 = 95\%$$

예5) 유입구 농도가 3 g/Nm^3, 처리가스량이 2,000 Nm^3/min인 집진장치의 처리효율이 95%라면 하루에 포집된 먼지의 양은 하루당 몇 kg인가?

풀이 $\eta(\%) = \left(\frac{M_a}{M_i}\right) \times 100 = \frac{M_a}{C_i Q_i} \times 100$

$$95 = \frac{M_a}{3 \ \frac{\text{g}}{\text{Nm}^3} \times 2{,}000 \ \frac{\text{Nm}^3}{\text{min}}} \times 100 \ \rightarrow \ \therefore \ M_a = 5{,}700 \ \frac{\text{g}}{\text{min}}$$

$$\therefore\ M_a = 5{,}700\ \frac{\text{g}}{\text{min}} \times \frac{\text{kg}}{1{,}000\ \text{g}} \times \frac{60\ \text{min}}{\text{hr}} \times \frac{24\ \text{hr}}{\text{day}} = 8{,}208\ \frac{\text{kg}}{\text{day}}$$

4. 연결형태에 따른 효율 계산

연결형태는 직렬연결방식 및 병렬연결방식이 있으며 연결형태에 따른 총괄효율(η_T)는 다음과 같다.

① 직렬연결방식

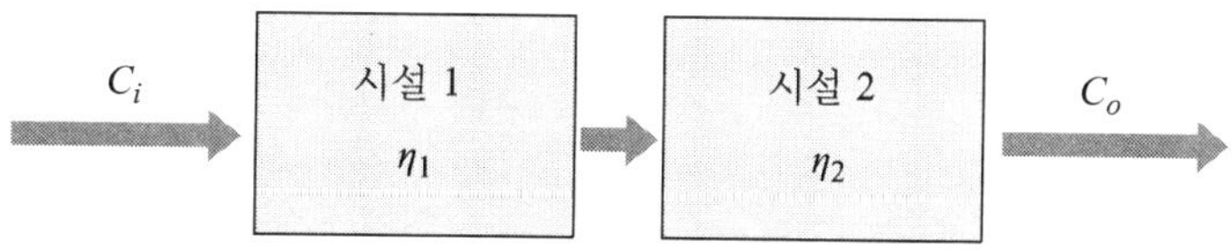

총제거효율 $\eta_T = 1-(1-\eta_1)(1-\eta_2)$

유출농도 $C_o = C_i(1-\eta_1)(1-\eta_2)$

② 병렬연결방식

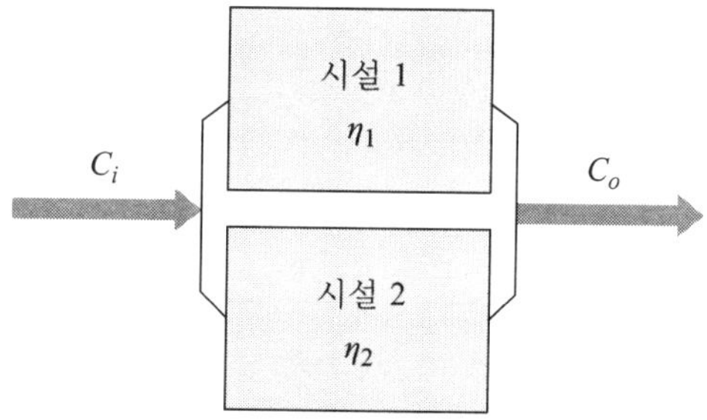

총제거효율 $\eta_T = \dfrac{\eta_1+\eta_2}{2}$

유출농도 $C_o = C_i\left(1-\dfrac{\eta_1+\eta_2}{2}\right)$

[개념문제] 직렬 및 병렬연결

Q&A

예1) 방지시설의 효율이 80%인 A장치 아래에 B와 C장치를 병렬로 연결하여 통합처리하고자 한다. 만약 B와 C장치의 효율이 각 90%와 95%라 한다면 총괄 집진효율은 얼마인가?

풀이

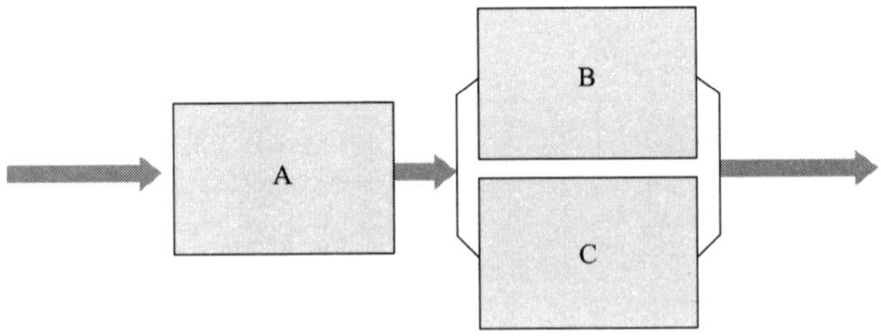

B와 C는 병렬연결형태이고, A와 (B+C)는 직렬연결형태이므로

병렬연결식 $\eta_T = \dfrac{\eta_1+\eta_2}{2}$을 이용하여 B와 C의 총괄효율을 구하고, 직렬연결식인 $\eta_T = 1-(1-\eta_1)(1-\eta_2)$을 이용하여 전체 총괄효율을 계산한다.

병렬연결(B+C) $\eta_T = \dfrac{\eta_1+\eta_2}{2} = \dfrac{0.9+0.95}{2} = 0.925$

직렬연결 $\eta_T = 1-(1-\eta_1)(1-\eta_2) = 1-(1-0.8)(1-0.925) = 0.985$

따라서 총괄효율은 98.5%가 된다.

Chapter

7

유체기계

유체기계란 기계와 유체인 공기나 물 사이에서 에너지를 주고받는 기계이다. 즉 유체가 가지고 있는 에너지를 기계적 에너지로 변환하는 풍차나 수차가 있으며 기계적 에너지를 유체로 전달하는 펌프나 송풍기, 압축기 등이 있다. 본 장에서는 환경학에서 가장 많이 쓰이는 송풍기와 펌프에 대해 서술하였다.

7.1 송풍기

7.1.1 송풍기의 종류

송풍기는 날개차(impeller)의 회전운동에 의해 공기를 이송하는데 토출절대전압과 흡입절대전압의 비, 즉 압력비에 따라 fan과 blower로 나누며 다음과 같은 특성을 갖는다. 여기서 토출압력은 송출부의 압력을 의미한다.

- **팬(Fan)**
  토출절대전압과 흡입절대전압비가 1.1 미만인 것
  토출절대정압과 흡입절대정압비가 1.1 미만인 것
  토출압력이 1 mmH_2O 미만인 것
- **블로어(Blower)**
  토출절대전압과 흡입절대전압비가 1.1 이상 ~ 2.0 미만인 것
  토출절대정압과 흡입절대정압비가 1.1 이상 ~ 2.0 미만인 것
  토출압력이 1 mmH_2O 이상, 또는 1 $\frac{kg_f}{cm^2}$ 미만인 것

송풍기의 종류는 크게 원심형 송풍기와 축류식 송풍기로 분류하며 원심형 송풍기는 그림 7-1과 같이 전향날개형(다익형), 후향날개형(터보형), 방사날개형(레이디얼형), 비행기날개형(익형)으로 나누며 축류식 송풍기는 그림 7-2와 같이 프로펠러형(평판형), 원통축류형(튜브형), 고정날개축류형(베인형)으로 나눈다.

1. 원심형 송풍기

① 전향날개형(다익형)은 다익송풍기(multiblade fan, multiblade blower) 또는 시로코팬(sirocco fan)이라고도 하며 날개는 초승달형으로 폭이 넓고 높이가 낮으며 날개차는 앞쪽으로 향하며 날개는 36~64개 정도를 가진다. 풍량은 분당 10~

10,000 m^3이며 정압은 10~150 mmH_2O이며 효율은 40~60%이다. 특징으로는 날개에서 유출되는 유속은 크지만 압력은 낮으며 같은 유속에서 가장 높은 풍압을 발생시킨다. 저압으로 대풍량의 송풍에 적합하며 고속운전을 할 수 없고 효율은 낮으나 소음은 낮은 편이다. 용도는 저속덕트 공조용, 저압난방 및 건물의 공기조화용 또는 전체환기에 이용한다.

② 후향날개형(터보형)은 터보팬(turbo fan)으로 날개는 후향으로 날개 수는 8~22매가 많으며 회전방향이 빠르고 전동기에 직결할 수 있으며 임펠러 구조가 강해 고속회전에 유리하다. 풍량은 분당 60~900 m^3이며 정압은 50~2,000 mmH_2O이며 효율은 60~80%이다. 특징으로는 고온, 고압의 대용량으로 적합하며 소음은 크나 구조가 간단하고 송풍기 중 효율이 높다. 용도로는 압입통풍기에 주로 사용하며 임펠러가 견고하여 날개가 마모되기 쉬운 사업장, 고속덕트 공조용, 집진용으로 많이 사용한다.

③ 비행기날개형(익형)은 에어포일팬(airfoil fan)이라고도 하며 후곡날개형의 변형으로 비행기날개 단면 형상의 임펠러를 가져 효율이 우수하고 소음이 적다. 풍량은 분당 60~1,500 m^3이며 정압은 40~250 mmH_2O이며 효율은 75~85%이다. 특징은 원심력 송풍기 중 효율이 가장 좋으며, 전동기 용량이 적어 운전비가 경제적이다. 용도는 대형냉난방 공조장치, 산업용 공조장치에 주로 사용한다.

④ 방사날개형은 레이디얼팬(radial fan)이라고도 하며 방사상의 암에 평면날개를 가진 송풍기로 6~12개의 날개를 가지며 날개의 교환 및 청소가 용이하다. 풍량은 분당 20~1,000 m^3이며 정압은 30~300 mmH_2O이며 효율은 40~70%이다. 특징은 자가청소가 가능하나 효율 및 소음이 다른 송풍기에 비해 떨어진다. 용도는 환기용, 시멘트, 사료 등 물질의 이송, 산업용 고압장치에 이용한다.

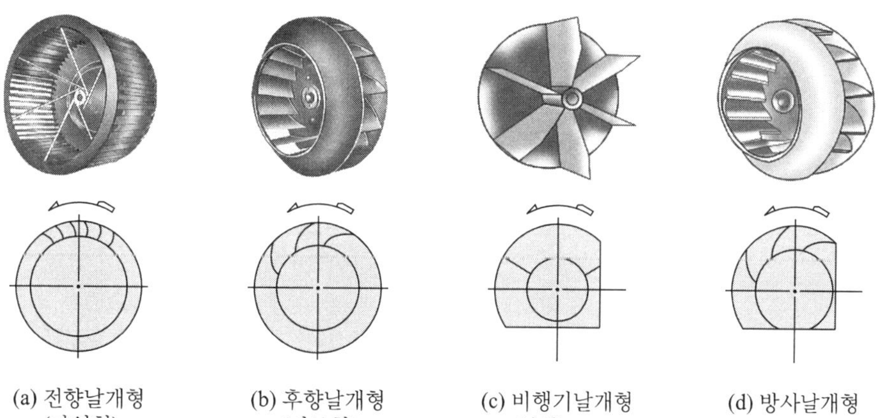

(a) 전향날개형 (다익형) (b) 후향날개형 (터보형) (c) 비행기날개형 (익형) (d) 방사날개형

그림 7-1 원심형 송풍기

2. 축류식 송풍기

① 프로펠러형(평판형)은 임펠러에 두 개 이상의 단일 두께의 날개를 갖고 있으며 효율은 대체로 낮고 주로 벽에 부착되거나 지붕 환기 등 저압용으로 사용된다. 풍량은 분당 10～400 m^3이며 정압은 0～15 mmH_2O이며 효율은 10～50%이다.

② 원통축류형(튜브형)은 임펠러의 성능을 위해 많은 날개를 가지는 것 외에는 프로펠러형과 유사한 송풍기이다. 효율과 압력향상을 위해 블레이드가 원통이나 드럼용기에 둘러싸인 형태이다. 풍량은 분당 500～10,000 m^3이며 정압은 5～15 mmH_2O이며 효율은 55～65%이다. 용도로는 압력손실에 낮은 대형냉각탑, 페인트 분무실, 훈연 배기장치 등에 많이 사용하며 대풍량에 적합하다.

③ 고정날개축류형(베인형)은 가장 효과적인 축류 송풍기로 효율과 압력향상을 위하여 안내 날개를 사용하여 효율이 높고, 중 고압을 얻을 수 있다. 풍량은 분당 40～1,000 m^3이며 정압은 10～80 mmH_2O이며 효율은 75～85%이다. 주요 용도로는 국소통풍 및 터널환기용에 적합하며 공기의 분포가 양호한 특성을 가진다.

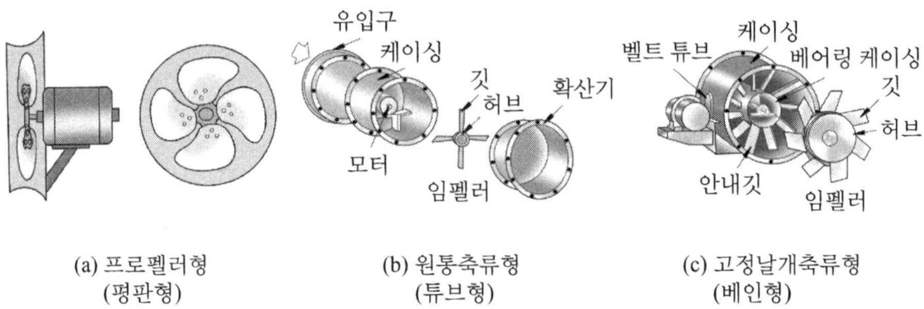

그림 7-2 축류식 송풍기

7.1.2 송풍기의 압력과 동력

송풍기란 기계적 에너지를 유체인 기체에 공급하여 압력과 운동에너지를 변환시켜 주는 저압식 공기 기계이며 국소환기 및 대기오염방지기술에서 함진공기의 수송에 요구되는 필요송풍량을 얻기 위한 원동기로 사용된다. 송풍기의 크기는 송풍기의 정압과 풍량으로 표시되며 송풍기의 정압은 일정량의 공기를 이동시키기 위해 송풍기에서 발생하는 정압의 크기이다. 송풍기의 풍량(Q)은 흡인상태로 환산한 송풍량으로 $\left[\dfrac{m^3}{min}\right]$

또는 $\left[\frac{\mathrm{m}^3}{\mathrm{hr}}\right]$의 단위를 가진다. 또한 송풍기의 풍압($p$)은 흡인압력과 토출압력으로 나누며 흡인압력과 토출압력의 비를 압력비(pressure ratio)라 하며 주로 [$\mathrm{mmH_2O}$] 또는 [mmHg]의 압력단위를 사용하며 고압인 경우에는 공학단위계인 $\left[\frac{\mathrm{kg_f}}{\mathrm{cm}^2}\right]$을 사용한다.

1. 송풍기의 유효정압과 유효전압

그림 7-3에서 볼 수 있듯이 송풍기를 중심으로 흡인구에는 흡인덕트와 토출구에는 배기덕트가 연결되며 송풍량 Q로 공기가 이동된다. 이때 송풍기의 풍압(p)은 정압(p_s), 동압(p_v), 전압(p_t)으로 나누며

흡인덕트가 연결된 흡인구의 정압(p_{si}), 흡인구의 동압(p_{vi}), 흡인구의 전압(p_{ti})
배기덕트가 연결된 토출구의 정압(p_{so}), 토출구의 동압(p_{vo}), 토출구의 전압(p_{to})

으로 구분할 수 있다.

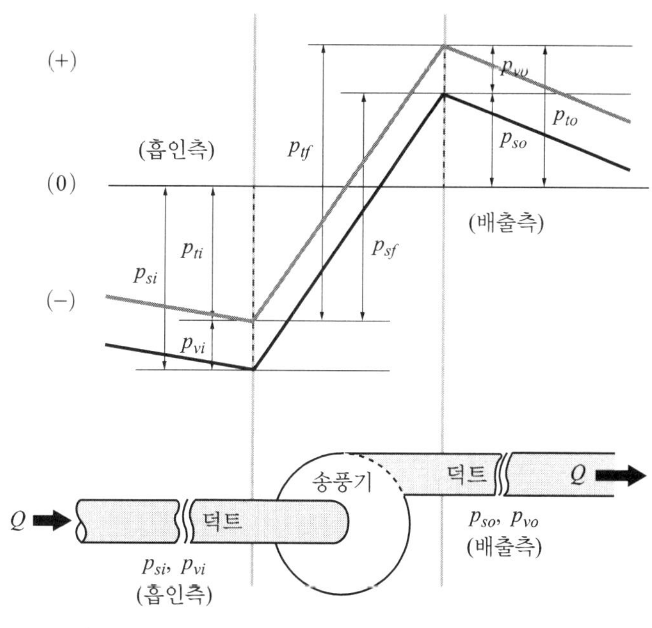

그림 7-3 송풍기의 전·후의 정압과 동압 및 전압

송풍기에는 유효전압과 유효정압이 있는데 토출구의 전압(p_{to})에서 흡인구의 전압(p_{ti})을 빼 준 값을 송풍기의 유효전압(p_{tf})이라 부르며

$$\text{유효전압 } p_{tf} = p_{to} - p_{ti}$$

$$\begin{aligned} p_{tf} &= p_{to} - p_{ti} = (p_{so} + p_{vo}) - (p_{si} + p_{vi}) \\ &= (p_{so} - p_{si}) + (p_{vo} - p_{vi}) \end{aligned}$$

유효전압(p_{tf})에서 토출구의 동압(p_{vo})을 빼 준 값을 송풍기의 유효정압(p_{sf})이라 한다. 일반적으로 송풍기의 풍압은 별도의 정의가 없는 한 유효정압을 의미한다.

$$\text{유효정압 } p_{sf} = p_{tf} - p_{vo}$$

$$\begin{aligned} p_{sf} &= p_{tf} - p_{vo} = \left[(p_{so} - p_{si}) + (p_{vo} - p_{vi})\right] - p_{vo} \\ &= (p_{so} - p_{si}) - p_{vi} = p_{so} - (p_{si} + p_{vi}) = p_{so} - p_{ti} \end{aligned}$$

송풍기의 앞단에는 흡인덕트를 후단에는 배기덕트를 연결하여 사용하며 흡인덕트와 배기덕트의 연결상태에 따라 유효전압과 유효정압이 다르게 된다.

① 흡인부가 대기에 열려 있으며 배기덕트만 연결되어 있는 경우에는 흡입부의 정압과 동압이 대기압과 같으므로 0이 되며, 유효정압은 토출구의 정압과 같게 된다.

$$p_{tf} = p_{so} + p_{vo}$$

$$p_{sf} = p_{so}$$

② 반대로 흡인구가 흡인덕트와 연결되고, 토출구가 대기에 열려 있으면

$$p_{tf} = -p_{si} + (p_{vo} - p_{vi})$$

$$p_{sf} = -(p_{si} + p_{vi})$$

③ 흡인구와 토출구가 각 흡인덕트와 배기덕트에 연결되어 있으면

$$p_{tf} = (p_{so} - p_{si}) + (p_{vo} - p_{vi})$$

$$p_{sf} = p_{so} - (p_{si} + p_{vi}) = p_{so} - p_{ti}$$

2. 송풍기의 동력

송풍기의 유효전압(p_{tf}), 유효정압(p_{sf}), 풍량(Q), 압력손실(Δp)은 송풍기의 이론동력, 축동력, 소요동력, 전압공기동력 및 정압공기동력을 구하는데 매우 중요하다.

① **이론동력(L_{po})**

$$L_{po} = \frac{\Delta p \times Q}{102}\ [\text{kW}], \qquad L_{po} = \frac{\Delta p \times Q}{76}\ [\text{HP}]$$

② **축동력(L_{pa})**

$$L_{pa} = \frac{\Delta p \times Q}{102 \times \eta}\ [\text{kW}], \qquad L_{pa} = \frac{\Delta p \times Q}{76 \times \eta}\ [\text{HP}]$$

③ **소요동력(L_{pf})**

$$L_{pf} = \frac{\Delta p \times Q}{102 \times \eta} \times \alpha\ [\text{kW}], \qquad L_{pf} = \frac{\Delta p \times Q}{76 \times \eta} \times \alpha\ [\text{HP}]$$

단, 압력손실(Δp)의 단위는 [mmH_2O], 풍량(Q)의 단위는 $\left[\frac{m^3}{sec}\right]$이여야 하며, η는 효율이며, α는 여유율을 의미한다. 여기에서 Q는 일반적으로 처리가스의 흡인유량을 의미한다.

$$Q = Av$$

$$v = \sqrt{\frac{2g\,p_v}{\gamma}}$$

여기서, Q : 실측상태의 가스유량$\left(\frac{m^3}{sec}\right)$,

A : 관의 단면적(m^2),

p_v : 동압(mmH_2O, $\frac{kg_f}{m^2}$),

γ : 가스의 비중량$\left(\frac{kg_f}{m^3}\right)$

이론동력(L_{po}), 축동력(L_{pa}), 소요동력(L_{pf})의 관계

$$L_{pf} = L_{pa} \times \eta = L_{po} \times \frac{\eta}{\alpha}$$

또한 소요동력 계산은 공기동력을 구한 후 송풍기의 효율을 고려하여 구할 수 있으며 전압공기동력, 정압공기동력, 소요동력 식은 다음과 같으며 유입유량(Q)의 단위는 $\left[\frac{\mathrm{m}^3}{\mathrm{sec}}\right]$이다.

- 전압공기동력 $L_{pt} = \frac{Q}{102} \times [(p_{so} - p_{si}) + (p_{vo} - p_{vi})] = \frac{Q \times p_{tf}}{102}$ [kW]
- 정압공기동력 $L_{ps} = \frac{Q}{102} \times [(p_{so} - p_{si}) - p_{vi}] = \frac{Q \times p_{sf}}{102}$ [kW]
- 소요동력 $L_{pf} = \frac{\text{전압공기동력}}{\text{송풍기 효율}} = \frac{Q \times p_{tf}}{102\eta}$

$$= \text{축동력} \times \text{여유율} = \frac{\Delta p \times Q}{102\eta} \times \alpha \text{ [kW]}$$

[개념문제] 축동력과 소요동력

Q&A

예1) 흡인유량이 초당 10 m^3이고 압력손실이 300 $\mathrm{mmH_2O}$인 집진장치의 송풍기 축동력과 소요동력은 몇 kW가 되는가? (송풍기의 전압효율은 70%, 여유율은 1.2이다.)

풀이 축동력 : $L_{pa} = \frac{\Delta p \times Q}{102 \times \eta} = \frac{300 \times 10}{102 \times 0.7} = 42.0 \text{ kW}$

소요동력 : $L_{pf} = \frac{\Delta p \times Q}{120 \times \eta} \times \alpha = 42.0 \times 1.2 = 50.4 \text{ kW}$

예2) 어느 집진장치에서 처리 가스량이 12,000 $\mathrm{Sm^3/hr}$, 압력손실이 200 $\mathrm{mmH_2O}$일 때 효율이 75%인 송풍기를 사용하고자 한다. 이 송풍기의 축동력(kW)은?

풀이 다음 식을 이용할 경우 주의점은 Q의 단위가 $\frac{\mathrm{m}^3}{\mathrm{sec}}$임을 기억해야 한다.

축동력 : $L_{pa} = \frac{\Delta p \times Q}{102 \times \eta} = \frac{200 \times (12{,}000/3{,}600)}{102 \times 0.75} = 8.71 \text{ kW}$

예3) 발생원으로부터 집진장치를 포함한 송풍기까지의 전압력손실이 150 mmH_2O일 때 처리가스량이 80,000 m^3/hr인 경우 필요한 송풍기의 소요동력은 몇 kW이며, 몇 HP인가? (단, 송풍기 효율 η은 85%이며 여유율은 1.3이다.)

풀이 유량의 단위에 주의한다.

① 소요동력

$$L_{pf} = \frac{\Delta p \times Q}{102 \times \eta} \times \alpha = \frac{150\ \mathrm{mmH_2O} \times \dfrac{80{,}000\ \mathrm{m^3}}{\mathrm{hr}} \times \dfrac{\mathrm{hr}}{3{,}600\ \mathrm{sec}}}{102 \times 0.85} \times 1.3 = 49.98\ \mathrm{kW}$$

② 소요동력을 HP로 구하면

$$L_{pf} = \frac{\Delta p \times Q}{76 \times \eta} \times \alpha = \frac{150\ \mathrm{mmH_2O} \times \dfrac{80{,}000\ \mathrm{m^3}}{\mathrm{hr}} \times \dfrac{\mathrm{hr}}{3{,}600\ \mathrm{sec}}}{76 \times 0.85} \times 1.3 = 67.08\ \mathrm{HP}$$

7.1.3 송풍기의 특성선도와 상사법칙

1. 송풍기의 특성선도와 저항곡선

송풍기의 특성선도는 송풍기의 풍량(Q), 송풍기의 유효정압(p_{sf})을 여러 가지로 바꾸어 운전하여 풍량(Q)의 변화에 따른 유효정압(p_{sf}), 축동력(L_{pa}), 효율(η)의 관계를 그림 7-4에 나타내었다. 특성선도를 그리는 방법은 송풍기의 회전수(N)를 일정하게 유지하면서 송풍기의 송출 밸브를 조절하여 유효정압(p_{sf}), 축동력(L_{pa}), 효율(η)의 변화량을 측정하여 나타낸다.

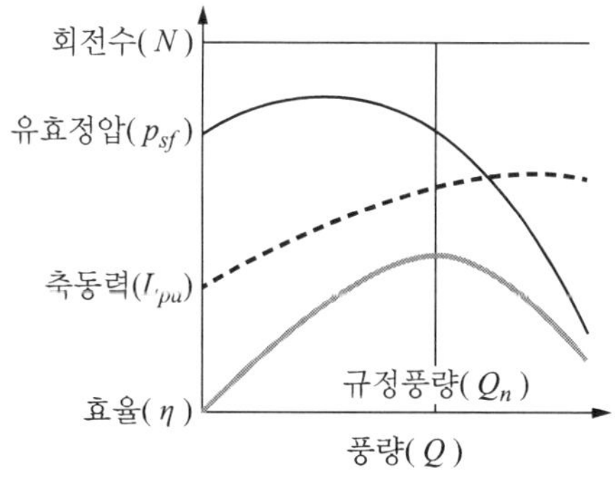

(a) 송풍기의 특성선도

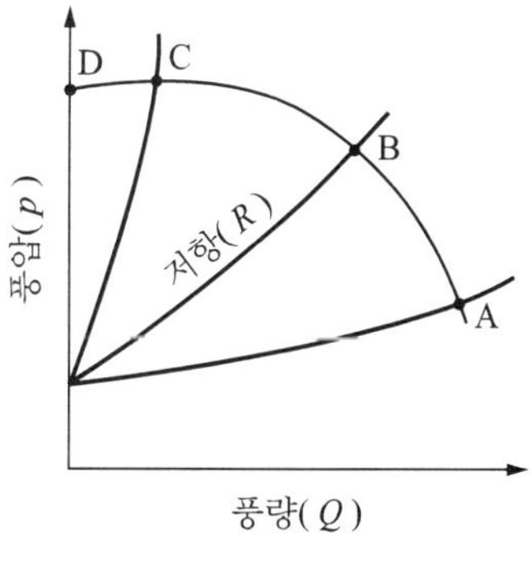

(b) 송풍기의 저항곡선

그림 7-4 송풍기의 특성선도와 저항곡선

x축은 풍량(Q)이며 y축은 유효정압(p_{sf}), 축동력(L_{pa}), 효율(η)의 변화량을 나타낸다. 특히 효율이 최고점일 때 이 점과 만나는 p_{sf}를 규정풍압(p_n, normal pressure)이라 하며 풍량(Q)와 만나는 점을 규정풍량(Q_n, normal flow rate)라고 한다. 또한 비회전도란 송풍기의 최고효율점에서 송풍기의 성능을 나타내는 방법으로 회전차의 형상과 운전상태를 유지하면서 그 크기를 바꾸고 단위유량에서 풍압을 발생시킬 때 그 회전차에 주어져야 할 회전수를 의미하며 비교회전도 또는 비속도라고도 한다. 비회전도는 다음 식을 나타낸다.

$$N_s = N \times \frac{Q_n^{\frac{1}{2}}}{(p_n/\gamma)^{\frac{3}{4}}}$$

N_s는 비교회전도로 단위는 $\frac{\mathrm{rpm} \cdot \mathrm{m}^3}{\mathrm{m} \cdot \mathrm{min}}$이며, N은 송풍기의 회전수(rpm), Q_n는 최고효율점에서 송풍기의 풍량(m^3/min), p_n는 최고효율점에서 송풍기의 풍압(mmH_2O)이다. 이를 바탕으로 송풍기의 회전수와 풍압, 풍량의 관계식은 다음과 같다.

$$N_1 \times \frac{Q_{n1}^{\frac{1}{2}}}{(p_{n1}/\gamma_1)^{\frac{3}{4}}} = N_2 \times \frac{Q_{n2}^{\frac{1}{2}}}{(p_{n2}/\gamma_2)^{\frac{3}{4}}}$$

또한 그림 7-4의 저항곡선에서 송풍기의 풍압(p)곡선과 저항(R)이 만나는 점을 운전점이라고 한다. 이 운전점은 송풍기의 밸브의 개도가 작아짐에 따라 밸브저항이 커짐으로 A에서 D점으로 이동하게 된다. 즉 밸브가 완전히 전폐되어 유량이 0이 되는 D점을 체절(shut off) 운전점이라고 한다. 일반적으로 우상승구배를 가지는 형태의 성능곡선을 산고곡선이라 하며, 우하강구배를 가지는 형태의 성능곡선을 하강곡선이라고 한다. 또한 회축과 거의 평행한 형태의 성능곡선을 평탄곡선이라고 한다.

그림 7-5(a)에 전향날개형인 다익송풍기의 특성선도를 나타내었다. 그 특성은 상승구배를 나타내고 동력의 상승률이 크며 효율은 비교적 낮은 편이다. 풍압은 체절 운전 시 최대가 되면 배출구를 개방함에 따라 감소 후 증가하며 풍량변화에 대한 풍압은 완만하다. 전동기출력은 체절 운전 시 최소가 되며 풍량 증가 시 과부하가 일어난다. 그림 7-5(b)는 후향날개형의 특성선도로 하향구배의 특성으로 풍압이 바뀌어도 풍량의 변화가 비교적 적다. 풍압은 체절 운전 시 최대가 되며 효율은 비교적 높으며 동력이 최대일 때 최대 효율을 가진다. 또한 동력은 최고 효율 후 완만히 감소하는 경향을 보인다. 그림 7-5(c)의 방사날개형에서 풍압은 체절 운전점이 높고 풍량 증가 시 조금씩

증가하며 최대 효율점 근처에서 최대 풍압을 보이며 풍량변화에 대한 풍압은 완만이 변화한다. 효율은 풍량 증가에 따라 최고 효율 후 감소하며 동력은 풍량 증가 시 비례하여 증가한다. 그림 7-5(d)는 익형팬으로 동력과 효율은 최고점 이후 감소하는 경향을 보인다.

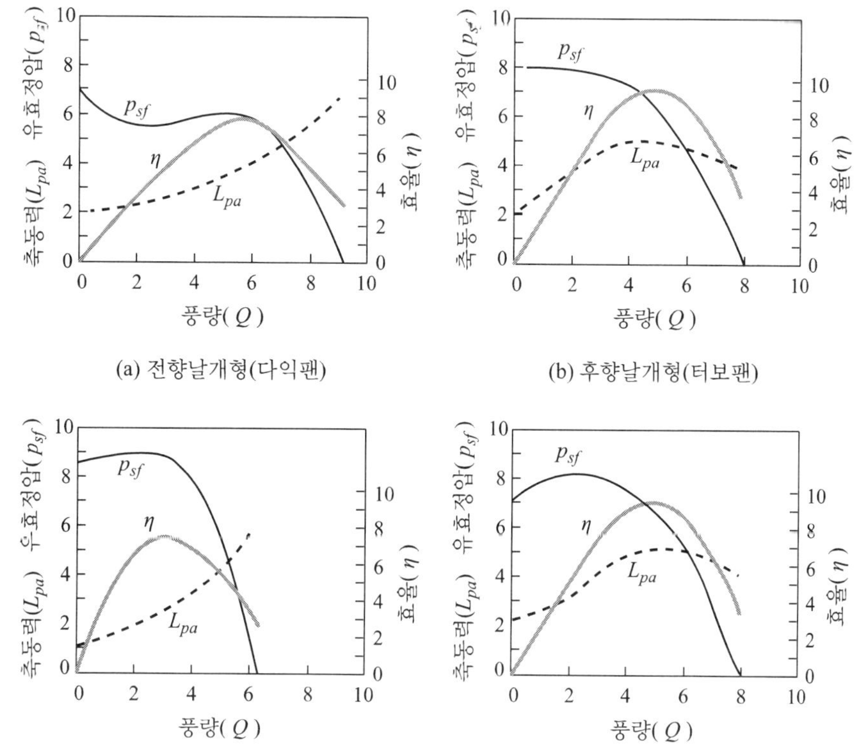

(a) 전향날개형(다익팬) (b) 후향날개형(터보팬)

(c) 방사날개형(레이디얼팬) (d) 비행기날개형(익형팬)

그림 7-5 원심형 송풍기의 특성선도

2. 송풍기의 상사법칙

송풍기의 상사법칙(law of similarity)이란 기하학적 상사, 운동학적 상사, 역학적 상사가 만족되면 유체역학적으로 동적 상사(dynamically similarity)된다는 법칙이다.

그림 7-6에 회전차의 내경(D)이 다른 두 개의 송풍기로 이를 기초로 기하학적, 운동학적, 역학적 상사법칙을 정리하였다.

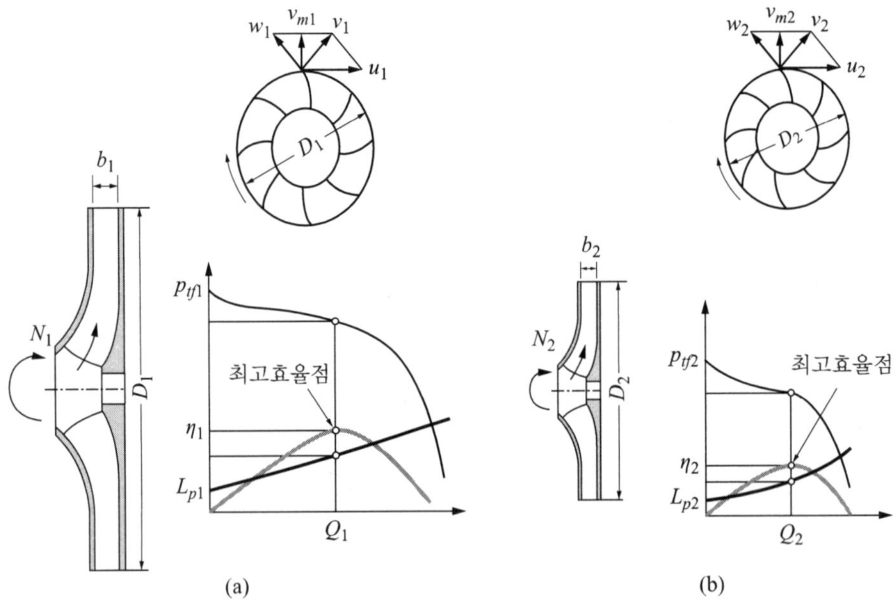

그림 7-6 송풍기의 상사법칙

① **기하학적 상사**

기하학적 상사는 그림 7-7에 나타내었으며 형상비와 (통로)면적비로 나눌 수 있다.

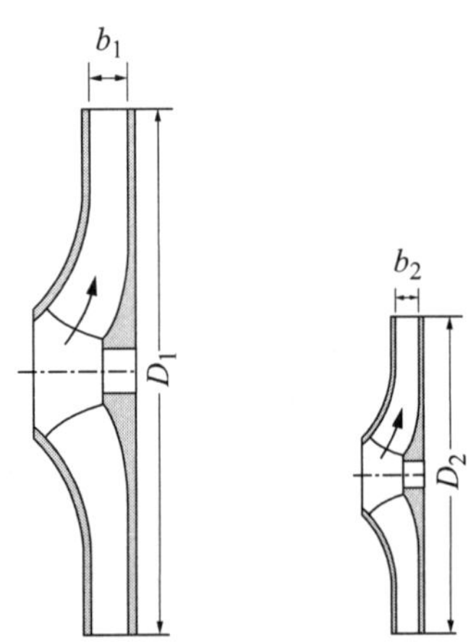

D : 송풍기에서 각 회전차의 내경
b : 형상이 기하학적으로 상사인 회전차 출구폭
A : 각 통로면적

그림 7-7 기하학적 상사

㈀ 형상비

$$\frac{D_1}{D_2} = \frac{b_1}{b_2}$$

㈁ 면적비

$$\frac{A_1}{A_2} = \frac{\pi D_1 b_1}{\pi D_2 b_2} = \frac{D_1 b_1}{D_2 b_2} = \left(\frac{D_1}{D_2}\right)^2$$

② 운동학적 상사

운동학적 상사는 그림 7-8에 나타내었으며 속도비와 풍량비로 나눌 수 있다.

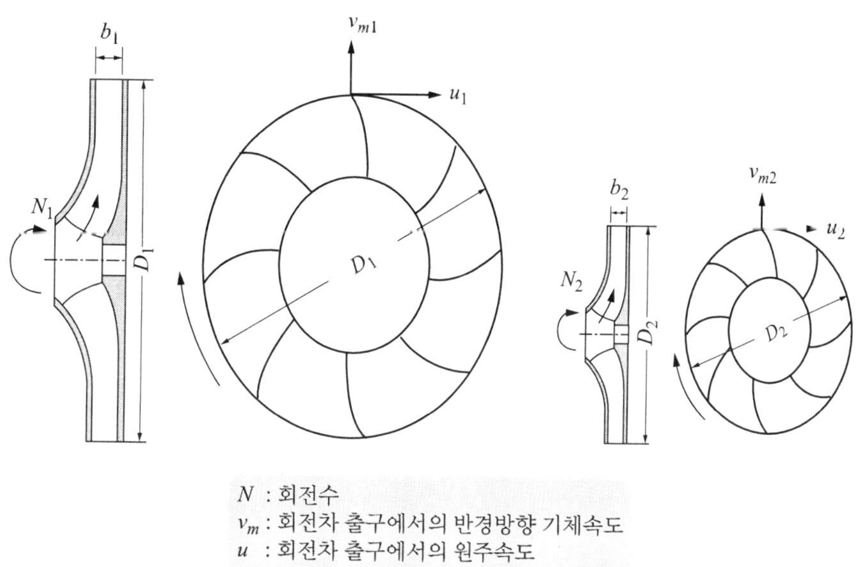

그림 7-8 운동학적 상사

㈀ 속도비

$$\frac{v_{m1}}{v_{m2}} = \frac{u_1}{u_2} = \frac{\pi D_1 N_1}{\pi D_2 N_2} = \left(\frac{D_1}{D_2}\right)\left(\frac{N_1}{N_2}\right)$$

$$v_m = \frac{l}{t} = \frac{\pi D}{t} = \pi DN \text{ (단, } N\,[\text{rpm}])$$

(ㄴ) 풍량비

$$\frac{Q_1}{Q_2} = \frac{A_1 v_{m1}}{A_2 v_{m2}} = \left(\frac{D_1}{D_2}\right)^2 \left(\frac{D_1}{D_2}\frac{N_1}{N_2}\right) = \left(\frac{D_1}{D_2}\right)^3 \left(\frac{N_1}{N_2}\right)$$

③ 역학적 상사

역학적 상사는 그림 7-9에 나타내었으며 풍압비와 소요동력비로 나눌 수 있다.

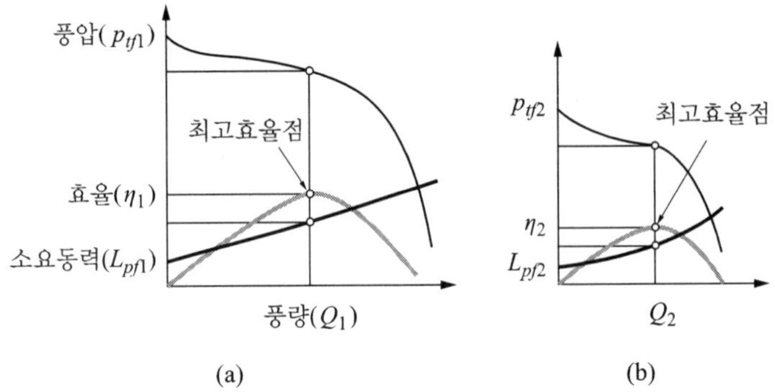

그림 7-9 역학적 상사

(ㄱ) 풍압비(유효전압비)

$$\frac{p_{tf1}}{p_{tf2}} = \frac{\dfrac{\gamma_1}{g} u_1 v_{m1}}{\dfrac{\gamma_2}{g} u_2 v_{m2}} = \left(\frac{\gamma_1}{\gamma_2}\right)\left(\frac{u_1}{u_2}\right)\left(\frac{v_{m1}}{v_{m2}}\right) = \left(\frac{\gamma_1}{\gamma_2}\right)\left(\frac{D_1}{D_2}\right)^2\left(\frac{N_1}{N_2}\right)^2$$

(ㄴ) 소요동력(L_{pf})비

$$\frac{L_{pf1}}{L_{pf2}} = \frac{\dfrac{Q_1 p_{tf1}}{102\eta}}{\dfrac{Q_2 p_{tf2}}{102\eta}} = \left(\frac{Q_1}{Q_2}\right)\left(\frac{p_{tf1}}{p_{tf2}}\right) = \left(\frac{\gamma_1}{\gamma_2}\right)\left(\frac{D_1}{D_2}\right)^5\left(\frac{N_1}{N_2}\right)^3$$

송풍기의 상사법칙 기본식 정리

- **풍량(유량)** : $\frac{Q_1}{Q_2} = \left(\frac{D_1}{D_2}\right)^3 \left(\frac{N_1}{N_2}\right)$
- **풍압(유효전압)** : $\frac{p_{tf1}}{p_{tf2}} = \left(\frac{\gamma_1}{\gamma_2}\right)\left(\frac{D_1}{D_2}\right)^2 \left(\frac{N_1}{N_2}\right)^2$
- **소요동력(L_{pf})** : $\frac{L_{pf1}}{L_{pf2}} = \left(\frac{\gamma_1}{\gamma_2}\right)\left(\frac{D_1}{D_2}\right)^5 \left(\frac{N_1}{N_2}\right)^3$

조건에 따른 송풍기의 상사법칙

- **제1법칙** : 송풍기의 크기(D)와 유체 밀도(ρ) 또는 비중량(γ)이 일정할 때
  - 풍량(유량) : $\frac{Q_1}{Q_2} = \left(\frac{N_1}{N_2}\right)$로 풍량은 송풍기의 회전속도에 비례함.
  - 풍압(유효전압) : $\frac{p_{tf1}}{p_{tf2}} = \left(\frac{N_1}{N_2}\right)^2$로 풍압은 송풍기의 회전속도의 2승에 비례함.
  - 소요동력(L_{pf}) : $\frac{L_{pf1}}{L_{pf2}} = \left(\frac{N_1}{N_2}\right)^3$로 동력은 송풍기의 회전속도 3승에 비례함.

- **제2법칙** : 송풍기의 회전수(N)와 유체 밀도(ρ) 또는 비중량(γ)이 일정할 때
  - 풍량(유량) : $\frac{Q_1}{Q_2} = \left(\frac{D_1}{D_2}\right)^3$로 풍량은 송풍기 크기의 3승에 비례함.
  - 풍압(유효전압) : $\frac{p_{tf1}}{p_{tf2}} = \left(\frac{D_1}{D_2}\right)^2$로 풍압은 송풍기 크기의 2승에 비례함.
  - 소요동력(L_{pf}) : $\frac{L_{pf1}}{L_{pf2}} = \left(\frac{D_1}{D_2}\right)^5$로 동력은 송풍기 크기의 5승에 비례함.

- **제3법칙** : 송풍기의 유체 밀도(ρ) 또는 비중량(γ)이 일정할 때
  - 풍량(유량) : $\frac{Q_1}{Q_2} = \left(\frac{D_1}{D_2}\right)^3 \left(\frac{N_1}{N_2}\right)$로 풍량은 송풍기 크기의 3승, 회전수에 비례함.
  - 풍압(유효전압) : $\frac{p_{tf1}}{p_{tf2}} = \left(\frac{D_1}{D_2}\right)^2 \left(\frac{N_1}{N_2}\right)^2$로 풍압은 송풍기 크기의 2승, 회전수의 2승에 비례함.

- 소요동력(L_{pf}) : $\dfrac{L_{pf1}}{L_{pf2}} = \left(\dfrac{D_1}{D_2}\right)^5 \left(\dfrac{N_1}{N_2}\right)^3$ 로 동력은 송풍기 크기의 5승, 회전수의 3승에 비례함.

[개념문제] Q&A

예1) A 송풍기가 2 kW의 동력을 이용하여 40 m^3/min의 공기를 송풍한다면 송풍량이 2배 증가하였을 때 필요한 소요동력은 몇 kW인가?

풀이

$$\frac{Q_1}{Q_2} = \left(\frac{D_1}{D_2}\right)^3 \left(\frac{N_1}{N_2}\right) \text{이므로 } \frac{Q_1}{Q_2} = \left(\frac{N_1}{N_2}\right)$$

$$\frac{L_{pf1}}{L_{pf2}} = \left(\frac{\gamma_1}{\gamma_2}\right) \left(\frac{D_1}{D_2}\right)^5 \left(\frac{N_1}{N_2}\right)^3 \text{에서 } \frac{L_{pf1}}{L_{pf2}} = \left(\frac{Q_1}{Q_2}\right)^3 \text{이므로}$$

$$\frac{2\text{ kW}}{L_{pf2}} = \left(\frac{Q_1}{2Q_1}\right)^3 \quad \rightarrow \quad \therefore\ L_{pf2} = 16\text{ kW}$$

7.2 펌프

펌프는 압력작용을 이용하여 유체를 이송하는 기계로 일반적으로 액체를 낮은 곳에서 높은 곳으로 끌어올려 이송하는데 이용되는 기계의 총칭이다. 펌프의 기능은 물을 끌어 올리는 높이인 양정(lift)과 단위시간당 액체 부피의 이동량인 유량으로 표시한다.

7.2.1 펌프의 종류

펌프의 종류는 터보형, 용적형, 특수형으로 분류되며 터보형으로는 원심식, 사류식, 축류식이 있으며 용적형에는 왕복식, 회전식이 있으며 특수형으로는 마찰펌프, 제트펌프, 수격펌프, 진공펌프 등이 있다. 다양한 펌프의 종류를 표 7-1에 나타내었다.

표 7-1 펌프의 종류

형태	방식	종류
터보형	원심식	볼류트형 원심펌프, 디퓨저형 원심펌프
	사류식	사류펌프
	축류식	축류식 펌프
용적형	왕복식	피스톤펌프, 플런저펌프, 다이아그램펌프
	회전식	기어펌프, 베인펌프, 나사펌프, 캠펌프, 스크류펌프
특수형		와류펌프, 기포펌프, 제트펌프, 수격펌프, 점성펌프 등

1. 터보형 펌프

터보형 펌프는 회전차의 회전에 의해 원심력을 발생시키며 임펠러 중심부에 흡인된 후 토출되는 과정에서 압력과 운동에너지를 공급하며 회전차의 형상에 따라 원심식, 사류식, 축류식으로 분류되며, 이를 그림 7-10에 나타내었다. 일반적으로 전양정이 20 m 이상이며 펌프의 구경이 200 mm 이하인 경우 원심식을 사용하며, 전양정이 5 m 이하이며 펌프의 구경이 400 mm 이상인 경우 축류식, 전양정이 3~6 m 사이이고 펌프의 구경이 200 mm 이상인 경우 사류식을 사용한다.

① 원심식

케이싱내의 임펠러가 회전하면서 원심력을 얻으며 회전차 입출구에서 반지름 방향 또는 경사 방향으로 유입되어 유출하는 구조를 가진다. 안내날개가 없는 원심펌프를 볼류트 펌프라고 하며 양정이 낮고 양수량이 많은 곳에 사용되며 안내날개가 있는 원심펌프를 디퓨저 펌프라고 하며 양정이 높고 방출압력이 높은 곳에 사용한다. 원심식은 구조가 간단하고 가격이 저렴하고 대용량 및 연속 양정의 특성을 가져 가장 많이 사용되는 방식이다. 주로 취수, 배수, 약액주입, 오니 배출 등 환경 분야에 많이 사용된다.

② 사류식

액체가 회전차 입출구에서 경사방향으로 유입되고 유출되는 구조이며 저양정, 대용량 취수펌프로 많이 사용된다. 원심식과 마찬가지로 가격이 저렴하고 구조가 간단하나 대용량일 경우 효율이 원심식에 비해 높고 형태가 작아 운전동력비를 줄일 수 있다.

③ **축류식**

액체가 회전차 입출구에서 축방향으로 유입 후 유출되는 구조이며 동력은 회전차의 날개가 회전함으로써 발생하여 양력에 의해 압력과 운동에너지를 공급하는 장치이다. 저양정, 대용량 및 취수 등 배수용 펌프로 사용된다.

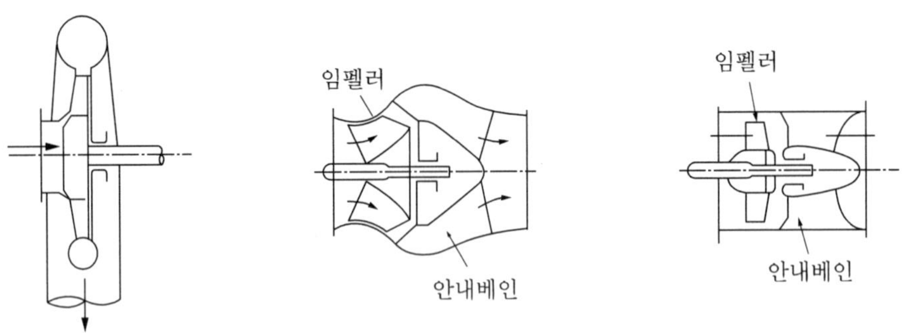

(a) 원심식 (b) 사류식 (c) 축류식

그림 7-10 터보형 펌프 (출처: 소방유체역학, 최영상, 동화기술, p215, p225)

2. 용적형 펌프

용적형 펌프는 왕복식과 회전식으로 나누며 그림 7-11에 나타내었다.

① **왕복식**

피스톤이나 플런저를 실린더 내에서 왕복시켜 일정량의 액체를 흡입 쪽에서 토출 쪽으로 이동시켜 토출 쪽의 액체가 압력에너지를 공급받는 원리이다. 피스톤형은 저압에서, 플런저형은 고압에 주로 사용한다. 왕복펌프는 고온, 고압물질의 주입에 쓰이나 고압에 의해 물성의 변화가 일어날 수 있으며, 토출압력은 높으나 토출량은 적고, 흡입양정은 크나 토출 측에서 맥동한다.

② **회전식**

회전하는 회전자, 기어 등을 사용하여 흡입, 송출 밸브 없이 액체를 밀어내는 형식으로 저용량의 고양정에 사용한다. 특히 규산소다, 농축 소석회 등과 같은 고점도의 액체 수송이 가능하며 송출량의 맥동이 없고 구조가 간단하며 흡입양정은 적다.

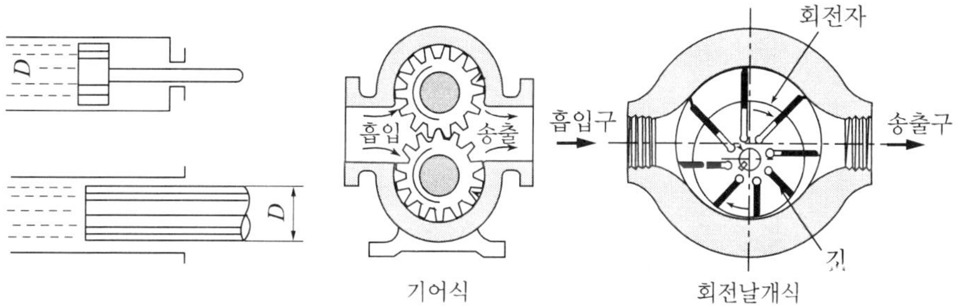

(a) 왕복식 (b) 회전식

그림 7-11 용적형 펌프 (출처: 소방유체역학, 최영상, 동화기술, p233, p235)

3. 특수형 펌프

특수형 펌프는 용도와 목적에 따라 다양하며 대표적인 특수형 펌프를 그림 7-12에 나타내었다.

① **와류펌프**

마찰펌프, 또는 재생펌프라고도 하며 상호에 따라 웨스코 펌프라고도 한다. 이 펌프는 수차 모양의 다수의 직선깃을 가진 로터를 회전하여 연속적으로 와류를 만들고 그 에너지에 의해 양수하는 펌프이다. 소용량, 중간양정에 적합하고 취수 및 양수장의 압력수 펌프로 사용된다.

② **기포펌프**

압축공기를 공기관을 통하여 양수관에 혼입하여 공기와 물 혼합물 간에 부력이 작용하여 관외의 물에 의해 양수관 입구의 물을 밀어올리는 원리이다. 이 펌프는 구조가 간단하고 고장이 없으며 이물질이 포함되어도 사용가능하여 오니 또는 침사펌프로 사용한다. 반면에 효율이 낮은 편이며 압축기 시설이 필요하다.

③ **제트펌프**

분사펌프, 토출펌프라고도 하며 제1유체인 고압의 유체를 가는 목(throat)쪽으로 분사하면 제2유체인 목 주변의 액체가 분사류를 따라 송출되는 펌프로 제1유체와 제2유체는 사용 목적에 따라 다양하며 환경 분야에서는 염소주입, 약품주입, 완속여과지의 세정 등에 사용한다.

④ **수격펌프**

수격펌프는 관성작용력을 이용하여 일부의 물을 원래의 높이보다 더 높은 곳으로 수송하는 펌프로 하천에서 소규모 취수 시 사용한다.

⑤ **점성펌프**

점도가 높은 액체의 점성을 이용하여 층류 마찰작용으로 펌프를 작동하는 것으로 유량은 적으나 높은 양정을 얻을 수 있으며, 구조가 간단하여 윤활유 펌프로 사용한다.

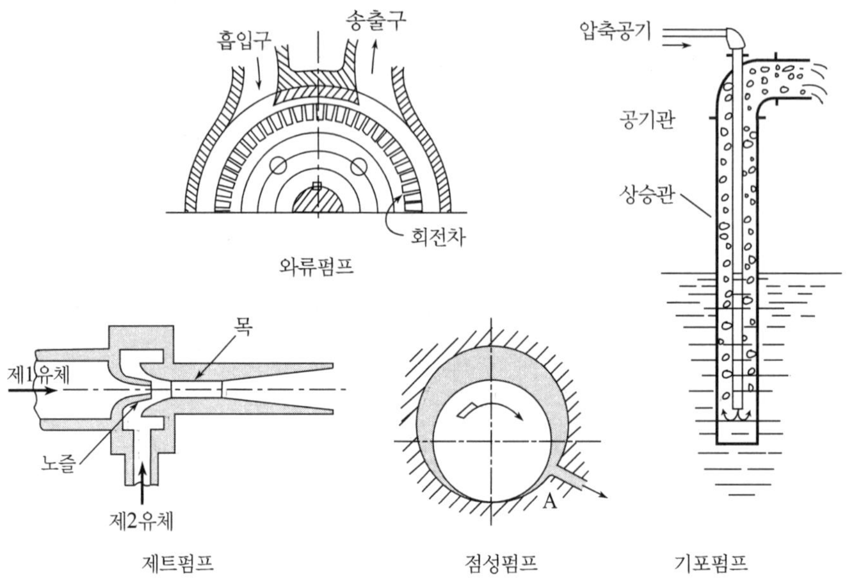

그림 7-12 특수형 펌프 (출처: 소방유체역학, 최영상, 동화기술, p236, p237)

7.2.2 펌프의 양정과 동력

펌프의 주요 기능은 중력, 마찰력 등을 이기고 유체의 위치를 바꾸는 것으로 물을 낮은 곳인 흡입수면에서 높은 곳인 송출수면으로 끌어 올리는 높이를 양정이라 하며 양정은 전양정, 실양정으로 나눈다.

1. 펌프의 양정 및 손실수두

전양정(H)과 실양정(H_a)을 그림 7-13에 나타내었다. 흡입수면의 높이는 z_s이며 송출수면의 높이는 z_d이다. 물을 이동시키기 위해 펌프를 중심으로 흡입수면 쪽에는 진공계측기가 붙어 있으며 v_s의 속도로 흡입하여 v_d의 속도로 송출하며 송출압은 압력계로 측정한다. 또한 물의 흡입과정에 흡입 마찰손실(Δh_s)이 발생하며 송출과정에서 송출 마찰손실(Δh_d)이 발생한다.

① 실양정(H_a)

실양정은 actual head로 펌프 중심선에서 흡입수면까지의 수직높이인 흡입실양정(H_s, actual suction head)과 펌프 중심선에서 송출수면까지의 수직높이인 송출실양정(H_d, actual discharge head)의 합이다. 또한 흡입수면과 송출수면 사이의 수직거리를 말하며 시점은 저수위(z_s)를 기준으로 하고 종점은 고수위(z_d)를 기준으로 한다. 따라서 실양정은

$$실양정(H_a) = H_s + H_d$$

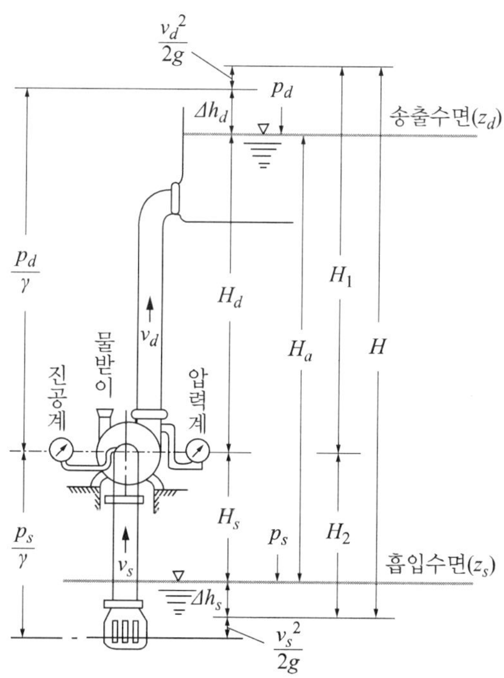

그림 7-13 펌프의 전양정과 실양정

또는

$$\text{실양정}(H_a) = \text{고수위} - \text{저수위}$$
$$= \text{송출수면의 높이} - \text{흡입수면의 높이} = z_d - z_s$$

② 속도양정(H_v)

속도양정은 유입속도수두와 송출속도수두의 차이로 만약 펌프의 직경이 유입관과 송출관에서 동일하면 속도양정은 0이 된다. 속도양정은 다음 식과 같으며 v_s, v_d는 유입관과 송출관의 유속이다.

$$H_v = \text{송출속도수두} - \text{유입속도수두} = \frac{v_d^2 - v_s^2}{2g}$$

③ 계기양정(H_p)

펌프를 이용하여 물을 저수위에서 고수위로 이동시키기 위해선 물의 속도양정, 관내에서 발생하는 마찰저항 등을 극복할 동력을 펌프가 제공해야 하며 이를 계산하기 위해 펌프를 중심으로 흡입관 측에는 진공계기, 송출관 측에는 압력계기를 부착하여 계기양정을 구하며 식은 다음과 같으며 Δz는 진공계와 압력계의 설치 높이차이다.

$$H_p = \left(\frac{p_d - p_s}{\gamma}\right) + \left(\frac{v_d^2 - v_s^2}{2g}\right) + \Delta z$$

④ 손실수두(Δh)

펌프의 양정 시 손실수두는 관의 마찰, 흡입 시, 유출 시, 관의 굴곡이 있는 경우, 확대관, 축소관일 경우, 밸브 등 기계 기구에 의한 손실 등 다양한 형태로 나타난다. 이에 대한 기초 이론은 5.2절의 유체의 손실수두식인 $\Delta h = f\left(\frac{l}{d}\right)\left(\frac{v^2}{2g}\right)$을 참고한다. 압력손실식($\Delta p$)과 손실수두식($\Delta h$)은 다음과 같은 관계를 가진다. 펌프에서 물의 흡입과정에 흡입마찰손실(Δh_s)과 송출마찰손실(Δh_d) 등이 있다.

$$\Delta p = \gamma \Delta h \quad \rightarrow \quad \text{단위해석} : \left[\frac{\mathrm{kg_f}}{\mathrm{m^3}}\right][\mathrm{m}] \rightarrow \left[\frac{\mathrm{kg_f}}{\mathrm{m^2}}\right] \rightarrow \left[\frac{\mathrm{N}}{\mathrm{m^2}}\right]$$

$$\Delta h = \frac{\Delta p}{\gamma} \quad \rightarrow \quad \left[\frac{\frac{\mathrm{N}}{\mathrm{m}^2}}{\frac{\mathrm{N}}{\mathrm{m}^3}}\right] \rightarrow [\mathrm{m}]$$

⑤ **전양정(H)**

전양정은 total head로 total dynamic head 또는 total pump head로 펌프가 물을 낮은 곳에서 높은 곳으로 양수할 때 펌프가 물에 주어야 하는 압력의 총합으로 실양정에 각 손실수두를 더한 값이다. 손실수두는 흡입구, 유출구의 손실, 관의 굴곡에 의한 손실, 관의 확대 및 축소에 따른 손실, 기계 기구에 의한 손실 등 다양하다. 전양정은 송출전양정(H_1)과 흡입전양정(H_2)의 합이며 흡입속도수두는 제외한다.

$$H = H_1 + H_2 = \left(H_d + \Delta h_d + \frac{v_d^2}{2g}\right) + \left(H_s + \Delta h_s\right)$$

또한 전양정은 펌프의 흡입면과 송출면까지의 수직거리에 양면에 가해지는 압력양정, 속도차이에 의한 속도양정, 손실수두와 실양정의 합으로

$$\text{전양정} = \text{실양정} + \text{압력양정} + \text{속도양정} + \text{손실수두}$$

또한 전양정인 펌프양정, 즉 펌프가 유체에 제공해야 할 총에너지를 베르누이식을 이용하여 흡입수면(z_s)과 송출수면(z_d) 간의 식을 세우면

$$\frac{p_s}{\gamma} + \frac{v_s^2}{2g} + z_s + E_p = \frac{p_d}{\gamma} + \frac{v_d^2}{2g} + z_d + \Delta h$$

$$E_p = \left(\frac{p_d - p_s}{\gamma}\right) + \left(\frac{v_d^2 - v_s^2}{2g}\right) + \left(z_d - z_s\right) + \Delta h = H$$

2. 펌프의 동력

펌프의 동력은 수동력, 축동력, 소요동력으로 나눈다.

① **수동력(water horse power, L_{pw})**

이론동력으로 펌프의 전양정에 유량 Q를 양수하는데 소요되는 펌프의 동력을 의미하며 펌프의 효율을 100%로 간주한다.

$$L_{pw} = \frac{\gamma_w QH}{102}\,[\text{kW}] = \frac{\gamma_w QH}{76}\,[\text{HP}] = \frac{\gamma_w QH}{75}\,[\text{PS}]$$

여기서, γ_w는 물의 비중량(kg_f/m^3), Q는 유량(m^3/sec), H는 전양정(m)이다.

참고로 동력(일률)의 단위는 다음과 같다.

동력의 단위

- 1 kW(kilo Watt) $= 102\,\frac{kg_f \cdot m}{sec} = 1\,\frac{kJ}{sec}$
- 1 HP(Horse Power) $= 76\,\frac{kg_f \cdot m}{sec}$
- 1 PS(PferdeStärke) $= 75\,\frac{kg_f \cdot m}{sec}$

PS는 말의 힘이란 뜻의 독일어로 75 kg_f의 물건을 1초 동안에 1 m 들어 올리는 힘을 의미한다.

② **펌프의 축동력(shaft horse power, L_{ps})**

축동력은 펌프의 외부에 있는 동력공급원인 원동기, 전동기로부터 펌프의 회전차를 구성하는데 필요한 동력으로 제동동력이라고도 하며 이론동력인 수동력에 펌프의 효율을 보정한 값이다.

$$L_{ps} = \frac{L_{pw}}{\eta} = \frac{\gamma_w QH}{102\eta}\,[\text{kW}] = \frac{\gamma_w QH}{76\eta}\,[\text{HP}] = \frac{\gamma_w QH}{75\eta}\,[\text{PS}]$$

단, $\eta = \eta_m \times \eta_h \times \eta_q$

η는 펌프의 전효율로 펌프의 기계효율(η_m)과 수력효율(η_h) 및 체적효율(η_q)의 곱이다.

③ **펌프의 소요동력(L_{pp})**

소요동력은 실제 소요되는 전동기 구동동력으로 축동력에 여유율을 고려한 동력이다.

$$L_{pp} = L_{ps} \times \frac{(100+E)}{100} = L_{ps} \times (1+\alpha_e) = L_{ps} \times \alpha$$

여기서, E : 여유율로서 단위는 축동력에 대한 백분율(%)

α_e : 여유율로서 $\dfrac{E}{100}$

α : 여유율

참고로 여유율은 펌프의 전달계수로 사용됨으로 전달계수가 주어지면 여유율로 대치하여 풀이하면 된다. 일반적은 전동기의 전달계수 값은 1.1이며 전동기 이외의 것은 1.15에서 1.2이다.

[개념문제] Q&A

예1) 유량이 1 m^3/min이고 전양정이 25 m인 펌프를 설치하고자 한다. 이 펌프의 구동전동기동력은 몇 kW인가? (단, 펌프의 전효율은 0.78이며 여유율의 1.2이다.)

풀이 $L_{pp} = L_{ps} \times \dfrac{(100+E)}{100} = L_{ps} \times (1+\alpha)$이고 $L_{ps} = \dfrac{L_{pw}}{\eta} = \dfrac{\gamma_w QH}{102\eta}$ [kW]이다. 여기에서 유량의 단위가 m^3/sec임에 주의해야 한다.

$$L_{pp} = L_{ps} \times \alpha = \frac{\gamma_w QH}{102\eta} \times \alpha = \frac{1{,}000\,\dfrac{\text{kg}_\text{f}}{\text{m}^3} \times \left(1\,\dfrac{\text{m}^3}{\text{min}} \times \dfrac{\text{min}}{60\,\text{sec}}\right) \times 25\,\text{m}}{102 \times 0.78} \times 1.2$$

$$= 6.28\,\text{kW}$$

예2) 어떤 펌프의 토출량이 0.1 m^3/sec, 전양정이 25 mAq, 펌프효율 65%, 전달계수가 1.1인 전동기 용량은 몇 kW인가?

풀이 토출량은 유량이며 전달계수는 여유율과 같은 의미이다. 전양정에서 mAq는 물의 높이를 의미한다.

$$L_{pp} = L_{ps} \times \alpha = \frac{\gamma_w QH}{102\eta} \times \alpha = \frac{1{,}000\,\dfrac{\text{kg}_\text{f}}{\text{m}^3} \times \left(0.1\,\dfrac{\text{m}^3}{\text{sec}}\right) \times 25\,\text{m}}{102 \times 0.65} \times 1.1 = 41.48\,\text{kW}$$

예3) 이송유량은 0.1 m^3/sec이며 축동력이 30 PS인 펌프가 내경이 0.2 m인 흡입관, 내경이 0.15 m인 송출관이 연결되어 있다. 또한 진공계로 측정한 흡인압력이 150 mmHg이고 기준면에서 상방향으로 1.5 m에 위치한 압력계의 송출압력은 1.5 kg$_\text{f}$/cm^{2}이다. 이 펌프의 전양정은 몇 m이며, 펌프의 전효율은 얼마인가?

풀이 ① 전양정

전양정 식은 $E_p = \left(\dfrac{p_d - p_s}{\gamma}\right) + \left(\dfrac{v_d^2 - v_s^2}{2g}\right) + (z_d - z_s) + \Delta h = H$이고 손실수두가 주어져 있지 않음으로 $H = \left(\dfrac{p_d - p_s}{\gamma}\right) + \left(\dfrac{v_d^2 - v_s^2}{2g}\right) + (z_d - z_s)$이 된다.

여기서 압력의 단위를 kg_f/m^2, 속도의 단위는 m/sec, z의 단위는 m이어야 한다. γ는 물의 비중량으로 1,000 kg_f/m^3

$$\text{송출압력인 } p_d = 1.5\ \frac{kg_f}{cm^2} \times \left(\frac{100\ cm}{m}\right)^2 = 1.5 \times 10^4\ \frac{kg_f}{m^2}$$

$$\text{흡입압력인 } p_s = 150\ mmHg \times \left(\frac{10{,}332\ \frac{kg_f}{m^2}}{760\ mmHg}\right) = 2{,}039\ \frac{kg_f}{m^2}$$

$Q = Av$이고 원형관의 면적은 $A = \dfrac{\pi d^2}{4}$이며 d는 관의 내경이다. 따라서 송출속도와 흡인속도는 다음과 같다.

$$v_d = \frac{Q}{A} = \frac{0.1\ \frac{m^3}{sec}}{\frac{\pi \times 0.15^2}{4}} = 5.7\ \frac{m}{sec}, \qquad v_s = \frac{Q}{A} = \frac{0.1\ \frac{m^3}{sec}}{\frac{\pi \times 0.2^2}{4}} = 3.2\ \frac{m}{sec}$$

$$\therefore\ H = \left(\frac{p_d - p_s}{\gamma}\right) + \left(\frac{v_d^2 - v_s^2}{2g}\right) + (z_d - z_s)$$

$$= \left(\frac{1.5 \times 10^4 - 2{,}039}{1{,}000}\right) + \left(\frac{5.7^2 - 3.2^2}{2 \times 9.8}\right) + 1.5 = 15.6\ m$$

② 펌프의 전효율

$$L_{ps} = \frac{L_{pw}}{\eta} \quad \rightarrow \quad \eta = \frac{L_{pw}}{L_{ps}} = \frac{\text{수동력(이론동력)}}{\text{축동력}}$$

$L_{ps} = \dfrac{\gamma_w Q H}{75\eta}\ [PS] \quad \rightarrow \quad \eta = \dfrac{\gamma_w Q H}{75 L_{ps}}$이므로 주어진 조건이 PS이므로

$$\therefore\ \eta = \frac{\gamma_w Q H}{75 L_{ps}} = \frac{1{,}000 \times 0.1 \times 15.6}{75 \times 30} = 0.693$$

이므로 펌프의 전효율은 69.3%이다.

7.2.3 펌프의 특성선도와 상사법칙

1. 펌프의 특성선도

펌프의 성능을 표시할 때 특성선도를 사용하며 특성선도는 펌프의 종류에 따라 다르나 그림 7-14에는 원심펌프의 특성곡선을 나타내었다. 펌프의 특성선도를 그릴 때는 펌프의 회전수(N)와 흡입양정을 일정하게 하고 x축에는 유량(Q), y축에는 전양정(H), 펌프효율(η), 동력(L_{pp})을 표시하여 유량의 변화에 따른 전양정, 펌프효율, 동력의 변화량을 그린다. 이 3가지 곡선을 특성선도 또는 성능곡선이라 부른다.

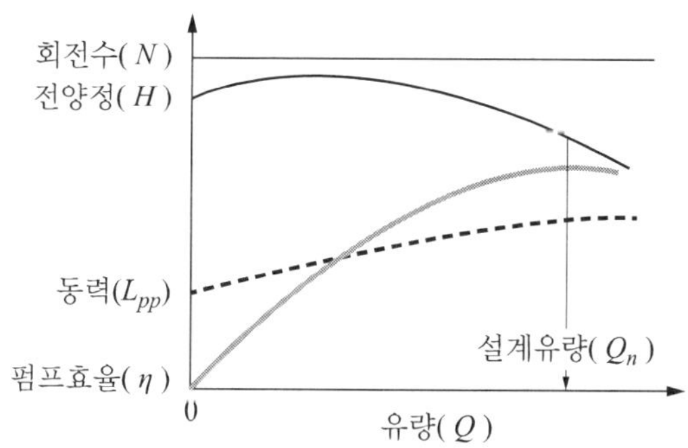

그림 7-14 원심펌프의 특성곡선

전양정은 유량이 증가함에 따라 오른쪽으로 감소하며 유량이 0일 때의 양정을 체절양정이라 하며 이때 최대수두를 나타낸다. 축동력은 전양정과 유량의 곱에 비례함으로 유량이 증가할수록 증가하나, 유량이 많아도 전양정이 작으면 축동력은 작아지게 된다. 효율곡선에서 최고점이 되는 유량이 그 펌프의 설계유량(Q_n)이 된다. 펌프 선정 시 설계유량에 가까운 펌프를 선정하고 펌프 운전 시 효율이 최대인 지점에서 운전하는 것이 가장 바람직하다.

2. 펌프의 상사법칙

회전수가 각 N_1, N_2이고 회전차의 크기가 D_1, D_2인 두 펌프에서 구조와 특성선도가 상사라면 두 펌프 간의 상사법칙이 성립된다. 즉 두 특성곡선이 효율이 최고인 점에서 유량을 Q_1, Q_2라 하고 양정을 H_1, H_2, 동력을 L_{pp1}, L_{pp2}라고 하면 두 펌프 사이에 유량, 양정, 동력에 대한 상사법칙이 성립한다. 유도과정은 송풍기편과 동일하며 차이점은 송풍기는 풍압, 펌프는 양정에 대한 상사를 사용한다.

① **유량에 대한 상사**

$\dfrac{Q_2}{Q_1} = \left(\dfrac{D_2}{D_1}\right)^3\left(\dfrac{N_2}{N_1}\right)$이며, 만약 회전차의 크기 D가 일정하면 $\dfrac{Q_2}{Q_1} = \left(\dfrac{N_2}{N_1}\right)$

② **양정에 대한 상사**

$\dfrac{H_2}{H_1} = \left(\dfrac{D_2}{D_1}\right)^2\left(\dfrac{N_2}{N_1}\right)^2$이며, 만약 회전차의 크기 D가 일정하면 $\dfrac{H_2}{H_1} = \left(\dfrac{N_2}{N_1}\right)^2$

③ **동력에 대한 상사**

$\dfrac{L_{pp2}}{L_{pp1}} = \left(\dfrac{D_2}{D_1}\right)^5\left(\dfrac{N_2}{N_1}\right)^3$이며, 만약 회전차의 크기 D가 일정하면 $\dfrac{L_{pp2}}{L_{pp1}} = \left(\dfrac{N_2}{N_1}\right)^3$

3. 펌프의 비교회전도

비교회전도(N_s, specific speed)는 비회전도, 비속도라고도 하며 회전차 1개를 대상으로 형상과 운전상태를 동일하게 유지하면서 그 크기를 바꾸고, 1 m^3/min의 단위유량에서 1 m의 단위양정을 발생시킬 때 그 회전차에 주어져야 할 회전수를 나타낸다.

$$N_s = N \times \frac{Q^{\frac{1}{2}}}{H^{\frac{3}{4}}}$$

여기서, N_s는 비교회전도이며, N은 펌프의 회전수[rpm], Q는 최고효율점에서 펌프의 양수량[m^3/min], H는 최고효율점에서 펌프의 전양정[m]이다.

일반적으로 원심펌프는 비회전도가 작을수록 수량은 적고 양정이 높아 소요양정 20 m 이상의 도수용 또는 취수용으로 적합하며 축류식과 사류식은 비회전도가 클수록 수량이 많고 양정이 작아 소요양정 10 m 이하의 도수용 또는 취수용으로 적합하다.

[개념문제] Q&A

예1) 2,000 rpm으로 회전하고 축동력이 200 PS인 펌프가 있다. 이 펌프의 상사로서 치수가 2배인 펌프가 1,000 rpm으로 회전하면서 상사로 운전된다면 이때 축동력은 몇 PS인가?

풀이 $D_2 = 2D_1$이므로

$$\frac{L_{ps2}}{200} = \left(\frac{2D_1}{D_1}\right)^5 \left(\frac{1,000}{2,000}\right)^3 \rightarrow L_{ps2} = 800\ \mathrm{PS}$$

> 예2) 2,000 rpm으로 회전하는 펌프가 전양정 50 m에서 12 m^3/min의 물을 펌핑한다. 이와 상사되는 크기가 2배되는 펌프가 1,000 rpm으로 운전하면 토출유량은 얼마인가?

풀이 $D_2 = 2D_1$이므로

$$\frac{Q_2}{Q_1} = \left(\frac{D_2}{D_1}\right)^3 \left(\frac{N_2}{N_1}\right)$$

$$\frac{Q_2}{12} = \left(\frac{2D_1}{D_1}\right)^3 \left(\frac{1,000}{2,000}\right) \rightarrow Q_2 = 48\ \frac{\mathrm{m}^3}{\mathrm{min}}$$

> 예3) 1,000 rpm으로 회전하는 펌프가 전양정 8 m에서 12 m^3/min의 물을 펌핑한다면 비회전도는 얼마인가?

풀이

$$N_s = N \times \frac{Q^{\frac{1}{2}}}{H^{\frac{3}{4}}} = 1,000\ \mathrm{rpm} \times \frac{12^{\frac{1}{2}}\ \frac{\mathrm{m}^3}{\mathrm{min}}}{8^{\frac{3}{4}}\ \mathrm{m}} = 728\ \frac{\mathrm{rpm} \cdot \mathrm{m}^3}{\mathrm{m} \cdot \mathrm{min}}$$

참고문헌

환경과 인간, 계명대학교 출판부, 1993
대기환경보전법[시행 2019.7.16.] [법률 제16266호, 2019.1.15., 일부개정]
물환경보전법[시행 2018.6.13.] [법률 제15194호, 2017.12.12., 일부개정]
소방유체역학, 이수경, 동화기술, 2015
수질환경기사·산업기사, 이승원 외 2, 성안당, 2008
대기환경기사·산업기사, 이승원, 성안당, 2008
기초유체역학, 이승목 외 5, 신광문화사, 2014
기초유체역학, 홍영호, 화수목, 2018
소방유체역학, 최영상 외 2, 동화기술, 2015

http://www.vdawon.com/bbs/board.php?bo_table=04_01&wr_id=4
http://www.vdawon.com/bbs/board.php?bo_table=04_01&wr_id=4
http://www.safetygo.com/xe/index.php?document_srl=11070&mid=information&listStyle=viewer
http://www.safetygo.com/xe/index.php?document_srl=11070&mid=information&listStyle=viewer
http://www.safetygo.com/xe/index.php?document_srl=10536&mid=information&listStyle=viewer
http://www.safetygo.com/xe/index.php?document_srl=10536&mid=information&listStyle=viewer
http://www.safetygo.com/xe/index.php?document_srl=10536&mid=information&listStyle=viewer

찾아보기

기타

저자 : **최 성 우**

- 연세대학교 환경과학과 (이학사)
- 연세대학교 대학원 보건학 (석사)
- 미국 일리노이공과대학 환경공학과 (Ph.D.)
- 미국 노스캐롤라이나 대학 교환교수
- 현)계명대학교 자연과학대학 환경과학전공 교수

환경유체역학 - 기초와 응용 - 정가 21,000원

발 행 2021년 9월 10일 초판 1쇄
저 자 최성우
발행인 정우용
발행처 도서출판 **동 화 기 술**
경기도 파주시 광인사길 201(문발동, 파주출판도시)
Tel (031)955-4211~6 donghwapub@nate.com
Fax (031)955-4217 www.donghwapub.co.kr
(등록) 1977년 12월 19일/9-16호

Printed in Korea

ISBN 978-89-425-9328-6